摄影测量学

邱春霞　张春森　张东海　编著

西安交通大学出版社
XI'AN JIAOTONG UNIVERSITY PRESS

内容简介

本教材主要介绍了摄影测量的基本概念、基本原理、基本方法和应用，共分八章，另加附录。本教材具体内容包括：绪论、摄影与空中摄影知识、航摄像片的基本数学关系、立体量测和立体测图基础、摄影测量解析基础、空中三角测量、数字地面模型及其应用、数字摄影测量基础。本教材的附录为摄影测量课间实习，具体包括：编写单像空间后方交会程序、编写数字高程模型(DEM)内插程序、全数字摄影测量系统 Virtuo-Zo 使用。

本教材可作为地理信息科学、地理科学、测绘工程、遥感科学与技术、自然地理与资源环境等相关专业的本科生教材，也可作为相关领域研究生、教师、科研人员和工程人员的参考资料。

图书在版编目(CIP)数据

摄影测量学 / 邱春霞，张春森，张东海编著. — 西安 ：西安交通大学出版社，2023.9

ISBN 978-7-5693-3414-2

Ⅰ. ①摄… Ⅱ. ①邱… ②张… ③张… Ⅲ. ①摄影测量学－高等学校－教材 Ⅳ. ①P23

中国国家版本馆 CIP 数据核字(2023)第 167197 号

书　　名　摄影测量学
SHEYING CELIANGXUE
编　　著　邱春霞　张春森　张东海
责任编辑　王建洪
责任校对　史菲菲
装帧设计　任加盟

出版发行　西安交通大学出版社
(西安市兴庆南路 1 号　邮政编码 710048)
网　　址　http://www.xjtupress.com
电　　话　(029)82668357　82667874(市场营销中心)
(029)82668315(总编办)
传　　真　(029)82668280
印　　刷　西安日报社印务中心

开　　本　787mm×1092mm　1/16　**印张**　12.375　**字数**　287 千字
版次印次　2023 年 9 月第 1 版　2023 年 9 月第 1 次印刷
书　　号　ISBN 978-7-5693-3414-2
定　　价　39.80 元

如发现印装质量问题，请与本社市场营销中心联系。
订购热线：(029)82665248　(029)82667874
投稿热线：(029)82665379　QQ：793619240
读者信箱：xj_rwjg@126.com

版权所有　侵权必究

前言

摄影测量技术是对地观测中空间信息采集、量测、分析、显示、管理和应用的主要方法之一，尤其是随着无人机倾斜摄影测量技术在4D产品制作、三维建模等方面展示的优势，摄影测量技术目前已被应用于国民经济建设和国防建设的多个领域。

针对摄影测量技术的快速发展，本着有助于加强基础理论学习、有利于提高能力和拓展知识面，以及文字少而精的原则，作者在多年摄影测量教学积累和摄影测量项目生产实践的基础上，着手编写了本教材，并力图做到先进性、实用性、通用性和高质量的统一。作者在编写本教材时，在剔除传统教材中陈旧过时的内容，强调介绍摄影测量的基本原理、方法与内涵，扼要介绍当代摄影测量的最新研究成果的基础上，注重突出了摄影测量基础知识、基本方法及其应用三个方面的内容，以利于学生最大限度地学习和掌握摄影测量学的核心内容。本教材不仅包括传统摄影测量的基本原理，而且还包括数字摄影测量的基本知识。同类教材一般只包括传统摄影测量的基本内容，鲜少有传统摄影测量与数字摄影测量基本知识的综合教材。摄影测量学是一门实践性较强的课程，为了提高课堂的教学效果，培养学生的动手能力，本教材的附录为摄影测量学配套的实验内容，以尽可能做到理论与实践相结合。

本教材共有八章内容和一个附录。第一章绪论，主要介绍了摄影测量学的研究内容及其发展；第二章为航摄像片的获取，主要介绍了摄影及空中摄影知识；第三章、第四章为摄影测量的基础知识，主要介绍了摄影像片的基本数学关系、立体量测和立体测图基础等内容；第五章、第六章为解析摄影测量基础，主要介绍了单像和双像的摄影测量解析基础、空中三角测量方法等；第七章、第八章主要介绍了数字摄影测量基本知识，包括数字高程模型的建立与应用、数字摄影测量基础、数字影像纠正等。同时，每章后附有思考题。

本教材可作为地理信息科学、地理科学、测绘工程、遥感科学与技术、自然地理与资源环境等相关专业的本科生教材，也可作为相关领域研究生、教师、科研人员和工程人员的参考资料。

在本教材编写过程中，作者参考了国内不同版本的同类教材和相关论文，在此对相关作者表示衷心的感谢！西安科技大学刘星宇、金安龙、卜师颖、侯曼、任怡玮等学生参与了本教材的插图绘制工作，在此一并表示真挚的感谢！同时，本教材获得了西安科技大学测绘科学与技术学院地理信息科学专业国家一流专业建设经费的支持。

由于作者水平有限，本教材难免会有不足之处，恳请广大读者批评指正！

编著者

2023 年 5 月于西安

目录

第一章 绪论

第一节 摄影测量与 GIS 的关系

一、摄影测量的概念

国际摄影测量与遥感协会(International Society of Photogrammetry and Remote Sensing, ISPRS)1988 年对摄影测量与遥感的定义是:摄影测量与遥感是从非接触成像和其他传感器系统,通过记录、量测、分析与表达等处理,获取地球及其他物体可靠信息的工艺、科学与技术。其中,摄影测量偏重于提取几何信息,遥感偏重于提取物理信息。摄影测量包含的内容主要有获取被摄物体的影像、研究影像的处理技术和设备、对影像进行量测,以及将所得结果以图解或数字的形式输出的技术和设备。

摄影测量学是测绘学的分支学科,它的主要任务是测绘各种比例尺的地形图、建立数字地面模型(地形数据库),为各种地理信息系统、土地信息系统和工程应用提供基础数据。摄影测量要解决的基本问题是几何定位和影像解译。几何定位就是确定被摄物体的大小、形状和空间位置。几何定位的基本原理来源于测量学的前方交会,它是根据两个已知的摄影站点和两条已知的摄影方向线,求解出这两条摄影光线交会的待定地面点三维坐标。影像解译就是确定影像对应地物的性质。常规的影像解译方法是根据地物在像片上的构像规律,采用人工目视判读方法识别地物的属性。当前利用模式识别技术通过计算机自动识别和提取影像的物理信息是摄影测量研究的主要课题之一。

摄影测量的特点是在影像上进行量测和解译,主要在室内进行,无须接触物体本身,因而很少受气候、地理等条件的限制;所摄影像是客观物体或目标的真实反映,信息丰富,形象直观,人们可以从中获得所研究物体的大量几何信息和物理信息;可以拍摄动态物体的瞬间影像,完成常规方法难以实现的测量工作;适用于大范围地形测绘,成图快,效率高;产品形式多样,可以生产纸质地形图、数字线划图(digital line graphic, DLG)、数字高程模型(digital elevation model, DEM)和数字正射影像图(digital orthophoto map, DOM)等数字产品。此外,借助摄影测量的立体成图特点,可以利用二维影像重建三维模型,在重建的三维模型上提取所需的各种信息。同时,摄影影像是客观物体或目标的真实反映,从中还可获取被摄物体表面的纹理信息。如此,摄影测量还具有能够实现三维模型真实纹理重建的功能。

地理信息系统(geographic information system 或 geo-information system,GIS)是一种特定而又十分重要的空间信息系统,它是采集、存储、管理、分析和描述整个或部分地球表面(包括大气层在内)与空间和地理分布有关的空间信息系统。完整的地理信息系统主要由四部分构成,即硬件系统、软件系统、地理数据和系统管理操作人员。其中,地理数据处于核心地位,用户通过软件和硬件操作地理数据,没有地理数据,地理信息系统就毫无使用价值。这里的地理数据包括数字线划图数据、影像数据、数字高程模型和地物属性数据。在摄影测量的数据生产中,由于处理的是真实反映研究对象的影像数据,所有的数据处理过程全部在计算机内进行,输出的结果是数字线划图、数字高程模型、数字正射影像图,甚至可以是附有真实纹理的三维模型等数据,因此,摄影测量是 GIS 数据采集的一种重要手段。此外,在摄影测量与遥感处理的影像数据中,包含丰富的资源与环境信息,在 GIS 支持下,它们可以与地质、地球物理、地球化学和军事应用等方面的信息进行信息复合分析。影像数据是一种大面积的、动态的、近实时的数据,摄影测量与遥感技术是 GIS 数据更新的一种重要手段。

二、摄影测量的分类

根据摄影时摄影机所处的位置不同,摄影测量可以分为航空摄影测量、航天摄影测量与地面(或近景)摄影测量。摄影测量最主要的摄影对象是地球表面,用来测绘国家各种基本比例尺的地形图,为各种地理信息系统与土地信息系统提供基础数据。

(一)航空摄影测量

航空摄影测量是将摄影机安装在飞机上对地面摄影,这是摄影测量最常用的方法。航空摄影时,飞机沿着预先设定的航线进行摄影,相邻影像之间必须保持一定的重叠度,此重叠度称为航向重叠,一般应大于 60%,互相重叠部分构成一个立体像对。完成一条航线的摄影后,飞机进入另一条航线进行摄影,相邻航线影像之间也必须有一定的重叠度,此重叠度称为旁向重叠,一般应大于 20%。航空摄影的原理如图 1-1 所示。

图 1-1 航空摄影的原理图

航空摄影测量测绘的地形图一般为 1∶50000、1∶10000、1∶5000、1∶2000、1∶1000 和 1∶500的地形图等。其中,1∶50000、1∶10000 地形图为国家、省级基本图,1∶10000 地形图常用于大型工程(如水利、水电、铁路、公路等)的初步勘测设计;1∶2000、1∶1000、1∶500 地形图主要用于城镇规划、土地和房产管理等,1∶2000 地形图还可用于大型工程设计;1∶5000 地形图一般用于大型工程设计。

航空摄影测量所用的摄影机是一种专门设计的大幅面摄影机,称为航空摄影机,影像幅面一般为 23 cm×23 cm。图 1-2 为一台航空摄影机及其安装在飞机中的其他附属设备。航空摄影机有基于胶片的光学航空摄影机和大幅面的数码航空摄影机。

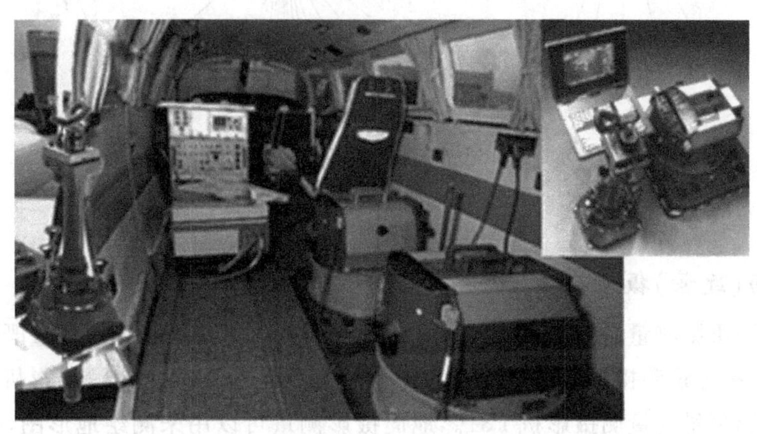

图 1-2 航空摄影机及其安装在飞机中的其他附属设备

(二)航天摄影测量

航天摄影测量是随着航天、卫星、遥感技术的发展而发展起来的摄影测量技术,它将摄影机(一般称为传感器)安装在卫星上,对地面进行摄影。特别是近年来高分辨率卫星影像已经成功应用在国家基本比例尺的地形图测绘中。

用于航空、地面摄影的摄影机一般多为框幅式相机,如图 1-3(a)所示,即每次摄影都能得到一帧影像。但在卫星上应用的多数是由电荷耦合器件(charge couple device,CCD)组成的线阵摄影机,如图 1-3(b)所示,即每一次能得到一行影像。

目前,常用的卫星影像及其相应的测图与地图更新比例尺见表 1-1。

表 1-1 常见卫星及地图利用比例尺

卫星名	地面分辨率	测图比例尺	地图更新比例尺
Landsat 7 ETM	15 m/30 m	1∶100000～1∶250000	1∶50000～1∶100000
SPOT1-4	10 m/20 m	1∶100000	1∶50000
SPOT5	2.5～5 m/10 m	1∶50000	1∶250000
Ikonos Ⅱ	1 m/4 m	1∶10000	1∶5000
Quickbird	0.6 m/2.4 m	1∶5000～1∶10000	1∶5000

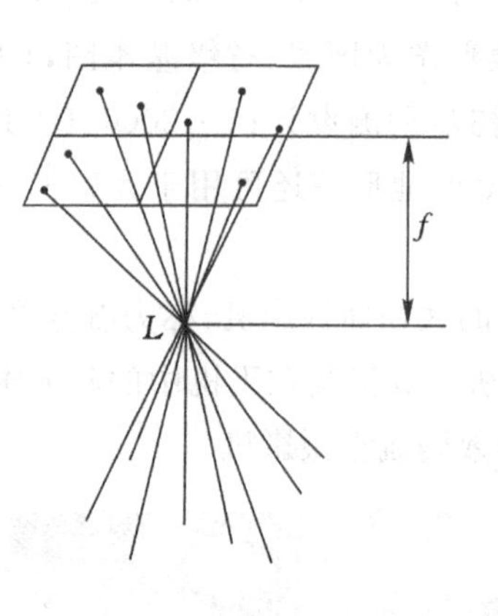

(a)框幅式相机

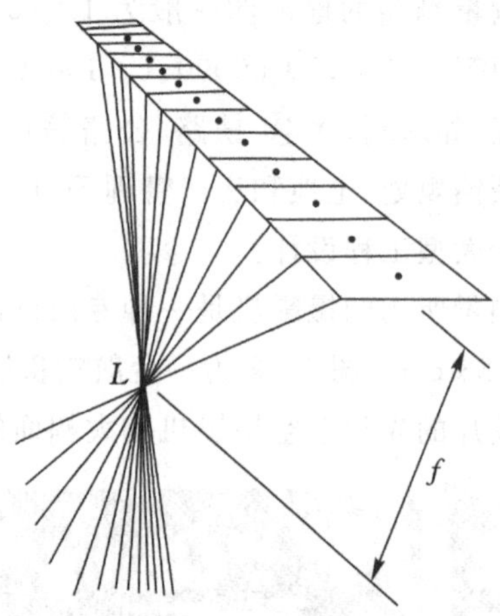

(b)线阵 CCD 摄影机

图 1-3　框幅式相机和线阵 CCD 摄影机

(三)地面(近景)摄影测量

地面(近景)摄影测量是将摄影机安置在地面上进行摄影。地面摄影测量既可以利用测量专用的摄影机(称为量测摄影机),也可以利用一般的摄影机(称为非量测摄影机)。图 1-4 为专用于地面摄影测量的量测摄影机 P31。地面摄影测量可以用来测绘地形图,也可以用于工程测量。图 1-5(a)为土方开挖摄影的一个立体像对,图 1-5(b)为由此测量所得的数字表面模型。

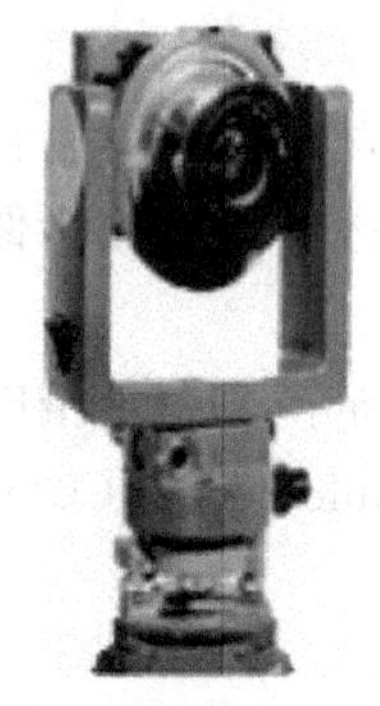

图 1-4　地面摄影机 P31

(a)土方开挖的立体像对

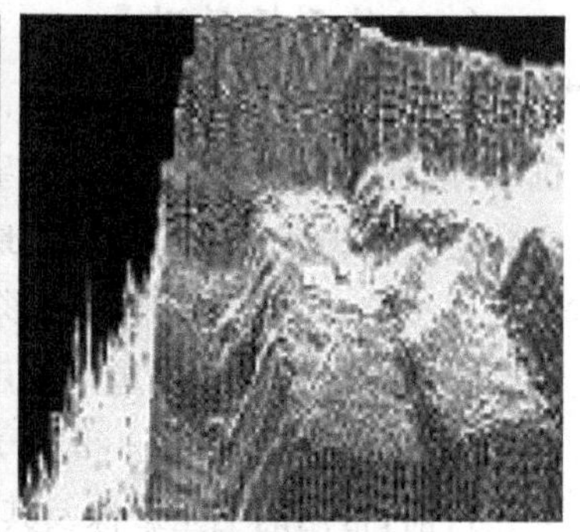

(b)数字表面模型

图 1-5　土方开挖的立体像对和数字表面模型

一切用于非地形测量目的的摄影测量均称为近景摄影测量,它的应用范围很宽。例如,工业、建筑、考古、医学测量等。图 1-6 为工业零件测量,即将工业零件置于一个旋转平台上,在计算机控制下,平台一边旋转,CCD 摄影机一边同时对工业零件进行摄影。图 1-7 为古建筑测量。

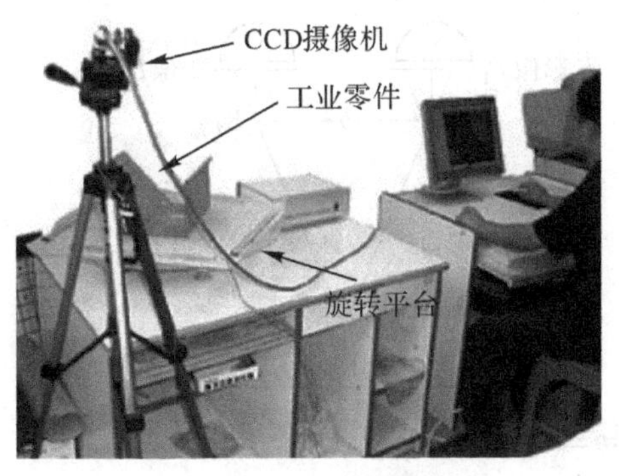

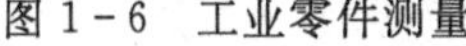
图 1－6 工业零件测量

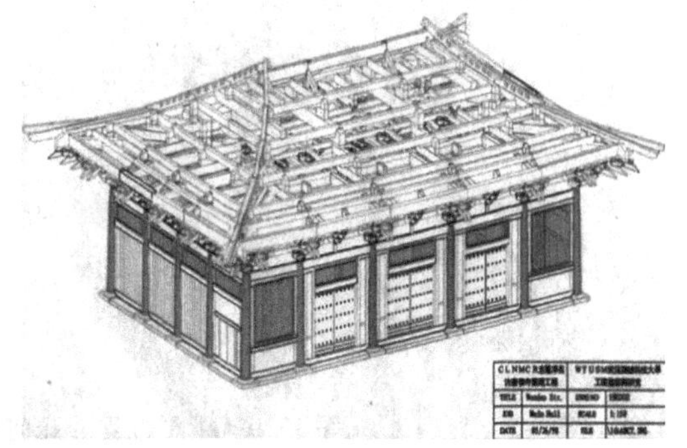

图 1－7 古建筑测量

第二节 摄影测量的发展

摄影测量发展至今，经历了模拟摄影测量、解析摄影测量和数字摄影测量三个发展阶段。

1839 年，法国人尼普斯和达意尔发明了摄影术，摄影测量开始了它的发展历程。19 世纪中叶，法国陆军上校劳塞达（被认为是摄影测量之父）提出交会摄影测量，利用所谓“明箱”装置，测制了万森城堡图，被认为是摄影测量的真正起点。

从空中拍摄地面的照片，最早是 1858 年由纳达在气球上进行的。1903 年莱特兄弟发明了飞机，使航空摄影测量成为可能，第一次世界大战中第一台航空摄影机问世。由于航空摄影相比地面摄影有明显的优越性（如视场开阔、能快速获得大面积地区的像片等），使得航空摄影测量成为 20 世纪以来大面积测制地形图最有效的快速方法。从 20 世纪 30 年代到 70 年代，主要测绘仪器厂所研制和生产的各种类型的模拟测图仪器都是针对地形摄影测量的。模拟摄影测量的基本原理是根据摄影过程的几何反转思想，利用光学或机械方法模拟摄影过程，采用两个投影器模拟摄影时相邻两张像片的空间位置、姿态和相互关系，形成一个比实地缩小了的光学几何模型。图 1－8 为摄影过程的几何反转，图 1－9 为摄影过程的几何反转——测图（多倍仪）。

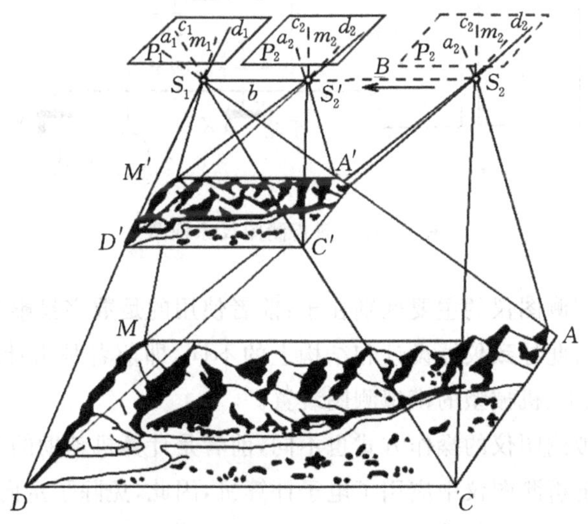

图 1－8 摄影过程的几何反转

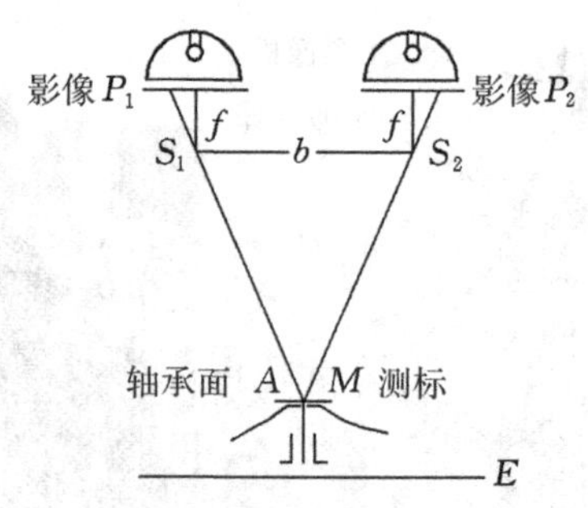

图 1-9 摄影过程的几何反转——测图(多倍仪)

随着电子计算机的出现,1957 年,美国的海拉瓦博士提出了利用电子计算机进行解析测图的思想。限于当时计算机的发展水平,解析测图仪经历了近 20 年的研制和试用阶段,直到 20 世纪 70 年代中期,计算机技术进一步发展,才使解析测图仪进入了商用阶段,解析测图仪的价格逐步达到与一级精度模拟测图仪相近的价格,这使它在全世界获得了广泛的应用。

解析测图仪是由一台立体坐标量测仪和一台专用的电子计算机,以及相应的接口设备组成,它的操作与模拟的立体测图仪没有本质的区别。由于解析测图仪是根据数学关系来建立立体模型,因而可以预先做各种系统误差的修正,而且它可以处理各种类型的像片,扩展了摄影测量的应用领域。解析测图仪的产品可以是纸质的线划图,也可以是数字地图和数字地面模型等数字产品。解析测图仪便于建立测量数据库,使摄影测量成为地理信息系统基础数据获取和更新的重要手段。解析测图仪的原理如图 1-10 所示。

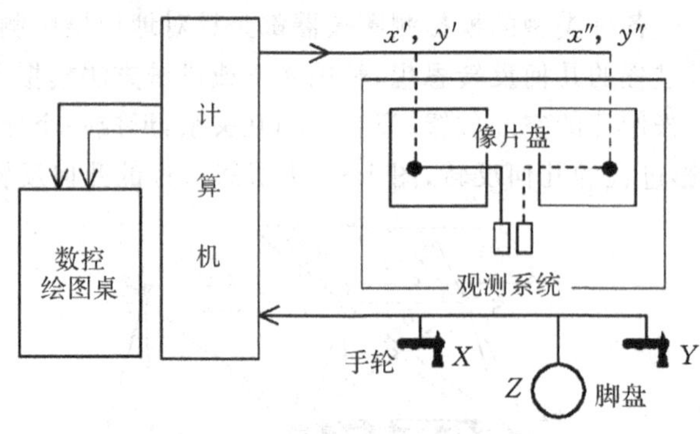

图 1-10 解析测图仪原理图

解析测图仪与模拟测图仪的主要区别在于:前者使用的是数字投影方式,后者使用的是模拟的物理投影方式。由此导致仪器设计和结构上的不同,即前者是由计算机控制的坐标量测系统,后者是使用纯光学、机械型的模拟测图装置。

解析测图仪与模拟测图仪的操作方式也不同,前者是计算机辅助的人工操作,后者是完全的手工操作。由于在解析测图仪中应用了电子计算机,因此,免除了定向的烦琐过程及测图过程中的手工作业方式。但它们都是使用像片,作业员用手去操作仪器、用眼睛进行观测,其产品主要是描绘在纸上的线划地图或印在相纸上的影像图——在模拟测图仪上附加数字记录装置，或在解析测图仪上以数字形式记录多种信息的模拟产品，也可形成数字产品。

20 世纪 80 年代，随着计算机技术及其应用的发展和数字图像处理、模式识别、人工智能、专家系统，以及计算机视觉等学科的不断发展，摄影测量的全数字化——数字摄影测量系统开始研究与发展。20 世纪 90 年代末，数字摄影测量技术开始全面替代传统的摄影测量仪器，摄影测量生产真正进入了全数字时代。数字摄影测量与模拟、解析摄影测量的最大区别在于：它处理的原始资料是数字影像或数字化影像，最终是以计算机视觉代替人的立体测图，所使用的仪器最终将只是通用计算机及其相应的外部设备；其产品是数字形式的，传统的产品只是该数字产品的模拟输出。另外，数字摄影测量十分强调自动化或半自动化，即应用计算机视觉（包括计算机技术、数字影像技术、影像匹配、模式识别等）的理论和方法，自动或半自动地提取所摄对象的信息。

摄影测量的三个发展阶段可以用图 1－11、图 1－12、图 1－13 中三种典型的摄影测量仪器表示。图 1－11 的模拟测图仪是完全基于精密的光学机械、结构复杂的摄影测量仪器；图 1－12的解析测图仪是基于精密的光学机械与计算机的摄影测量仪器；图 1－13 的数字摄影测量工作站（digital photogrammetric workstation，DPW）是完全没有光学机械、全部计算机化的摄影测量系统。

图 1－11　模拟测图仪 A10

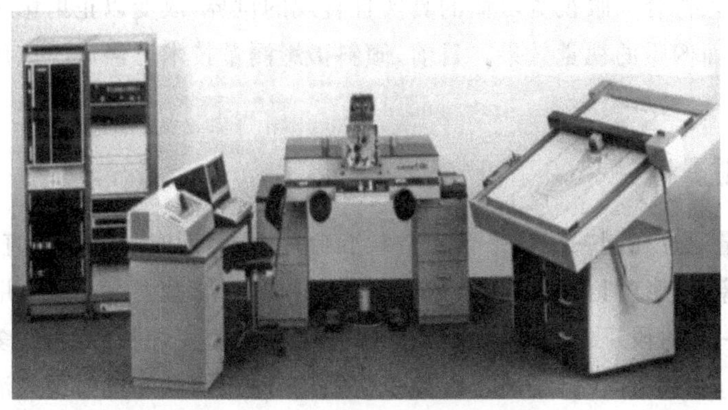

图 1－12　解析测图仪 C-100

图 1-13　数字摄影测量系统 JX-4

摄影测量三个发展阶段的特点见表 1-2。

表 1-2　摄影测量三个发展阶段的特点

发展阶段	原始资料	代表性理论方法	典型设备	作业性质	输出产品
模拟摄影测量	模拟像片	光学机械投影	模拟测图仪	机械辅助测图	模拟线划图
解析摄影测量	模拟像片	数字投影/平差	解析测图仪	计算机辅助测图	模拟/数字线划图
数字摄影测量	数字影像/数字化影像	影像匹配/模式识别	数字摄影测量系统	自动化测绘及信息处理	4D 产品

第三节　倾斜摄影测量技术

倾斜摄影测量技术是测绘领域近年来发展起来的一项高新对地观测技术，起始于 20 世纪 90 年代。倾斜摄影测量通过在同一飞行平台上搭载多台传感器，可以同时从多个角度采集影像数据，将用户引入符合人眼视觉习惯的真实且直观的世界，改变以正射影像看世界的视角局限，为用户提供全面俯瞰的视觉效果。目前，倾斜摄影测量技术已经广泛应用于实际的生产实践中。

一、倾斜摄影测量概述

倾斜摄影测量通过在同一飞行平台上搭载五台传感器，同时从一个垂直、四个倾斜五个不同的角度采集影像，摄影时记录航高、航速、航向和旁向重叠、坐标等参数，并对倾斜影像进行分析和整理。在一个时段，飞机连续拍摄几组影像重叠的航片，同一地物最多能够在三张航片上被找到，内业人员可以比较轻松地进行建筑物结构分析，并且能选择最为清晰的一张航片进行纹理制作，向用户提供真实直观的实景信息。影像数据不仅能够真实地反映地物情况，而且可通过先进的定位技术，嵌入地理信息、影像信息，获得更佳的用户体验，极大地拓展了遥感影像的应用范围。

（一）倾斜摄影技术特点

1. 反映地物真实情况并量测地物

倾斜摄影测量所获得的三维数据可真实地反映地物的外观、位置和高度等属性，增强了三维数据所带来的真实感，弥补了传统人工模型仿真度低的缺点，增强了倾斜摄影技术的应用。

2. 高性价比

倾斜摄影测量数据是带有空间位置信息的可量测影像数据，能同时输出数字表面模型(DSM)、数字正射影像图(DOM)、数字线划地图(DLG)等数据成果，可在满足传统航空摄影测量的同时获得更多的数据。同时，使用倾斜影像批量提取及贴纹理的方式，能够有效地降低城市三维建模成本。

3. 高效率

倾斜摄影测量技术借助无人机等飞行载体可以快速采集影像数据，实现全自动化的三维建模。实验数据证明，1～2 年的中小城市人工建模工作，借助倾斜摄影测量技术只需 3～5 个月就可完成。

（二）倾斜摄影测量的关键技术

1. 多视影像联合平差

多视影像不仅包含垂直摄影数据，还包括倾斜摄影数据，而部分传统空中三角测量系统无法较好地处理倾斜摄影数据。因此，多视影像联合平差需充分考虑影像间的几何变形和遮挡关系。结合定位定向系统(POS)提供的多视影像外方位元素，采取由粗到精的金字塔匹配策略，在每级影像上进行同名点自动匹配和自由网光束法平差，可得到较好的同名点匹配结果。同时，建立连接点和连接线、控制点坐标、GPU/IMU 辅助数据的多视影像自检校区域网平差的误差方程，通过联合解算，确保平差结果的精度。

2. 多视影像密集匹配

影像匹配是摄影测量的基本问题之一，多视影像具有覆盖范围大、分辨率高等特点。因此，如何在匹配过程中充分考虑冗余信息，快速准确地获取多视影像上的同名点坐标，进而获取地物的三维信息，是多视影像匹配的关键。由于单独使用一种匹配基元或匹配策略往往难以获取建模需要的同名点，因此，近年来随着计算机视觉发展起来的多基元、多视影像匹配，逐渐成为人们研究的焦点。目前，在该领域的研究已取得了很大进展，如建筑物侧面的自动识别与提取。通过搜索多视影像上的特征，如建筑物边缘、墙面边缘和纹理，来确定建筑物的二维矢量数据集，且影像上不同视角的二维特征可以转化为三维特征，如在确定墙面时，可以设置若干影响因子并给予一定的权值，将墙面分为不同的类，将建筑的各个墙面进行平面扫描和分割，获取建筑物的侧面结构，再通过对侧面进行重构，提取出建筑物屋顶的高度和轮廓。

3. 数字表面模型生成和真正射影像纠正

多视影像密集匹配能够得到高精度、高分辨率的数字表面模型(DSM)，充分地表达了地形地物起伏特征，已经成为新一代空间数据基础设施的重要内容。由于多角度倾斜影像之间的尺度差异较大，加上较严重的遮挡和阴影等问题，基于倾斜影像自动获取 DSM 存在新的难点。这时可以首先根据自动空三解算出来的各影像外方位元素，分析与选择合适的影像匹配单元进行特征匹配和逐像素级的密集匹配，引入并行算法，提高计算效率。在获取高密度 DSM 数据后，进行滤波处理，将不同匹配单元进行融合，形成统一的 DSM。

多视影像真正射纠正涉及物方连续的数字高程模型(DEM)和大量离散分布粒度差异很大的地物对象，以及海量的像方多角度影像，具有典型的数据密集和计算密集特点。在有 DSM 的基础上，根据物方连续地形和离散地物对象的几何特征，通过轮廓提取、面片拟合、屋顶重建等方法提取物方语义信息。在多视影像上，通过影像分割、边缘提取、纹理聚类等方法获取像方语义信息，再根据联合平差和密集匹配的结果建立物方和像方的同名点对应关系，建立全局优化采样策略和顾及几何辐射特性的联合纠正，同时进行整体匀光处理。

倾斜影像为用户提供了更丰富的地理信息、更友好的用户体验，该技术目前在欧美等发达国家已经广泛应用于应急指挥、国土安全、城市管理、房产税收等行业；国内政府部门将其用于国土资源管理、房产税收、人口统计、数字城市、城市管理、应急指挥、灾害评估、环保监测等，企事业单位将其用于房地产、工程建筑、实景导航、旅游规划等领域。

倾斜摄影测量数据处理常用的软件，国外主要有美国 Pictometry 公司推出的 Pictometry 倾斜影像处理软件、法国 Infoterra 公司的像素工厂、徕卡公司的 LPS 工作站、AeroMap 公司的 MultiVision 系统、Intergraph 公司的 DMC 系统、Astrium 公司 StreetFactory 系统等软件；国内主要有北京红鹏天绘科技有限责任公司推出的无人机敏捷自动建模系统、超图软件股份有限公司的 SuperMap GIS7C 软件、立得空间信息技术股份有限公司的 Leador AMMS，以及武汉天际航信息科技股份有限公司的 DP Modeler 等倾斜摄影测量软件。

二、无人机倾斜摄影测量概况

无人机具有机动、灵活、快速、经济等特点，以无人机作为航空摄影平台能够快速高效地获取高质量、高分辨率的影像。无人机在摄影测量中的优势是传统卫星遥感无法比拟的，越来越受到研究者和生产者的青睐，大大地扩大了遥感的应用范围和用户群，具有广阔的应用前景。无人机倾斜摄影测量已经成为未来航空摄影测量的重要手段和国家航空遥感监测体系的重要补充，逐步从研究开发阶段发展到了实际应用阶段。

在国外，美国航空航天局将无人机应用于森林火灾监测、精确农业、海洋遥感等研究项目。澳大利亚利用全球鹰搭载成像合成孔径雷达(SAR)进行海洋监测研究。在国内，北京红鹏天绘科技有限责任公司微型无人机倾斜摄影系统将无人机技术与倾斜摄影技术有效结合，自主研发完成了一套微型无人机倾斜摄影系统，包括电动六旋翼无人机、五相机倾斜摄影吊舱、降落伞模块、控制模块等，系统具有成本低、飞行可靠性高、操作使用简单、起飞和着陆场地要求低、定位精度与影像分辨率高等特点，可以满足倾斜摄影测量与快速三维建模对数据获取的要求。目前，国内外尚无类似微型倾斜摄影产品平台，该系统弥补了微型超低空低成本获取倾斜摄影测量高分辨率数据的空白，可为测绘、规划、应急、公安、旅游文化等行业提供低廉、高效、敏捷的数据支持与服务，提高了精细三维数据灵活快速获取的能力。该系统的应用成果已在公安、应急、测绘、旅游、环保等行业得到了应用验证，获得了用户的好评，且其社会经济效益显著，具有重要的示范作用和推广价值。

三、倾斜摄影测量技术存在的问题

倾斜航空摄影后期数据影像匹配时，因倾斜影像的摄影比例尺不一致、分辨率差异、地物遮挡等因素，导致获取的数据中含有较多的粗差，严重影响后续影像空中三角测量的精度。如何利用倾斜摄影测量中包含了大量的冗余信息进行数据的高精度匹配，是提高倾斜摄影技术实用性的关键。

倾斜摄影测量所形成的三维模型在表达整体的同时，某些地方存在模型缺失或失真等问题。因此，为了三维模型的完整准确地表达，需要进行局部区域的补测，常用方法是人工相机拍照或者使用车载近景摄影测量系统进行补测。

随着科技的发展，无人机作为倾斜摄影测量的实用载体，其便携性和灵活性无可比拟，但无人机的续航能力不强，电池的续航能力成为无人机推广的限制条件。因此，研制体积小、长续航的电池迫在眉睫。

近几年，倾斜摄影测量技术得到了迅速的发展。由于倾斜摄影测量技术能够获取建筑物、树木等地理实体的纹理细节，不但丰富了影像数据源信息，而且高冗余度的航摄影像重叠，为高精度的影像匹配提供了条件，使得基于人工智能的三维实体重建成为可能。分层显示技术、纹理映射技术成为倾斜摄影测量和建模的关键支撑点，极大地提升了三维建模的效率，同时也降低了建模的生产成本。倾斜摄影测量技术还需要研究其与雷达、红外、多光谱、高光谱等多种传感器的结合，将它们集成在更小的无人机上拓宽摄影测量技术的应用范围，未来基于点云数据计算的大规模三维数据生产将使得工程测量、三维建模等工作发生颠覆性的变革，开启三维遥感的新时代。

思考题

1. 什么是摄影测量？说明摄影测量的任务，以及摄影测量与 GIS 的关系。
2. 摄影测量的三个发展阶段及其特点各是什么？
3. 为什么说摄影测量与遥感是 GIS 数据更新的重要手段？
4. 说明倾斜摄影测量技术的特点。

第二章
摄影与空中摄影知识

摄影测量的前期工作是利用各种摄影机对所量测目标进行摄影，以获取量测目标的影像。作为原始资料的影像，其质量的好坏直接影响到整个摄影测量后续处理的精度高低。为了获取高质量的影像，提高测量精度，了解摄影的基本知识是必要的。

第一节　摄影原理及各类摄影机介绍

一、摄影的基本原理

摄影是按小孔成像原理，在小孔处安装一个摄影物镜，在像面处放置感光材料，被摄物体经摄影物镜成像于感光材料上。感光材料受投射光线的光化学作用后，经摄影处理（显影、定影、晒印等过程）获得景物的光学构像。

摄影的主要工具是摄影机。摄影机的种类很多，其基本结构原理大致相同，主要是由镜箱和暗箱两部分组成，如图 2－1 所示。镜箱是摄影机的光学部件，包括物镜筒、镜箱和像框平面。物体的投射光线经摄影机物镜调焦而成像于像框平面上，暗箱用来存放感光材料。普通摄影机的暗箱和镜箱是连成一体的；测量专用的摄影机的暗箱和镜箱是可以分开的，一般备有多个暗箱，暗箱可以从摄影机镜箱上拆卸下来供摄影时调换使用。

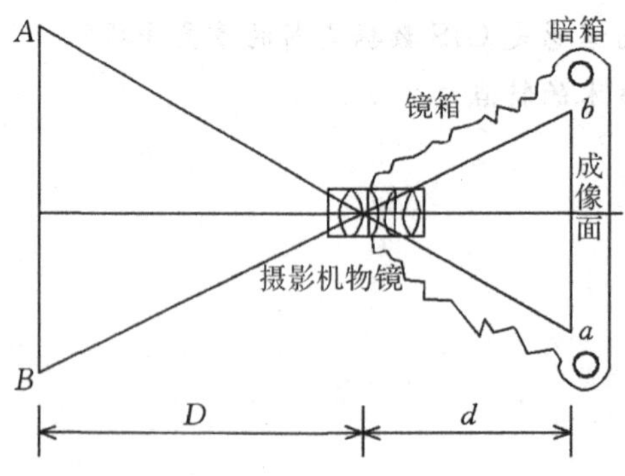

图 2－1　摄影机结构示意图

如图 2－2 所示，组成物镜的各个透镜的光学中心位于同一直线上，这条直线 LL 称为主光轴。所有平行于主光轴的光线通过镜头后都与主光轴交于一点，称为主焦点。主焦点有两个：F_1 与 F_2。其中，F_1 称为物方主焦点，F_2 称为像方主焦点。过焦点垂直于光轴的平面称为焦平面。

在镜头的主光轴上有两个主（节）点 S_1、S_2，S_1 和 S_2 分别称为物镜的物方主（节）点和像方主（节）点，自物方主（节）点 S_1 到物方焦点 F_1 的距离称为光学系的物方焦距 f_1，自像方主（节）点 S_2 到像方焦点 F_2 的距离称为镜头的像方焦距 f_2。当物空间和像空间的介质相同时，像方焦距等于物方焦距，即 $F=f_1=f_2$。因两主（节）点间的距离很小，通常把两个主（节）点看作一点，称为物镜中心。

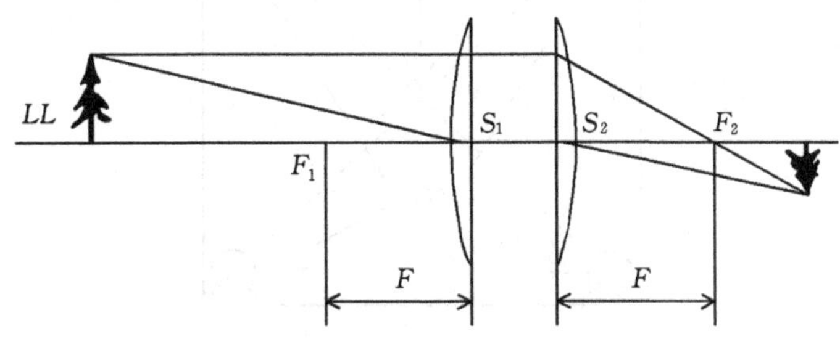

图 2－2　投影物镜光轴、主点和焦距

二、各类摄影机介绍

（一）量测用摄影机

量测用摄影机的结构与普通摄影机基本相同，但其在镜头精密程度及结构上更为精密和复杂，具有良好的光学性能，物镜畸变差较小、分辨率高、透光性强，且机械结构稳定，能够根据设计要求进行自动连续摄影。

量测用摄影机有航空摄影机和地面摄影机两类。与非量测用摄影机相比较，量测用摄影机具有以下特征。

1. 量测用摄影机的主距是一个固定的已知值

航空摄影机在空中摄影时，由于物距较大，摄影时摄影物镜都是固定调焦于无穷远，即每次摄影的主距是固定不变的，几乎等于摄影机物镜的焦距。地面摄影测量使用的地面摄影机一般可按几个分段固定的物距进行调焦，以适应不同距离物体摄影的需要。摄影机的焦距为物镜节点 S 到焦点 F 的距离。摄影机的主距（像片主距）为物镜后节点 S 到像平面的距离（即像距）。量测用摄影机的主距如图 2－3 所示。

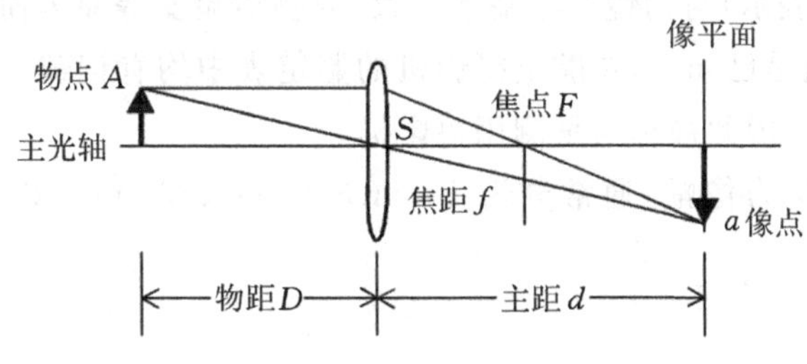

图 2－3　量测用摄影机的主距

2. 量测用摄影机承片框上具有框标

量测用摄影机在固定不变的承片框上，四个边的中点各安置一个机械标志——框标，其目的是建立像片的直角框标坐标。两两相对的框标连线成正交，其交点成为像片平面坐标系的原点，从而使摄影的像片上构成直角框标坐标系。新型摄影机一般在四个角设定四个光学框标来建立像片平面坐标系。量测用摄影机的框标如图 2-4 所示。

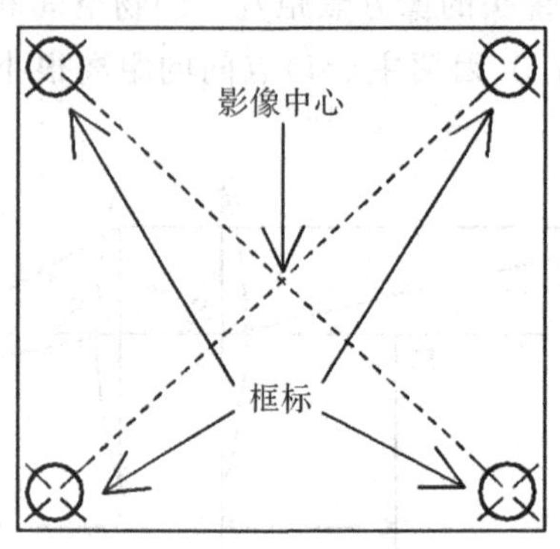

图 2-4　量测用摄影机的框标

3. 量测用摄影机的内方位元素值是已知的

摄影机物镜后节点在像片平面上的投影称为像主点。像主点与物镜后节点之间的距离称为摄影机主距(像片主距)，通常用 f 表示。在理想的结构设计情况下，像主点应与框标坐标系的原点重合，但由于制造误差，常常达不到这样的要求。因此，像主点在框标坐标系中有坐标值(x_0，y_0)，该值可以精确测定。像片主距 f 和像主点在框标坐标系中的坐标值(x_0，y_0)合称为摄影机的内方位元素(像片的内方位元素)。像片的内方位元素能够确定物镜后节点在框标坐标系中的位置。

(二)航空摄影机

航空摄影机属于专用的量测用摄影机，也称为航摄仪，主要工作平台为飞机。航空摄影机一般结构除了与普通摄影机有相同的物镜(镜箱)、光圈、快门、暗箱及检影器等主要部件外，还有座架与控制系统的各种设备、压平装置，有的还有像移补偿器，以减少像片的压平误差与摄影过程的像移误差。图 2-5 为航空摄影机的结构略图，图 2-6 为航空摄影机的外观图。

航空摄影机除了有较高的光学性能、摄影过程的高度自动化外，还具有框标装置。航空摄影机的主距(通常用 f 表示)与物镜焦距基本一致，因物镜畸变等原因而仅有少许差异。航空摄影机的内方位元素值是已知的，在航空摄影机的鉴定表中均有记载。由于航空摄影机具有量测摄影机的所有特征，因此被称为量测用摄影机。

航摄像片的尺寸(称为像幅)通常分为 18 cm×18 cm、23 cm×23 cm 和 30 cm×30 cm 三种。

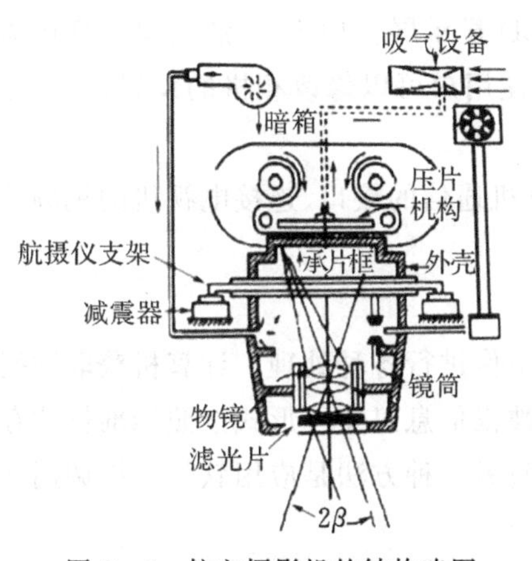

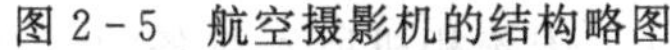
图 2-5 航空摄影机的结构略图

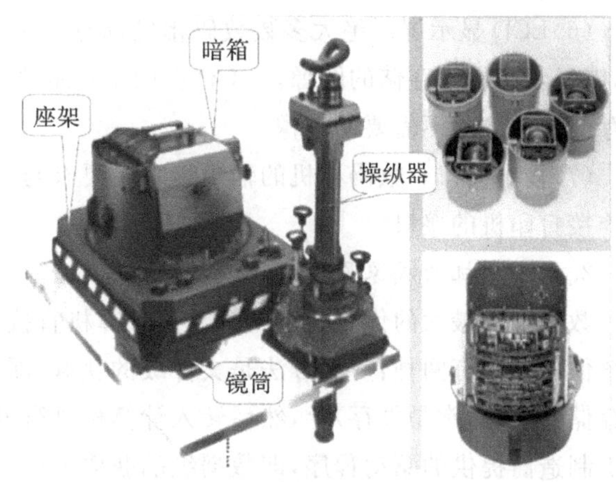

图 2-6 航空摄影机的外观图

(三)数码摄影机

数码摄影机也称为数码相机。数码相机与传统相机都是基于光学原理实现成像,但数码相机是以数字信息代替传统感光材料,即首先将景物摄取到一个专用的半导体芯片(CCD 或 CMOS[①])上,然后转化为数字图像,并用数字的形式将文件保存起来。

1. 数码相机的结构

数码相机是由镜头、CCD、模/数转换器(A/D)、微处理器(MPU)、数据储存器、液晶显示器(LCD)、PC 卡(可移动存储器)和接口(计算机接口、电视机接口)等部分组成,通常它们都安装在数码相机的内部。

(1)镜头。数码相机的镜头与普通相机的镜头作用相同,是将物体的投射光线会聚到感光器件 CCD 上。

(2)CCD/CMOS。CCD/CMOS 传感器是数码相机最重要的器件之一,也是数码相机根本区别于传统胶片相机的特征,它们代替了普通相机中胶卷的位置。CCD 是电荷耦合器件的缩写,CMOS 是互补金属氧化物半导体器件的缩写。CCD 和 CMOS 的工作原理有一个共通点,即都是用光敏二极管作为光-电信号的转化元件,其功能是把光信号转变为电信号。

(3)ADC。ADC 模拟数字转化器是按照计算机的要求,将模拟电信号转化为数字电信号的器件。

(4)MPU。MPU 是对数字信号进行压缩并转化为特定的图像格式,如 JPEG 格式。

(5)数据存储器。数码相机中存储器的作用是保存数字图像数据,与传统胶卷不同的是,存储器中的图像数据可以反复记录和删除,而胶卷只能记录一次。存储器可以分为内置存储器和可移动存储器。内置存储器为半导体存储器,安装在相机内部,用于临时存储图像。通常,数码相机更多地使用可移动存储器,一般的可移动存储器有闪存卡(compact flash,CF)、智能媒体卡(smart media,SM)、多媒体卡(multi media card,MMC)、安全数字卡(secure digital card,SDC)、记忆棒(memory stick duo,MSD)、IBM 的微型硬盘等。

---

① 即互补金属氧化物半导体器件,英文翻译为 complementary metal oxide semiconductor,缩写为 CMOS。

(6)LCD 显示屏。绝大多数数码相机都有一个 LCD 显示屏。LCD 屏幕就像计算机监视器，能显示相机中存储的图像。LCD 也用来显示菜单，使用户可以修改相机的设置，并从相机的存储器中删除不需要的图像。

(7)输出接口。数码相机的输出接口主要有与计算机通信的接口、连接电视机的视频接口和连接打印机的接口。

2. 数码相机的成像原理

数码相机最大的优点在于可以利用计算机直接对图像进行各种处理。计算机获取数码相机图像的方法有两种：一种方法是文件级的获取，即将被摄信息以文件形式按照标准格式存储在存储介质(通常是外存)上，然后转入计算机进行处理；另一种方法是应用软件直接调用数码相机制造商提供的驱动程序，即数据级的获取方法。

数码相机在直接继承了传统相机的各种技术后，又具有了传统相机所不具备的许多功能，如“即拍即得”“记录介质可重复使用”等特点，这些特点对于人们日常使用相机记录被摄信息带来了很大的方便。数码相机开辟了多媒体应用的新领域，目前已广泛应用到摄影测量中。数码相机成像原理如图 2－7 所示。

外界光线 → 数码相机镜头 →(光信号)→ CCD →(电信号)→ ADC →(数字信号)→ MPU →(图像)→ 存储器

图 2－7　数码相机成像原理

第二节　航空摄影的基本要求

航空摄影是将航摄仪安置在飞机或其他航空飞行器上，从空中对地面景物的摄影，也称为空中摄影。航空摄影的成果——航空影像是后续摄影测量测图的原始资料，其质量的好坏直接影响摄影测量过程的繁简、成图的工效和精度高低，以及地物信息提取的多少。航空摄影时，应满足以下要求。

一、摄影比例尺与摄影航高

摄影(像片)比例尺是指航摄像片上一线段为 l 的影像与地面上相应线段的水平距离 L 之比。摄影比例尺是通过摄影机主距和摄影航高来计算的，即

$$\frac{1}{m}=\frac{l}{L}=\frac{f}{H} \tag{2-1}$$

其中，m 为摄影比例尺分母；f 为摄影机主距；H 为摄影航高。

航空摄影时，航摄像片不能严格保持水平，地形一般均有起伏，航摄像片上各处的影像比例尺并不相等。因此，摄影比例尺是指平均比例尺，即以摄区内的平均高程面作为摄影基准面，以摄影机的物镜中心至摄影基准面的距离计算摄影航高 H。

摄影比例尺越大，像片的地面分辨率就越高，也越有利于影像的解译与提高成图精度。但摄影比例尺过大，会增加摄影工作量及费用。所以，摄影比例尺要根据测绘地形图的精度要求

与获取地面信息的需求来确定。表 2-1 给出了摄影比例尺与成图比例尺的关系，具体要求按相应测绘规范执行。

表 2-1 摄影比例尺与成图比例尺的关系

比例尺类型	航摄比例尺	成图比例尺
大比例尺	1∶2000～1∶3000	1∶500
	1∶4000～1∶6000	1∶1000
中比例尺	1∶8000～1∶12000	1∶2000
	1∶10000～1∶20000	1∶5000
	1∶20000～1∶40000	1∶10000
小比例尺	1∶25000～1∶60000	1∶25000
	1∶35000～1∶80000	1∶50000

当选定了摄影机和摄影比例尺后，f 和 m 即为已知，航空摄影时，要求按计算的航高 H 飞行，以获得符合生产要求的摄影像片。但由于飞机飞行时空气气流波动等的影响，很难确定实际航高，因此规范要求其差异一般不得大于 5%，同一航线内各摄站的高差不得大于 50 m。

二、空中摄影过程

空中摄影过程实质上是将地球表面上穿过大气层的地物、地貌等信息，通过摄影机物镜，到达航摄胶片(承影面)上形成影像的传输过程。航摄影像不仅详细地记录了地物、地貌特征，以及地物之间的相互关系，而且记录了摄影机装载的各种仪表在摄影瞬间的各种信息。这些信息及起始数据是航空影像成图或建立影像数据库最重要的原始资料之一。

为了获得摄影测量的原始资料，需要对测区进行有计划的摄影。航摄计划中的主要内容有：确定测区范围，根据测区的地形条件、成图比例尺等因素选用摄影机，确定摄影比例尺及航高，需用像片的数量、日期及航摄成果的验收等。

飞机进入航摄区域后，按预先设定的航线(航高、航向)飞行。摄影曝光过程是飞机在飞行中瞬间完成的。曝光时刻，摄影机物镜所在的空间位置称为摄站点，航线方向相邻两摄站点间的空间距离称为摄影基线(B)。摄影时，飞机沿相邻影像之间飞行必须保持一定的重叠度，称为航向重叠，互相重叠部分构成一个立体像对。完成一条航线的摄影后，飞机进入另一条航线进行摄影，相邻航线影像之间也必须有一定的重叠度，称为旁向重叠，飞行直至摄完整个测区。如果测区面积较大或测区地形复杂，可将测区分为若干分区，按分区进行摄影。航空摄影过程如图 2-8 所示。

飞行完成后，对经感光的底片进行摄影处理，得到航摄底片(负片)。接着，利用相纸通过接触晒印得到正片。然后，再对像片的色调、重叠度、航线弯曲等项目进行检查、验收与评定。不符合要求时，需要进行重摄或补摄。

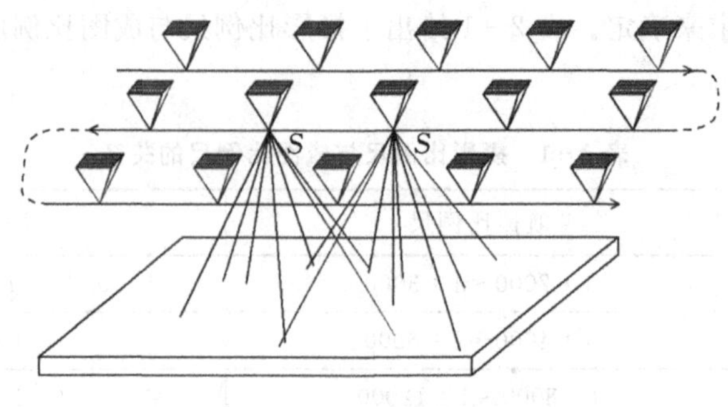

图 2-8　航空摄影过程

三、摄影测量对摄影资料的基本要求

航摄影像的质量直接影响测图精度，摄影测量对摄影资料的基本要求主要包括以下内容。

(一)影像色调

摄影测量要求航摄影像必须清晰、色调一致、反差适中，像片上不应有妨碍测图的阴影。这些质量指标在很大程度上取决于航摄仪物镜的光学特性。例如，物镜的各种像差消除得好，影像就清晰；物镜的畸变差会引起像点的移位；物镜的分解力高，表现细部纹理的能力就强。

(二)像片重叠

为了满足测图的需要，在同一条航线上，航摄像片的航向重叠度应满足 $p\%=60\%\sim65\%$，最小航向重叠度不得小于 53%；相邻航线上航摄像片的旁向重叠度应满足 $q\%=30\%\sim40\%$，最小旁向重叠度不得小于 15%。当航摄像片的航向重叠度和旁向重叠度小于最低要求时，需要在航测外业采取补救措施，即重摄或补摄。

相邻两航摄像片的航向重叠如图 2-9 所示。

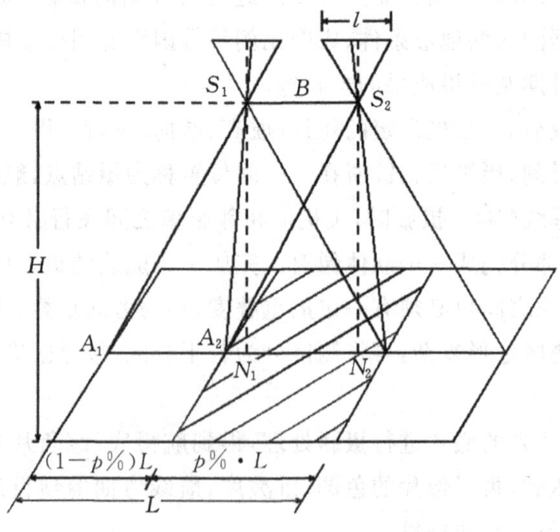

图 2-9　相邻两航摄像片的航向重叠

由图 2-9 可知

$$L = l\frac{H}{f} = ml$$
$$B = ml(1 - p\%) \tag{2-2}$$

式中，l 为像片的像幅尺寸；m 为摄影比例尺分母；$p\%$ 为设计的航向重叠度；B 为摄影基线。

当地面起伏较大时，需要增大重叠度才能保证航摄像片的立体量测与拼接。

（三）像片倾角

摄影机主光轴与铅直方向的夹角 α 称为像片倾角，像片倾角如图 2-10 所示。当 $\alpha=0$ 时，为垂直摄影，是航空摄影最理想的状况。但通常飞机受气流的影响，航摄仪不可能完全置平，一般要求倾角不大于 2°，最大不超过 3°。

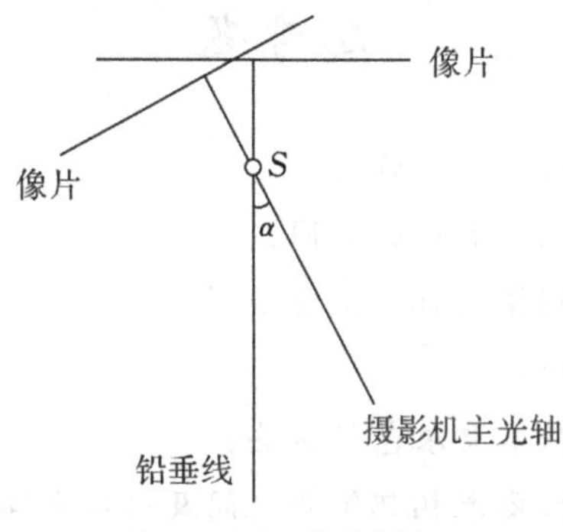

图 2-10 像片倾角

（四）航线弯曲

受技术条件和自然条件限制，飞机往往不能按预定航线飞行而产生航线弯曲，造成漏摄或相邻航线航摄像片旁向重叠度过小，从而影响内业成图。把一条航线的航摄像片根据地物影像拼接起来，各张像片的主点连线不在一条直线上，而呈现为弯弯曲曲的折线，这种现象称为航线弯曲。航线弯曲度是航线最大弯曲矢量 $\boldsymbol{\delta}$ 与航线长度 L 之比的百分数。一般要求，航线弯曲度不大于 3%。航线弯曲如图 2-11 所示。

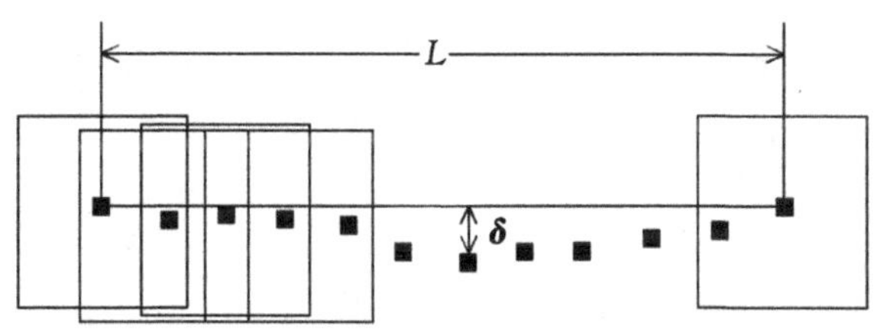

图 2-11 航线弯曲

（五）像片旋角

相邻像片的主点连线与像幅沿航线方向框标连线间的夹角称为像片旋角，以 κ 表示。像片旋角是由于空中摄影时摄影机定向不准产生的，若摄影机定向准确，所摄的像片镶嵌后排列整齐。像片旋角如图 2－12 所示。从图 2－12 中可以看出，因像片旋角会使重叠度受到影响，故一般要求 κ 不超过 6°，最大不超过 8°。

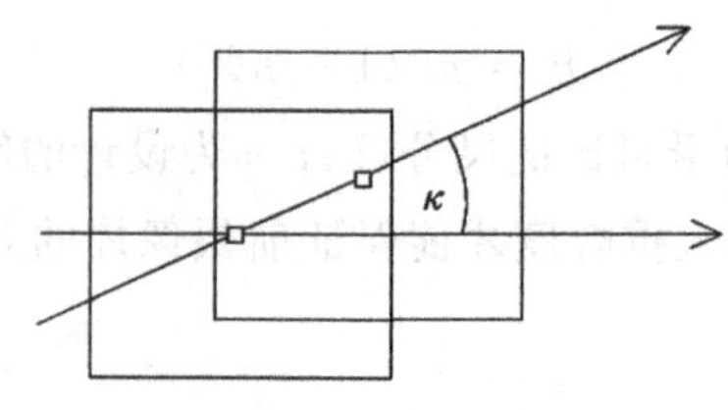

图 2－12　像片旋角

思考题

1. 说明摄影机的基本部件及其主要作用。
2. 航摄仪物镜的焦距与其主距有什么不同？
3. 说明量测摄影机与非量测摄影机的主要区别。
4. 简述数码相机的工作原理。
5. 摄影测量对摄影资料的基本要求包括哪些？
6. 什么是像片重叠？为什么要求相邻像片之间及航线之间的像片对要有一定的重叠？
7. 什么是像片倾角？什么是像片旋角？

第三章

航摄像片的基本数学关系

第一节　中心投影的基本知识

一、投影、中心投影和正射投影

设空间各物点 A、B、C…按照某一规律建立投影射线，平面 P 截割投影射线，在平面内得到相应的投影点 a、b、c…平面 P 称为投影面，在平面 P 内得到的图形称为投影图。若投影光线相互平行且垂直于投影面，则该投影称为正射投影。正射投影如图 3－1(a)所示。若投影光线会聚于一点，则该投影称为中心投影。如图 3－1 中的(b)、(c)、(d)所示，这三种情况均属于中心投影。投影光线会聚的点 S 称为投影中心，由投影得到的图称为透视图。

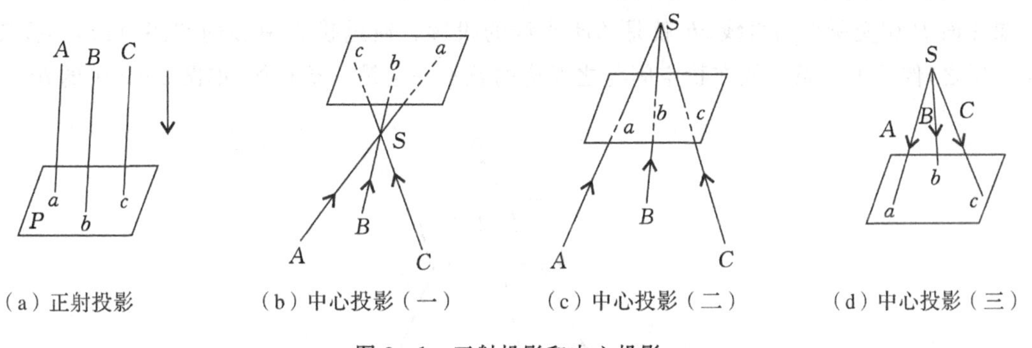

图 3－1　正射投影和中心投影

地图是地面在水平面上垂直(正射)投影的缩小，地图是地面的正射投影。航摄像片上的地面构像可以认为是由地面各点指向投影中心(物镜中心)的直线投射光线形成的。这样得到的影像属于中心投影，航摄像片就是所摄地面的中心投影。摄影测量可以被认为是研究并实现由中心投影(影像)转换为正射投影(地图)的科学与技术。

如图 3－2 所示，当航空摄影机向地面摄影时，地面点光线通过物镜后，在底片上成像即可获得航摄像片。此时，负片为投影面 P，物镜中心为投影中心 S，地面点 A、B、C、D 至 S 的光线为投影光线，称负片 P 为地面的透视图。从图 3－2 中可看出，负片影像和地面的实际方位恰恰相反，所以，通常把负片称为阴位。如将负片 P 围绕投影中心 S 翻转至 P' 的位置，影像方位就与地面一致，称这种位置为阳位。阳位相当于负片晒印的正片，与阴位的几何性质完全一致，所以，在讨论航摄像片的数学关系时，常采用正片位置。

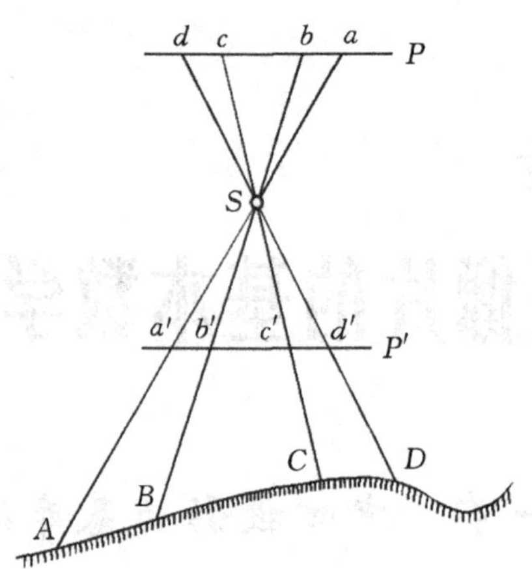

图 3-2　航摄像片为中心投影

航摄像片的基本特征如下：

空间点在像片上的投影仍是一个点。例如，图 3-3 中的 A 点在像片上的投影是投影线 AS 与像片面 P 的交点 a，这样的交点只可能是一个点。反之，像片上的一个点在物空间与之对应的就不一定是一个点，也可能是一条空间直线，如图 3-3 中的像点 c 是空间直线 CD 的透视对应点。

空间直线的投影一般是直线。图 3-3 中，通过空间直线 AB 和投影中心 S 做 SAB 平面，与像片面 P 相交所得的直线 ab 就是 AB 直线的投影。通过投影中心的空间直线，其投影为点。反之，像片上一条直线在物空间与之对应的就不一定是一条直线，如图 3-3 中的 bc。

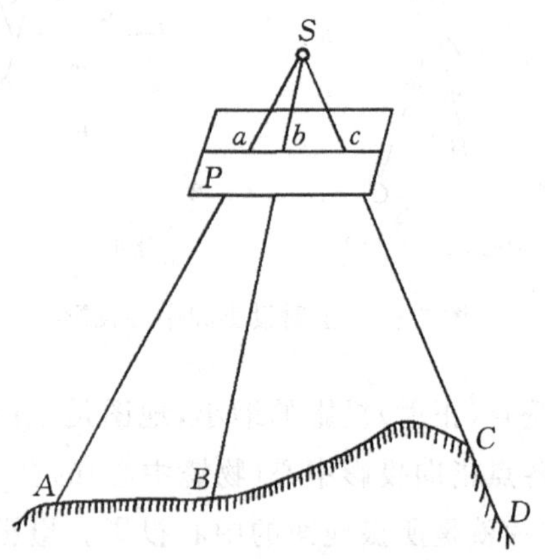

图 3-3　空间点、线的中心投影

二、航摄像片上特殊的点、线、面

在实际的空中摄影中，航摄像片往往存在一定的倾角，使得像片上的一些点、线、面具有特殊的性质，这些点、线、面对于研究航摄像片的几何特性，确定航摄像片与地面的相对关系具有非常重要的意义。

如图 3-4 所示，P 为倾斜的像片，也称为投影面；E 为水平的地面（物面），也称为基准面；S 为摄影（投影）中心；E 面与 P 面的交线 TT 称为透视轴，透视轴上的点称为二重点。

过 S 点向像片面 P 所作垂线与 P 面相交于 o 点，与地面 E 面相交于 O 点。其中，So 为摄影轴，$So=f$，So 称为摄影机主距；o 点称为像主点，O 点称为地主点。

过 S 点向地面 E 作铅垂线，此铅垂线称为主垂线。主垂线与像片面 P 的交点 n 称为像底点，主垂线与地面 E 的交点 N 称为地底点，SN 称为航高，航高用 H 表示。

摄影轴 So 与主垂线 Sn 的夹角 α 称为像片倾角。作角 α 的角平分线与像片面 P 交于 c 点，c 点称为等角点；角 α 的角平分线与地面 E 的交点为 C 点，C 点称为地面等角点。

过主垂线 Sn 与摄影轴 So 的垂面 W 称为主垂面。主垂面 W 既垂直于像片面 P，又垂直于地面 E。主垂面 W 与像片面 P 的交线 vv 称为主纵线，主垂面 W 与地面 E 的交线 VV 称为基本方向线。显然，o、n、c 在主纵线 vv 上，O、N、C 在基本方向线 VV 上。过 S 点作主纵线 vv 的平行线与基本方向线 VV 交于 J 点，J 点称为遁点。

过 S 点作平行于地面 E 的水平面 Es，Es 面称为合面。合面 Es 与像片面 P 的交线 h_ih_i 称为合线。合线 h_ih_i 与主纵线 vv 的交点 i 称为主合点。在合线 h_ih_i 上的其他点统称为合点。在像片面 P 上，过等角点 c 作平行于合线 h_ih_i 的直线 h_ch_c，h_ch_c 称为等比线。在像片面 P 上，过像主点 o 作平行于合线 h_ih_i 的直线 h_oh_o，h_oh_o 称为主横线。

根据透视学的观点，设空间有任意方向的一组平行线，从视点（投影中心 S）作平行于这组平行线的一条射线，该射线与画面（像片面 P）相交的点即为这组平行线无穷远处交点的透视构像，此点称为灭点。灭点在摄影测量中称为合点，如在地平面上有一组与基本方向线 VV 呈一角度的平行线，由投影中心 S 作这组线的平行线，与像片面 P 的交点就是该组平行线构像的合点，而且位于合线 h_ih_i 上。平行于基本方向线 VV 的平行线，其构像的合点位于主纵线 vv 与合线 h_ih_i 的交点上，即为主合点 i。垂直于地平面的各直线（铅垂线）构像的合点与像底点 n 重合，因此，各铅垂线的构像延长后均通过像底点 n。

图 3-4 中形成的 $SivJ$ 四边形称为极限平行四边形。

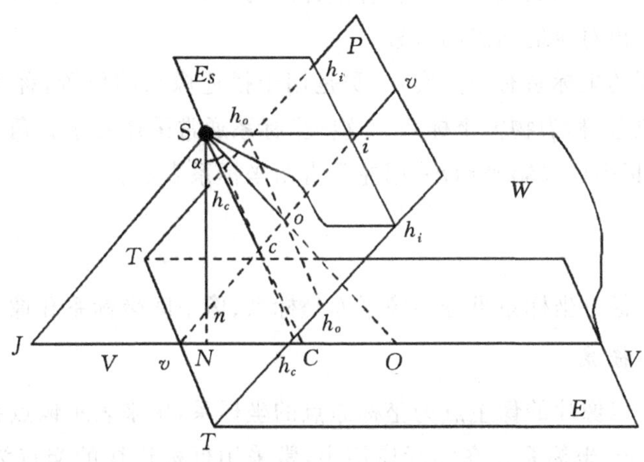

图 3-4 航摄像片特殊的点、线、面

综上所述，航摄像片 P 上主要的点、线与透视相关的点、线、面有像主点 o、像底点 n、等角点 c、主合点 i；主纵线 vv、合线 h_ih_i、等比线 h_ch_c、主横线 h_oh_o、基本方向线 VV；主垂面 W、合面 Es 等。

由图 3-4 可以看出特殊的点、线间存在简单的三角关系。

在像片面上有：

$$on = f \times \tan\alpha$$

$$oc = f \times \tan\frac{\alpha}{2}$$

$$oi = f \times \cot\alpha$$

$$Si = ci = \frac{f}{\sin\alpha}$$

在物面上有：

$$ON = H \times \tan\alpha$$

$$CN = H \times \tan\frac{\alpha}{2}$$

$$SJ = iv = \frac{H}{\sin\alpha}$$

上述各点、线在像片上尽管是客观存在的，但除了像主点在像片上容易找到外，其他的点、线均不能直接找到，需要求解才能得到。需要指出的是，这些点、线对于定性和定量分析航摄像片上像点的几何关系特性具有非常重要的意义。

第二节　摄影测量常用的坐标系

航空摄影瞬间，像片与地面之间存在着固定的几何关系，这些关系可以用一些特定的参数（方位元素）建立起来。确定空间点位置需要用数学方法，也就是用像片解析方法求得空间点的位置。而空间点位置的确定又取决于各种坐标系的选取。同时，正是因为有了各种坐标系，才能由像点坐标推导出对应地面点的位置。

摄影测量中常用的坐标系有两大类：一类是用于描述像点的位置，称为像方坐标系；另一类是描述地面点的位置，称为物方坐标系。这些坐标系通常采用右手直角坐标系，只有地面点的地面测量坐标系（指高斯投影坐标）采用左手直角坐标系表示。

一、像方坐标系

表示像点位置的像方坐标系可分为像平面坐标系、像空间坐标系和像空间辅助坐标系。

（一）像平面坐标系

像平面坐标系是以像片的像主点为坐标原点的坐标系，用来表示像点在像片面上的位置，如图 3-5(a)中的 $o\text{-}xy$ 坐标系。在实际应用中，常采用框标连线的交点为坐标系原点，此坐标系称为框标平面坐标系，如图 3-5(b)中的 $P\text{-}xy$ 坐标系。x、y 轴的方向按需要而定，通常取与航线方向一致的连线为 x 轴，航线方向为正方向。若框标位于像片的四个角上，则以框标连线交点的平分线确定 x、y 轴。

在摄影测量解析计算中，像点的坐标应采用以像主点为原点的像平面坐标系。因此，当像主点与框标连线的交点不重合时，必须将框标坐标系的原点平移至像主点，如图 3－5(c)所示。若像主点在框标坐标系中的坐标为 x_0、y_0 时，量测出的像点坐标 x、y 需要化算到以像主点为原点的像平面坐标系中的坐标，即 $x-x_0$、$y-y_0$。

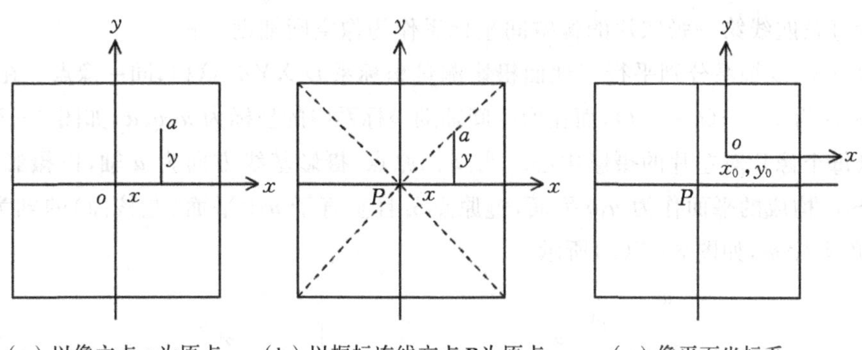

(a) 以像主点 o 为原点　(b) 以框标连线交点 P 为原点　(c) 像平面坐标系

图 3－5　像片平面上的坐标系

(二)像空间坐标系

为建立像点与对应地面点间的联系，必须将像点的平面坐标转换为空间坐标系的坐标。为此，需要建立像空间坐标系。

像空间坐标系以摄影中心(投影中心)S 为坐标原点，x 轴和 y 轴分别与像平面坐标系的 x 轴和 y 轴平行，z 轴与主光轴 So 重合，向上为正，如图 3－6 所示。在像空间坐标系中，每个像点的 z 坐标都等于$-f$，而 x、y 坐标就是像点的像平面坐标 x、y。因此，像点的像空间坐标表示为$(x,y,-f)$。

像空间坐标系随着像片的空间位置而定，每张像片的像空间坐标系都是各自独立的。

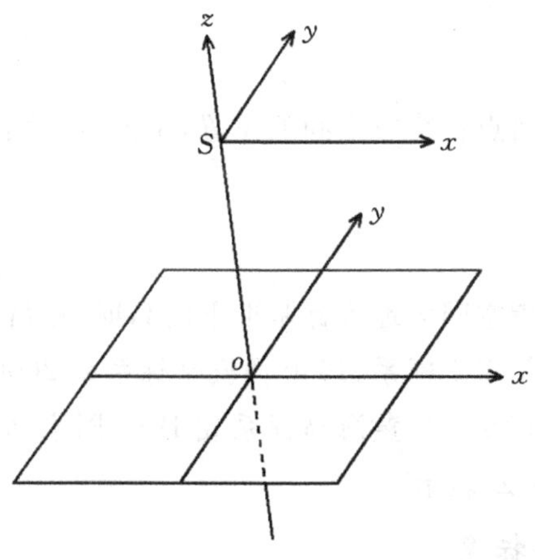

图 3－6　像空间坐标系

(三)像空间辅助坐标系

像点的像空间坐标可以直接从像平面坐标得到,但由于各像片的像空间坐标系不统一,给计算带来了困难。因此,需要建立一种相对统一的坐标系,这种坐标系称为像空间辅助坐标系,用 $S\text{-}uvw$ 表示,其坐标原点仍取摄影中心 S,坐标轴依情况而定,通常有以下三种选取方式:

(1)以每条航线第一张像片的像空间坐标系作为像空间辅助坐标系。

(2)取 u、v、w 轴系分别平行于地面摄影测量坐标系 $D\text{-}XYZ$,这样,同一像点 a 在像空间坐标系中的坐标为 x、y、$z(z=-f)$,而在像空间辅助坐标系中的坐标为 u、v、w,如图 3-7(a)所示。

(3)以每个像片对左片的摄影中心S_1为坐标原点,摄影基线方向为 u 轴,以摄影基线及左片主光轴S_1o_1构成的平面作为 uw 平面,过原点S_1且垂直于 uw 平面(左核面)的轴为 v 轴,构成右手直角坐标系,如图 3-7(b)所示。

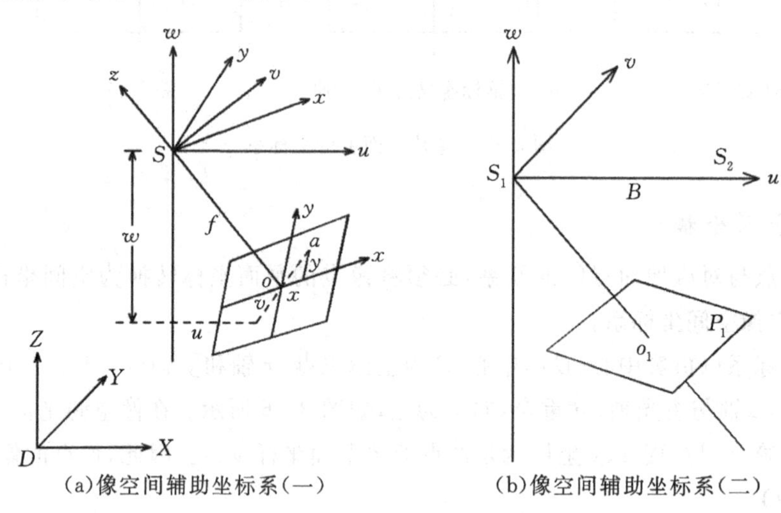

(a)像空间辅助坐标系(一)　　(b)像空间辅助坐标系(二)

图 3-7　像空间辅助坐标系

二、物方坐标系

物方坐标系用来描述地面点在物方空间的位置,主要有地面测量坐标系和地面摄影测量坐标系两种。

(一)地面测量坐标系

地面测量坐标系通常是指空间大地坐标基准下的高斯-克吕格 6°带或 3°带(或任意带)投影的平面直角坐标(如 1954 北京坐标系、1980 西安坐标系或 2000 国家大地坐标系)和定义的从某一基准面量测的高程(如 1956 年黄海高程系或 1985 国家高程基准),两者组合而成的空间左手直角坐标系,用 $T\text{-}X_tY_tZ_t$表示。

(二)地面摄影测量坐标系

由于像空间辅助坐标系是右手系,地面测量坐标系是左手系,这给地面点由像空间辅助坐标系转换到地面测量坐标系带来了困难。为此,需要在上述两种坐标系之间建立一个过渡性的坐标系，称之为地面摄影测量坐标系，用 $D\text{-}XYZ$ 表示，其坐标原点 D 在测区内某一点上，X 轴是大致与航向一致的水平方向，Y 轴与 X 轴正交，Z 轴沿铅垂方向，构成右手直角坐标系。

摄影测量坐标系中，首先将地面点在像空间辅助坐标系中的坐标转换为地面摄影测量坐标系中的坐标，再转换为地面测量坐标系中的坐标。地面测量坐标系与地面摄影测量坐标系如图 3－8 所示。

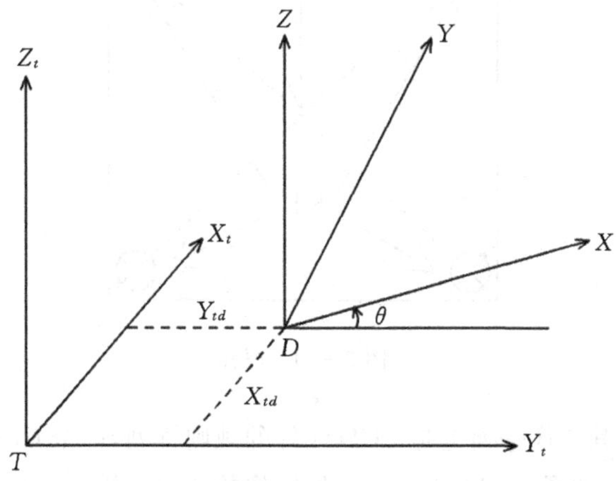

图 3－8　地面测量坐标系与地面摄影测量坐标系

第三节　航摄像片的内、外方位元素

用摄影测量方法研究被摄物体的几何信息和物理信息时，必须建立该物体与航摄像片之间的数学关系，即确定航空摄影瞬间，摄影中心与像片面在地面设定的空间坐标系中的位置与姿态。这些描述位置和姿态的参数称为像片的方位元素。其中，表示摄影中心与像片面相对位置的参数称为内方位元素；表示摄影中心和像片（或摄影光束）在地面坐标系中的位置和姿态的参数称为外方位元素。

一、内方位元素

从几何上理解，摄影机是一个四棱锥体，其顶点就是摄影机物镜的中心 S，其底面就是摄影机的成像平面（影像），如图 3－9 所示。摄影机中心 S 到成像面的距离称为摄影机的焦距 f，摄影机中心 S 到成像面的垂足 o 称为像主点，So 称为摄影机的主光轴。像主点 o 距离影像中心点的位置 x_0、y_0 确定了像主点 o 在影像上的位置。x_0、y_0、f 合称为摄影机的内方位元素。

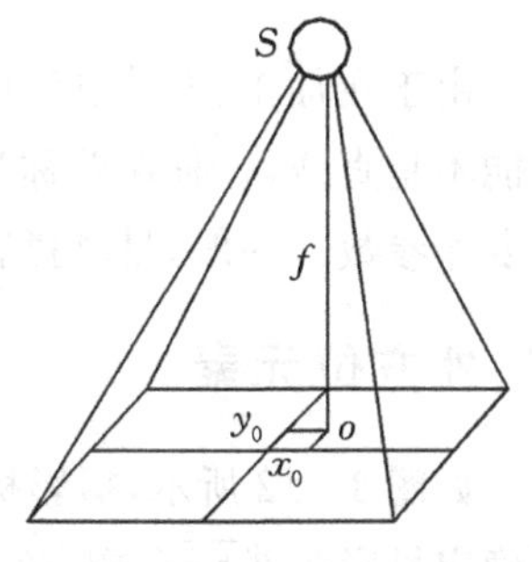

图 3－9　摄影机内方位元素

内方位元素可以通过摄影机检校（在计算机视觉中称为定标）获得。测量专用的摄影机在出厂前由生产厂家对摄影机进行过检校，其内方位元素是已知的，故称为量测摄影机，否则称为非量测摄影机。

作为量测的光学摄影机还有一个很重要的标准，在被摄的影像上有标记(称为框标)。一般一张影像上有4个(或8个)框标。如图3-10所示，对角框标中心连线的交点为影像的中心。因此，在摄影测量过程中，对准框标是很重要的步骤，称为内定向。

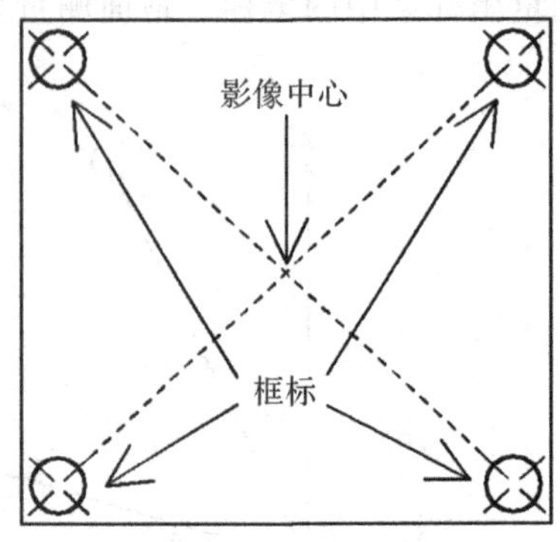

图3-10　框标

对于数码摄影机，其成像平面上是CCD元件的规则排列，一个CCD元件就是一个成像的单元，称为像元(pixel)，如图3-11所示。卫星影像的地面分辨率就是一个像元所对应地面的大小，地面分辨率越小，影像的分辨率越高。

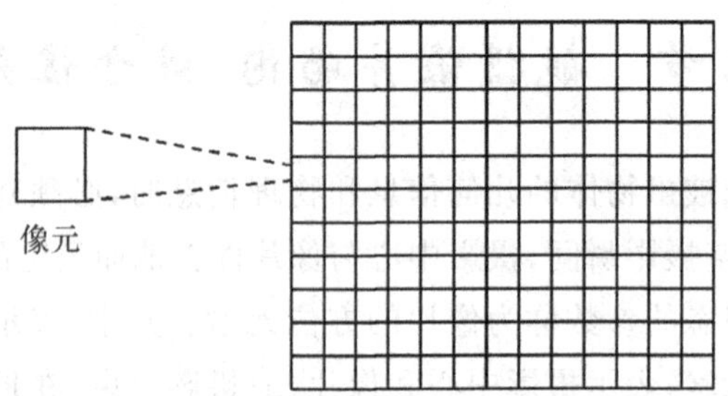

图3-11　数码摄影机的成像平面

由于在加工、安装过程中，摄影机的物镜存在一定的误差，使得物方平面上的直线的影像可能不是直线，这种误差称为物镜的畸变差。用于测量的摄影机，其检校必须考虑并同时测定畸变差参数。一般，量测摄影机的畸变差较小，非量测摄影机的畸变差较大。

二、外方位元素

如图3-12所示，摄影机的内方位元素只能确定摄影光线 Sa 在摄影机内部的方位 α、β，不能确定投影光线 $\overline{Sa}$ 在物方空间的位置。此时，投影光线 $\overline{Sa}$ 并不指向空间点 A。欲确定投影光线 $\overline{Sa}$ 在物方空间的位置，必须确定(恢复)被摄取影像时摄影机的“位置”与“姿态”，即摄影时摄影机在物方空间坐标系中的位置 X_S、Y_S、Z_S，摄影机的姿态角 φ、ω、κ，这六个参数就是摄影机的外方位元素，如图3-13所示。

在恢复摄影机的内、外方位元素后，投影光线$\overline{Sa}$通过空间点A，即摄影中心S、像点a、对应的物方点A三点共线。

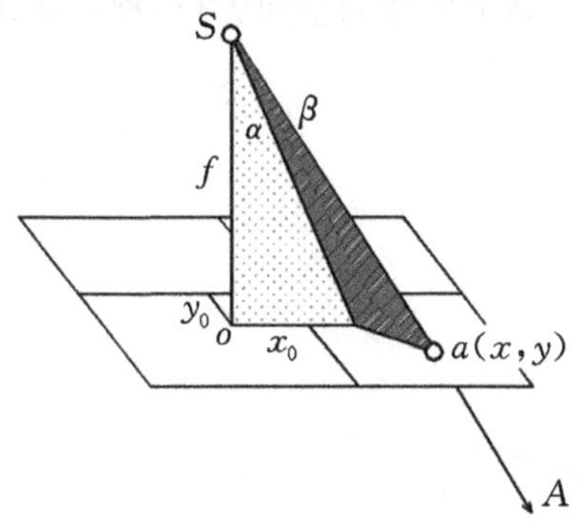

图 3-12　内方位元素的作用

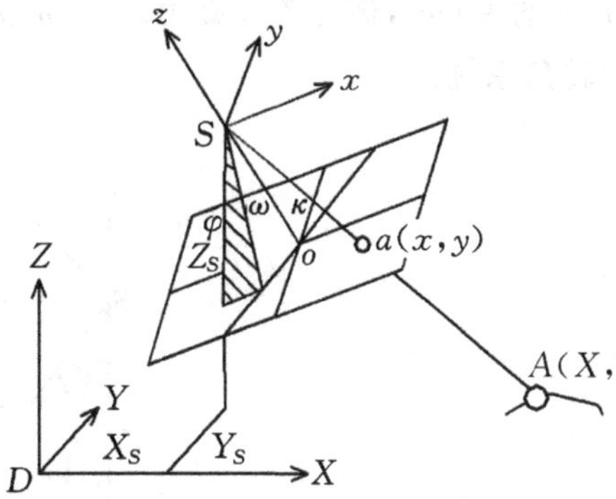

图 3-13　外方位元素

如图 3-13 所示，航摄像片外方位元素的六个参数中，X_S、Y_S、Z_S为三个直线元素，用于描述摄影中心S在物方空间坐标系中的坐标值；φ、ω、κ为三个角元素，用于描述像片(或摄影光束)在摄影瞬间的空间姿态。三个角元素中，φ、ω用于确定摄影机主光轴So在空间的方位，κ用于确定像片在像片平面的方位。

摄影机主光轴So空间方位的确定通常有三种方式。

如图 3-14 所示，若选取的像空间辅助坐标系三轴与地面摄影测量坐标系三轴分别平行，则将主光轴So投影在S-uw平面内得到投影So_x，此时，Sw、Su、So_x均在同一个平面内，So_x与w轴的夹角用φ表示，称为航向倾角；So_x与So的夹角用ω表示，称为旁向倾角。一旦φ、ω确定，主光轴So的方向也就确定了。Sv在像片内的投影与像平面坐标系y轴的夹角κ，称为像片旋角。若κ已知，像片的空间方位也就确定了。称φ、ω、κ是以v为主轴的转角系统。图 3-14中的箭头方向表示角度正方向。

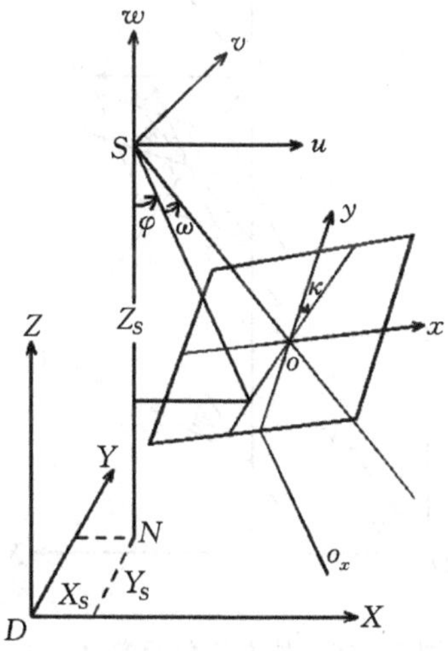

图 3-14　外方位角元素φ、ω、κ

如图 3－15 所示，先将主光轴 So 投影在 $S\text{-}vw$ 平面内，得到投影 So_y，So_y 与 w 轴的夹角用 ω' 表示，称为旁向倾角；So_y 与 So 的夹角用 φ' 表示，称为航向倾角；Su 在像片内的投影与像平面坐标系 x 轴的夹角 κ'，称为像片旋角。φ'、ω'、κ' 也可以确定像片的空间方位，称该系统是以 u 为主轴的转角系统。

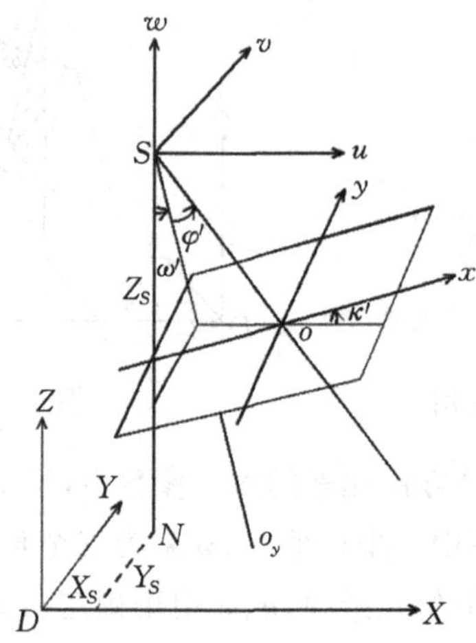

图 3－15　外方位角元素 φ'、ω'、κ'

如图 3－16 所示，A 表示主垂面的方向角，也就是基本方向线与地面摄影测量坐标系 Y 轴间的夹角；α 表示像片倾角，即主光轴 So 与铅垂线方向间的夹角；κ_a 角表示像片旋角，即像片的主纵线与像平面坐标系 y 轴间的夹角。A、α、κ_a 也是定义外方位元素的方法之一，称为以 w 为主轴的转角系统。

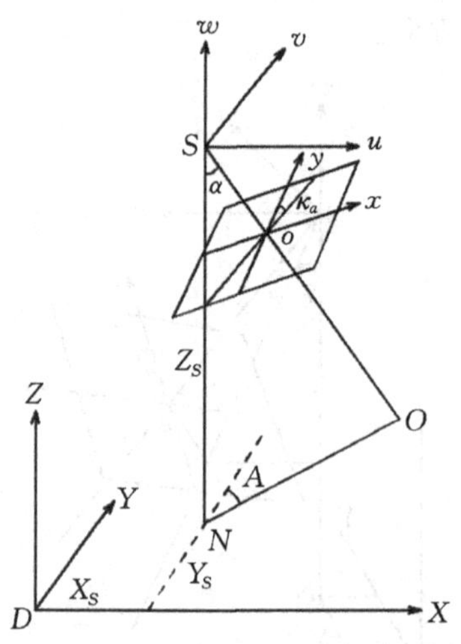

图 3－16　外方位角元素 A、α、κ_a

外方位的三个角元素也可看作是摄影机轴从起始的铅垂方向，绕空间坐标轴按某种次序连续三次旋转所形成的。先绕第一轴旋转一个角度，其余两轴的空间方位随同变化；再绕变动后的第二轴旋转一个角度，两次旋转的结果是恢复了摄影机轴的空间方位；最后绕经过两次变动后的第三轴（与摄影方向重合）旋转一个角度，也即像片在其本身平面内绕其中心旋转一个角度。根据所绕轴系及其次序的不同，有三种角方位元素表达方式，也称为三种转角系统。

上述所谓第一轴是指绕它旋转第一个角度的坐标轴，也称为主轴，它的空间方位是不变的。第二轴随之绕主轴旋转，空间方位要变动，称为副轴。

上述定义的三种转角系统，单像测图采用 A、α、κ_α 转角系统，如纠正仪（模拟摄影测量仪器）；立体测图采用 φ、ω、κ 转角系统或 φ'、ω'、κ' 转角系统；解析摄影测量和数字摄影测量都采用 φ、ω、κ 转角系统。

第四节　像点在不同坐标系中的变换

摄影测量的主要任务是根据像片上像点的平面坐标确定对应地面点的地面测量坐标。为此，必须通过坐标系间的转换，实现从像方测量值求出相应点在物方的坐标。

一、像点的平面坐标变换

由平面解析几何知识可知，平面坐标变换的关系式为

$$\begin{bmatrix} x \\ y \end{bmatrix} = \begin{bmatrix} \cos i & -\sin i \\ \sin i & \cos i \end{bmatrix} \begin{bmatrix} x' \\ y' \end{bmatrix} + \begin{bmatrix} x_0 \\ y_0 \end{bmatrix} \tag{3-1}$$

其中，$\mathbf{A} = \begin{bmatrix} \cos i & -\sin i \\ \sin i & \cos i \end{bmatrix} = \begin{bmatrix} a_1 & a_2 \\ b_1 & b_2 \end{bmatrix}$，为平面旋转系数矩阵的一般式，$i$ 为任意角，a_1、a_2 为 x 轴与 x' 轴、x 轴与 y' 轴夹角的余弦；b_1、b_2 为 y 轴与 x' 轴、y 轴与 y' 轴夹角的余弦；矩阵 $\mathbf{A}$ 是一个正交矩阵，也称为旋转矩阵；矩阵中各元素称为方向余弦。根据正交矩阵的性质，有 $\mathbf{A}^{\mathrm{T}} = \mathbf{A}^{-1}$，$(x_0, y_0)$ 为 $x'o'y'$ 坐标系原点相对于 xoy 坐标系原点的平移量。

如图 3-17 和图 3-18 所示，设有两个像平面坐标系 xoy 和 $x'o'y'$，原点分别为像主点 o 及 o'，对应坐标轴之间存在一个转角 κ，(x_0, y_0) 为 $x'o'y'$ 坐标系原点相对于 xoy 坐标系原点的平移量，则像点 a 在两坐标系中的坐标 (x, y) 和 (x', y') 之间的关系为

$$\begin{bmatrix} x \\ y \end{bmatrix} = \begin{bmatrix} \cos\kappa & -\sin\kappa \\ \sin\kappa & \cos\kappa \end{bmatrix} \begin{bmatrix} x' \\ y' \end{bmatrix} + \begin{bmatrix} x_0 \\ y_0 \end{bmatrix} \tag{3-2}$$

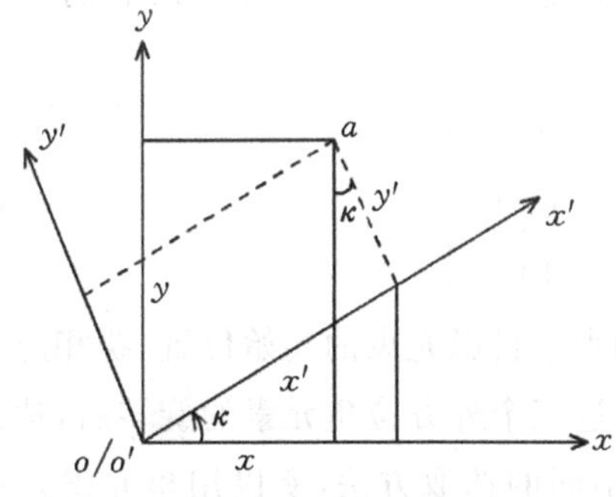

图 3-17　像点的平面坐标变换

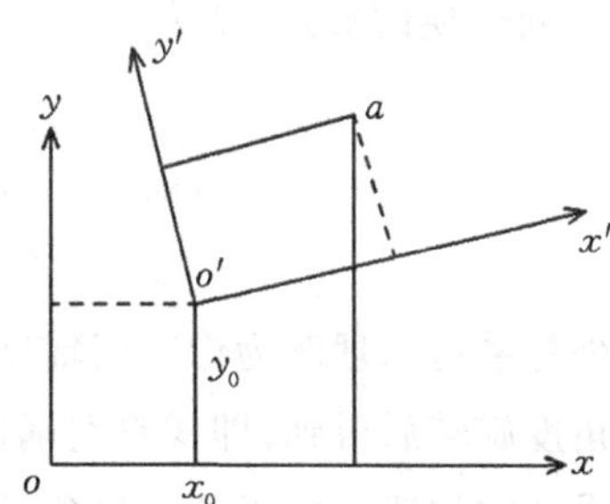

图 3-18　带有原点平移的像点坐标变换

二、像点的空间坐标变换

像点的空间坐标变换是指任一像点在像空间坐标系和像空间辅助坐标系之间的变换。设像点 a 在像空间坐标系 $S\text{-}xyz$ 中的坐标为 $x,y,z(z=-f)$，在像空间辅助坐标系 $S\text{-}uvw$ 中的坐标为 u、v、w，则像点 a 在这两种坐标系中的坐标关系式为

$$\begin{bmatrix} u \\ v \\ w \end{bmatrix} = \boldsymbol{R}\begin{bmatrix} x \\ y \\ -f \end{bmatrix} = \begin{bmatrix} a_1 & a_2 & a_3 \\ b_1 & b_2 & b_3 \\ c_1 & c_2 & c_3 \end{bmatrix}\begin{bmatrix} x \\ y \\ -f \end{bmatrix} \tag{3-3}$$

或

$$\begin{bmatrix} x \\ y \\ -f \end{bmatrix} = \boldsymbol{R}^{-1}\begin{bmatrix} u \\ v \\ w \end{bmatrix} = \boldsymbol{R}^{\mathrm{T}}\begin{bmatrix} u \\ v \\ w \end{bmatrix} = \begin{bmatrix} a_1 & b_1 & c_1 \\ a_2 & b_2 & c_2 \\ a_3 & b_3 & c_3 \end{bmatrix}\begin{bmatrix} u \\ v \\ w \end{bmatrix} \tag{3-4}$$

式中，$\boldsymbol{R}$ 为一个 3×3 的正交矩阵，$\boldsymbol{R}$ 由九个方向余弦组成，即系数矩阵中的每个元素为变换前后两坐标轴相应夹角的余弦(见表 3－1)。

表 3－1　$\boldsymbol{R}$ 矩阵的九个方向余弦

cos	x	y	$z(-f)$
u	a_1	a_2	a_3
v	b_1	b_2	b_3
w	c_1	c_2	c_3

九个方向余弦中，只含有三个独立的参数，这三个独立的参数可看成是像空间辅助坐标系按某一转角系统旋转至像空间坐标系的三个角方位元素。

事实上，任一平面坐标旋转都可以看作是绕某一空间坐标轴旋转。当像片绕某坐标轴旋转时，像点的该坐标不变。比如在 x,y 平面内旋转，则坐标变换关系为

$$\begin{bmatrix} x \\ y \end{bmatrix} = \begin{bmatrix} \cos\kappa & -\sin\kappa \\ \sin\kappa & \cos\kappa \end{bmatrix}\begin{bmatrix} x' \\ y' \end{bmatrix} \tag{3-5}$$

因为在 x,y 平面内绕 z 轴旋转 κ 角时，像点的 z 坐标不变。令旋转 κ 角后的坐标轴为 $o\text{-}x_\kappa y_\kappa$，写成空间变换的形式，则为

$$\begin{bmatrix} x_\kappa \\ y_\kappa \\ z_\kappa \end{bmatrix} = \begin{bmatrix} \cos\kappa & -\sin\kappa & 0 \\ \sin\kappa & \cos\kappa & 0 \\ 0 & 0 & 1 \end{bmatrix}\begin{bmatrix} x \\ y \\ z \end{bmatrix} \tag{3-6}$$

像空间坐标系可以理解为像空间辅助坐标系(相当于投影光束的起始位置)绕相应的坐标轴经过三个角度旋转后得到，即像空间辅助坐标系经过三个外方位角元素的旋转后，达到与像空间坐标系重合的位置。由于外方位角元素有三种不同的选取方法，所以用角元素来计算方向余弦也有三种表达方式。

（一）用 φ-ω-κ 表示方向余弦

如图 3－19 所示，在 φ-ω-κ 转角系统中，像空间坐标系和像空间辅助坐标系的关系可以认为是像空间坐标系从与像空间辅助坐标系重合时的起始位置出发，先绕 v 轴（主轴）旋转 φ 角，使 S-uvw 坐标系变成 S-$X_\varphi Y_\varphi Z_\varphi$ 坐标系；再绕已转了 φ 角的 X_φ 轴（副轴）旋转 ω 角，使 S-$X_\varphi Y_\varphi Z_\varphi$ 变到 S-$X_{\varphi\omega} Y_{\varphi\omega} Z_{\varphi\omega}$ 坐标系，达到 $Z_{\varphi\omega}$ 与主光轴 So 重合的位置；最后绕已转了 φ 和 ω 角的 $Z_{\varphi\omega}$ 轴（主光轴 So 的实际位置）旋转 κ 角，到达像空间坐标系的实际位置。因此，像空间坐标系与像空间辅助坐标系之间的关系可以分三步推导。

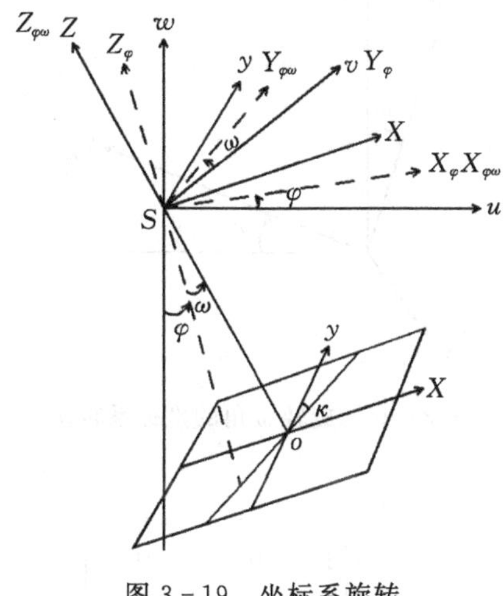

图 3－19　坐标系旋转

空间坐标系绕每一角元素的旋转，实质上都可以看作是平面旋转，根据像点平面坐标变换关系式，可写出顺次旋转三个角元素的坐标关系式。

（1）当坐标系 S-uvw 绕 v 轴旋转 φ 角后得坐标系 S-$X_\varphi Y_\varphi Z_\varphi$，因 v 轴与 Y_φ 重合，其像点 a 在 v 轴上的坐标分量不变，如图 3－20 所示。

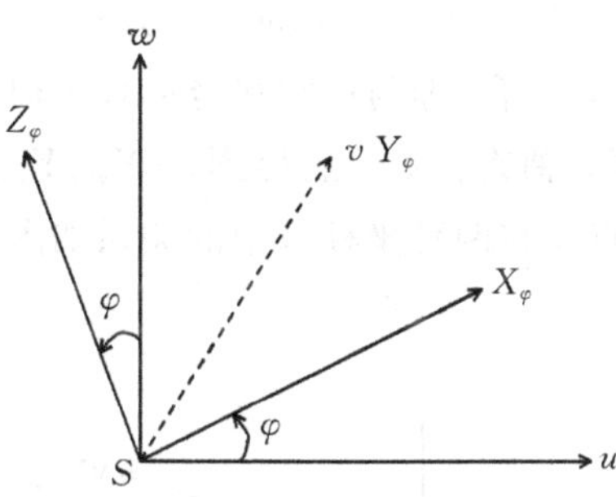

图 3－20　旋转 φ 角的坐标系转换

其旋转矩阵为

$$\boldsymbol{R}_\varphi = \begin{bmatrix} \cos\varphi & 0 & -\sin\varphi \\ 0 & 1 & 0 \\ \sin\varphi & 0 & \cos\varphi \end{bmatrix} \tag{3-7}$$

两坐标系的坐标变换关系式为

$$\begin{bmatrix} u \\ v \\ w \end{bmatrix} = \begin{bmatrix} \cos\varphi & 0 & -\sin\varphi \\ 0 & 1 & 0 \\ \sin\varphi & 0 & \cos\varphi \end{bmatrix} \begin{bmatrix} X_\varphi \\ Y_\varphi \\ Z_\varphi \end{bmatrix} = \boldsymbol{R}_\varphi \begin{bmatrix} X_\varphi \\ Y_\varphi \\ Z_\varphi \end{bmatrix} \tag{3-8}$$

(2)当坐标系 $S\text{-}X_\varphi Y_\varphi Z_\varphi$ 绕 X_φ 轴旋转 ω 角后，得到坐标系 $S\text{-}X_{\varphi\omega} Y_{\varphi\omega} Z_{\varphi\omega}$，像点 a 在两种坐标系中的关系如图 3-21 所示，其中，X_φ 坐标不变。

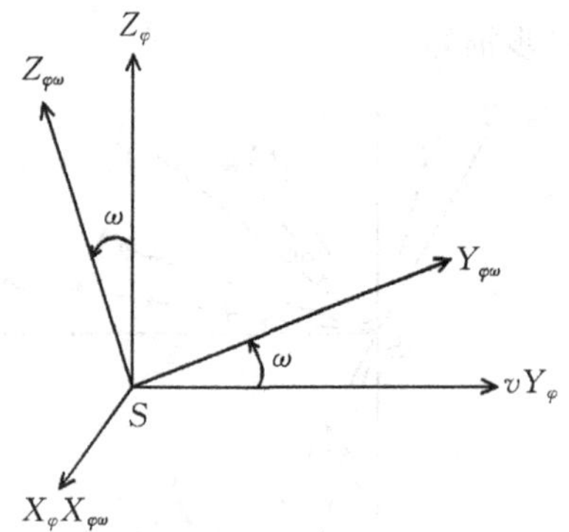

图 3-21　旋转 ω 角的坐标系转换

其旋转矩阵为

$$\boldsymbol{R}_\omega = \begin{bmatrix} 1 & 0 & 0 \\ 0 & \cos\omega & -\sin\omega \\ 0 & \sin\omega & \cos\omega \end{bmatrix} \tag{3-9}$$

两坐标系的坐标变换关系式为

$$\begin{bmatrix} X_\varphi \\ Y_\varphi \\ Z_\varphi \end{bmatrix} = \begin{bmatrix} 1 & 0 & 0 \\ 0 & \cos\omega & -\sin\omega \\ 0 & \sin\omega & \cos\omega \end{bmatrix} \begin{bmatrix} X_{\varphi\omega} \\ Y_{\varphi\omega} \\ Z_{\varphi\omega} \end{bmatrix} = \boldsymbol{R}_\omega \begin{bmatrix} X_{\varphi\omega} \\ Y_{\varphi\omega} \\ Z_{\varphi\omega} \end{bmatrix} \tag{3-10}$$

此时的 $Z_{\varphi\omega}$ 轴已与主光轴 So 重合，即与像空间坐标系 z 轴重合。

(3)坐标系 $S\text{-}X_{\varphi\omega} Y_{\varphi\omega} Z_{\varphi\omega}$ 绕 z 轴旋转 κ 角后得到 $S\text{-}X_{\varphi\omega\kappa} Y_{\varphi\omega\kappa} Z_{\varphi\omega\kappa}$（就是 $S\text{-}xyz$ 坐标系），此时，z 轴上的坐标分量不变，像点 a 在两种坐标系中的关系如图 3-22 所示。

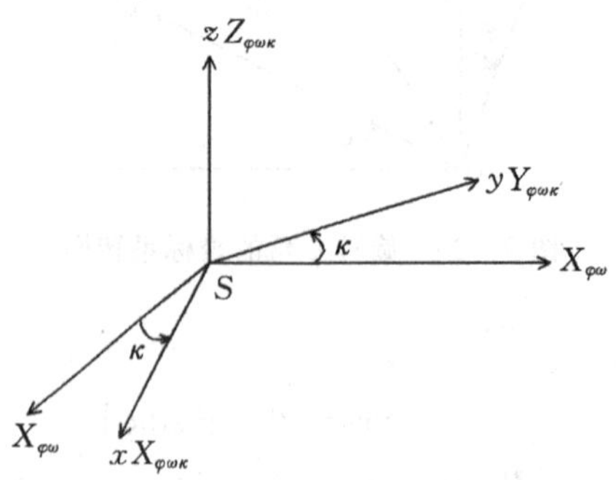

图 3-22　旋转 κ 角的坐标系转换

其旋转矩阵为

$$\boldsymbol{R}_\kappa = \begin{bmatrix} \cos\kappa & -\sin\kappa & 0 \\ \sin\kappa & \cos\kappa & 0 \\ 0 & 0 & 1 \end{bmatrix} \tag{3-11}$$

两坐标系的坐标变换关系式为

$$\begin{bmatrix} X_{\varphi\omega} \\ Y_{\varphi\omega} \\ Z_{\varphi\omega} \end{bmatrix} = \begin{bmatrix} \cos\kappa & -\sin\kappa & 0 \\ \sin\kappa & \cos\kappa & 0 \\ 0 & 0 & 1 \end{bmatrix} \begin{bmatrix} x \\ y \\ -f \end{bmatrix} = \boldsymbol{R}_\kappa \begin{bmatrix} x \\ y \\ -f \end{bmatrix} \tag{3-12}$$

经回代，即将式(3－12)代入式(3－10)后，再代入式(3－8)，最后得

$$\begin{bmatrix} u \\ v \\ w \end{bmatrix} = \begin{bmatrix} \cos\varphi & 0 & -\sin\varphi \\ 0 & 1 & 0 \\ \sin\varphi & 0 & \cos\varphi \end{bmatrix} \begin{bmatrix} 1 & 0 & 0 \\ 0 & \cos\omega & -\sin\omega \\ 0 & \sin\omega & \cos\omega \end{bmatrix} \begin{bmatrix} \cos\kappa & -\sin\kappa & 0 \\ \sin\kappa & \cos\kappa & 0 \\ 0 & 0 & 1 \end{bmatrix} \begin{bmatrix} x \\ y \\ -f \end{bmatrix} =$$

$$\boldsymbol{R}_\varphi \boldsymbol{R}_\omega \boldsymbol{R}_\kappa \begin{bmatrix} x \\ y \\ -f \end{bmatrix} = \boldsymbol{R} \begin{bmatrix} x \\ y \\ -f \end{bmatrix} = \begin{bmatrix} a_1 & a_2 & a_3 \\ b_1 & b_2 & b_3 \\ c_1 & c_2 & c_3 \end{bmatrix} \begin{bmatrix} x \\ y \\ -f \end{bmatrix} \tag{3-13}$$

式中 $a_1 = \cos\varphi\cos\kappa - \sin\varphi\sin\omega\sin\kappa$；

$a_2 = -\cos\varphi\sin\kappa - \sin\varphi\sin\omega\cos\kappa$；

$a_3 = -\sin\varphi\cos\omega$；

$b_1 = \cos\omega\sin\kappa$；

$b_2 = \cos\omega\cos\kappa$； (3－14)

$b_3 = -\sin\omega$；

$c_1 = \sin\varphi\cos\kappa + \cos\varphi\sin\omega\sin\kappa$；

$c_2 = -\sin\varphi\sin\kappa + \cos\varphi\sin\omega\cos\kappa$；

$c_3 = \cos\varphi\cos\omega$。

（二）用φ'-ω'-κ'表示方向余弦

在φ'-ω'-κ'转角系统中，按$\varphi' \to \omega' \to \kappa'$的顺序旋转，即首先将坐标系绕主轴 u 旋转ω'，在此基础上，再分别绕次主轴v'及第三轴w'旋转φ'、κ'角，使 S-uvw 与 S-xyz 两坐标系重合。

两坐标系间的变换关系式为

$$\begin{bmatrix} u \\ v \\ w \end{bmatrix} = \begin{bmatrix} 1 & 0 & 0 \\ 0 & \cos\omega' & -\sin\omega' \\ 0 & \sin\omega' & \cos\omega' \end{bmatrix} \begin{bmatrix} \cos\varphi' & 0 & -\sin\varphi' \\ 0 & 1 & 0 \\ \sin\varphi' & 0 & \cos\varphi' \end{bmatrix} \begin{bmatrix} \cos\kappa' & -\sin\kappa' & 0 \\ \sin\kappa' & \cos\kappa' & 0 \\ 0 & 0 & 1 \end{bmatrix} \begin{bmatrix} x \\ y \\ -f \end{bmatrix} =$$

$$\boldsymbol{R}_{\omega'} \boldsymbol{R}_{\varphi'} \boldsymbol{R}_{\kappa'} \begin{bmatrix} x \\ y \\ -f \end{bmatrix} = \boldsymbol{R} \begin{bmatrix} x \\ y \\ -f \end{bmatrix} = \begin{bmatrix} a_1 & a_2 & a_3 \\ b_1 & b_2 & b_3 \\ c_1 & c_2 & c_3 \end{bmatrix} \begin{bmatrix} x \\ y \\ -f \end{bmatrix} \tag{3-15}$$

式中 $a_1 = \cos\varphi'\cos\kappa'$；

$a_2 = -\sin\varphi'\sin\kappa'$；

$$
\begin{aligned}
a_3 &= -\sin\varphi'; \\
b_1 &= \cos\omega'\sin\kappa' - \sin\omega'\sin\varphi'\cos\kappa'; \\
b_2 &= \cos\omega'\cos\kappa' + \sin\omega'\sin\varphi'\sin\kappa'; \\
b_3 &= -\sin\omega'\cos\varphi'; \\
c_1 &= \sin\omega'\sin\kappa' + \cos\omega'\sin\varphi'\cos\kappa'; \\
c_2 &= -\sin\omega'\cos\kappa' - \cos\omega'\sin\varphi'\cos\kappa'; \\
c_3 &= \cos\varphi'\cos\omega'。
\end{aligned}
\tag{3-16}
$$

（三）用 A-α-κ 表示方向余弦

仿照上述的推演步骤，并参照图 3-16，可得到相应的公式。值得注意的是，A 角定义的正方向是以顺时针方向为正，恰与其他转角相反。把 A 角看为负角，由诱导公式 $\cos(-A)=\cos A$，$\sin(-A)=-\sin A$，A 角的旋转矩阵为

$$
\boldsymbol{R}_A = \begin{bmatrix} \cos A & \sin A & 0 \\ -\sin A & \cos A & 0 \\ 0 & 0 & 1 \end{bmatrix} \tag{3-17}
$$

则

$$
\begin{bmatrix} u \\ v \\ w \end{bmatrix} = \begin{bmatrix} \cos A & \sin A & 0 \\ -\sin A & \cos A & 0 \\ 0 & 0 & 1 \end{bmatrix} \begin{bmatrix} 1 & 0 & 0 \\ 0 & \cos\alpha & -\sin\alpha \\ 0 & \sin\alpha & \cos\alpha \end{bmatrix} \begin{bmatrix} \cos\kappa_\alpha & -\sin\kappa_\alpha & 0 \\ \sin\kappa_\alpha & \cos\kappa_\alpha & 0 \\ 0 & 0 & 1 \end{bmatrix} \begin{bmatrix} x \\ y \\ -f \end{bmatrix} =
$$

$$
\boldsymbol{R}_A\boldsymbol{R}_\alpha\boldsymbol{R}_{\kappa_\alpha} \begin{bmatrix} x \\ y \\ -f \end{bmatrix} = \boldsymbol{R} \begin{bmatrix} x \\ y \\ -f \end{bmatrix} = \begin{bmatrix} a_1 & a_2 & a_3 \\ b_1 & b_2 & b_3 \\ c_1 & c_2 & c_3 \end{bmatrix} \begin{bmatrix} x \\ y \\ -f \end{bmatrix} \tag{3-18}
$$

式中

$$
\begin{aligned}
a_1 &= \cos A\cos\kappa_\alpha - \sin A\cos\alpha\sin\kappa_\alpha; \\
a_2 &= -\cos A\sin\kappa_\alpha - \sin A\cos\alpha\cos\kappa_\alpha; \\
a_3 &= -\sin A\sin\alpha; \\
b_1 &= -\sin A\cos\kappa_\alpha + \cos A\cos\alpha\sin\kappa_\alpha; \\
b_2 &= \sin A\sin\kappa_\alpha + \cos A\cos\alpha\cos\kappa_\alpha; \\
b_3 &= -\cos A\sin\alpha; \\
c_1 &= \sin\alpha\sin\kappa_\alpha; \\
c_2 &= \sin\alpha\cos\kappa_\alpha; \\
c_3 &= \cos\alpha。
\end{aligned}
\tag{3-19}
$$

当取不同转角系统的三个角度计算方向余弦时，其表达式不同，但其相应的方向余弦值是彼此相等的，即由不同转角系统的角度计算的旋转矩阵是唯一的，且九个方向余弦中只有三个独立参数。

若已经求出旋转矩阵中的九个元素值，根据式(3-14)、式(3-16)及式(3-19)就可求出相应的角元素，即

$$\begin{cases}\tan\varphi=-\dfrac{a_3}{c_3}\\ \sin\omega=-b_3\\ \tan\kappa=\dfrac{b_1}{b_2}\end{cases}\quad\begin{cases}\tan\omega'=-\dfrac{b_3}{c_3}\\ \sin\varphi'=-a_3\\ \tan\kappa'=-\dfrac{a_2}{a_1}\end{cases}\quad\begin{cases}\tan A=\dfrac{a_3}{b_3}\\ \sin\alpha=c_3\\ \tan\kappa_\alpha=\dfrac{c_1}{c_2}\end{cases}\tag{3-20}$$

对于竖直摄影的航摄像片来说，像片的角方位元素通常是小角度(不超过 3°)。此时，为了方便计算，往往只考虑旋转矩阵中各方向余弦的小值一次项，直接用角度表达。以 φ-ω-κ 表示方向余弦的旋转矩阵为例，由于

$$\cos\varphi\approx1,\cos\kappa\approx1,\sin\varphi\approx\varphi,\sin\omega\approx\omega,\sin\kappa\approx\kappa$$

所以

$$a_1=\cos\varphi\cos\kappa-\sin\varphi\sin\omega\sin\kappa\approx1-\varphi\omega\kappa\approx1$$

同理，可得其他元素的近似值，由此组成旋转矩阵的一次项为

$$\boldsymbol{R}=\begin{bmatrix}1&-\kappa&-\varphi\\ \kappa&1&-\omega\\ \varphi&\omega&1\end{bmatrix}\tag{3-21}$$

当用三个独立方向余弦组成旋转矩阵时，也可得类似的近似表达式，即

$$\boldsymbol{R}=\begin{bmatrix}1&a_2&a_3\\ -a_2&1&b_3\\ -a_3&-b_3&1\end{bmatrix}\tag{3-22}$$

第五节　中心投影构像方程

一、一般地区的构像方程——共线条件方程

如前所述，摄影测量来自测量的交会，利用影像进行量测。更确切地说，摄影测量是通过每个影像的像点摄影光线(量测时称为投影光线)进行交会，获得对应物点的物方空间坐标。

这里有一个最基本的事实，即三维空间点 $A(X,Y,Z)$、摄影中心 $S(X_S,Y_S,Z_S)$与对应像点 $a(x,y)$，三点一定位于一条直线上。从数学意义上而言，“三点共线”可用共线方程描述，这是摄影测量的基本出发点；为了利用投影光线进行交会，必须恢复摄影影像上每一条投影光线(直线)在空间的位置与方向，这就必须引入摄影机的内、外方位元素。

选取地面摄影测量坐标系 D-XYZ 及像空间辅助坐标系 S-uvw，并使两种坐标系的坐标轴彼此平行，如图 3-23 所示。

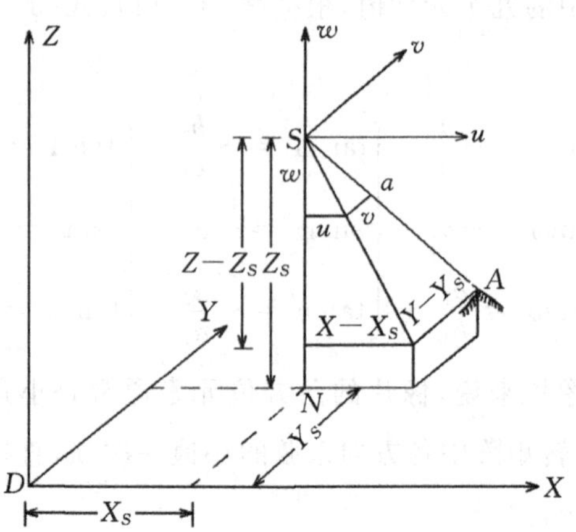

图 3-23　D-XYZ 坐标系与 S-uvw 坐标系

设摄影中心 S 与地面点 A 在地面摄影测量坐标系中的坐标分别为 X_S、Y_S、Z_S（即像片的三个外方位线元素）和 X、Y、Z，地面点 A 在像空间辅助坐标系中的坐标为 $X-X_S$、$Y-Y_S$、$Z-Z_S$，像点 a 在像空间辅助坐标系中的坐标为 u、v、w。由于 S、a、A 三点共线，由相似三角形得

$$\frac{u}{X-X_S}=\frac{v}{Y-Y_S}=\frac{w}{Z-Z_S}=\frac{1}{\lambda}$$

式中，λ 为比例因子，写成矩阵形式为

$$\begin{bmatrix} u \\ v \\ w \end{bmatrix}=\frac{1}{\lambda}\begin{bmatrix} X-X_S \\ Y-Y_S \\ Z-Z_S \end{bmatrix} \tag{3-23}$$

由式(3-23)得到，像点 a 在像空间坐标系与像空间辅助坐标系的坐标关系式为

$$\begin{bmatrix} x \\ y \\ -f \end{bmatrix}=\begin{bmatrix} a_1 & b_1 & c_1 \\ a_2 & b_2 & c_2 \\ a_3 & b_3 & c_3 \end{bmatrix}\begin{bmatrix} u \\ v \\ w \end{bmatrix} \tag{3-24}$$

将式(3-23)代入式(3-24)展开，得

$$\begin{aligned} x &= -f\frac{a_1(X-X_S)+b_1(Y-Y_S)+c_1(Z-Z_S)}{a_3(X-X_S)+b_3(Y-Y_S)+c_3(Z-Z_S)} \\ y &= -f\frac{a_2(X-X_S)+b_2(Y-Y_S)+c_2(Z-Z_S)}{a_3(X-X_S)+b_3(Y-Y_S)+c_3(Z-Z_S)} \end{aligned} \tag{3-25}$$

式(3-25)是中心投影的构像方程式，又称为共线方程式。式(3-25)的逆运算式为

$$\begin{aligned} X-X_S &= (Z-Z_S)\frac{a_1x+a_2y-a_3f}{c_1x+c_2y-c_3f} \\ Y-Y_S &= (Z-Z_S)\frac{b_1x+b_2y-b_3f}{c_1x+c_2y-c_3f} \end{aligned} \tag{3-26}$$

共线方程式描述了像点 $a(x,y,-f)$、摄影中心 $S(X_S,Y_S,Z_S)$ 与相应地面点 $A(X,Y,Z)$ 位于一条直线上，其中 a_1、a_2、a_3、b_1、b_2、b_3、c_1、c_2、c_3 是由三个外方位的角元素 φ、ω、κ 所生成的 3×3 的正交旋转矩阵 **R** 的 9 个元素。

共线方程式是摄影测量最基本的方程式，它贯穿于整个摄影测量，被应用于摄影测量的各个方面。若已知像片的内方位元素、至少三个地面点坐标，以及相应的像点坐标，可以根据共线方程式解算出像片的六个外方位元素，此法称为空间后方交会；反之，在一定条件下，若已知像点坐标和像片的内、外方位元素，可以计算地面点的三维坐标，此法称为空间前方交会。此外，共线方程式在空中三角测量、数字测图、数字(正射)纠正等方面也有广泛的应用。

二、平坦地区的构像方程

在式(3-26)中，$Z-Z_S=-H$，$X-X_S$和$Y-Y_S$为水平地面点在像空间辅助坐标系中的坐标。用符号X、Y表示，得

$$\begin{cases} X=-H\dfrac{a_1x+a_2y-a_3f}{c_1x+c_2y-c_3f} \\ Y=-H\dfrac{b_1x+b_2y-b_3f}{c_1x+c_2y-c_3f} \end{cases} \tag{3-27}$$

将式(3-27)整理，并用新符号表示各系数后可写为

$$\begin{cases} X=\dfrac{a_{11}x+a_{12}y+a_{13}}{a_{31}x+a_{32}y+1} \\ Y=\dfrac{a_{21}x+a_{22}y+a_{23}}{a_{31}x+a_{32}y+1} \end{cases} \tag{3-28}$$

式(3-28)为地面水平时的中心投影构像方程，它反映了两个平面对应点之间的投影变换关系，故式(3-28)称为投影变换公式，也叫透视变换公式。用式(3-28)可以将倾斜像片变换为规定比例尺的水平像片，即像片纠正。式(3-27)的反算式为

$$\begin{cases} x=\dfrac{a'_{11}X+b'_{11}Y+c'_{11}}{a'_{31}X+b'_{31}Y+1} \\ y=\dfrac{a'_{21}X+b'_{21}Y+c'_{21}}{a'_{31}X+b'_{31}Y+1} \end{cases} \tag{3-29}$$

第六节　航摄像片的像点位移与比例尺

航摄像片是地面景物的中心投影，而地图则是地面景物在水平面上垂直(正射)投影的缩小。当地面水平、像片水平时，像片的比例尺为常数，像片上的影像与地面景物几何相似，像点之间的几何关系等同于正射投影，如图 3-17(a)所示。这样的理想像片具有地图的数学特性，可以当作影像地图使用。

事实上，航空摄影时，像片总是存在一定的倾斜角，实际地面也总是有起伏的，所摄像片与上述理想情况存在着差异，地面点的实际构像位置与理想情况下的构像位置存在差异，这种差异称为像点位移。像点位移包括因像片倾斜引起的像点位移和因地形起伏引起的像点位移，如图 3-24(b)、(c)所示。

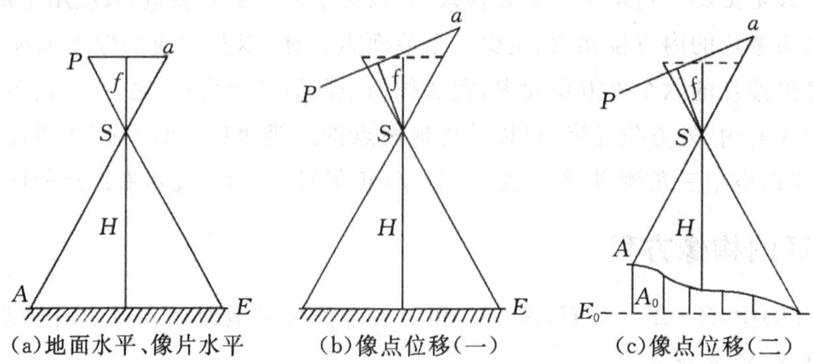

图 3-24　航空摄影时像片与地面的关系

一、水平像片与倾斜像片相应像点间的坐标关系

假设在同一摄站拍摄了两张像片，即水平像片P^0与倾斜像片 P，如图 3-25 所示。地面点 A 在水平像片P^0和倾斜像片 P 上的构像分别为a^0和 a，对应的像点坐标分别为(x^0, y^0)和(x, y)。

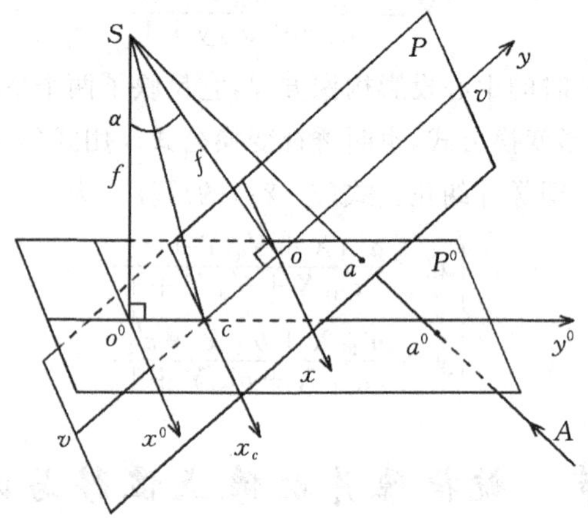

图 3-25　水平像片与倾斜像片

若把水平像片视为航高为 f 的水平地面，则由式(3-27)可得水平像片与倾斜像片相应像点之间的坐标关系为

$$\begin{cases} x^0 = -f\dfrac{a_1 x + a_2 y - a_3 f}{c_1 x + c_2 y - c_3 f} \\ y^0 = -f\dfrac{b_1 x + b_2 y - b_3 f}{c_1 x + c_2 y - c_3 f} \end{cases} \tag{3-30}$$

如果取主纵线为 y 轴，主横线为 x 轴，式(3-30)各方向余弦用 A-α-κ 转角系统表示，则有 $A=\kappa=0$，式(3-30)中的 9 个方向余弦值为

$$\begin{cases} a_1 = 1, a_2 = 0, a_3 = 0 \\ b_1 = 0, b_2 = \cos\alpha, b_3 = -\sin\alpha \\ c_1 = 0, c_2 = \sin\alpha, c_3 = \cos\alpha \end{cases}$$

将上式代入式(3-30)中得

$$\begin{cases} x^0 = \dfrac{fx}{f\cos\alpha - y\sin\alpha} \\ y^0 = \dfrac{f(y\cos\alpha + f\sin\alpha)}{f\cos\alpha - y\sin\alpha} \end{cases} \tag{3-31}$$

式中，(x^0, y^0)为水平像片上以像主点o^0为原点的像点坐标，(x, y)为倾斜像片上以像主点o为原点的像点坐标。

二、因像片倾斜引起的像点位移

若地面水平，在同一摄影中心S点对地面摄取两张像片，一张为倾斜像片P，另一张为水平像片P^0，如图3-26所示。为了建立两者之间的联系，像点坐标用以公共的等角点c为坐标原点，以等比线h_ch_c为x轴，主纵线为y轴的像片面坐标系，同一地面点A在水平像片上的构像为a^0，其像点坐标为(x_c^0, y_c^0)；在倾斜像片上的构像为a，其坐标为(x_c, y_c)。若$ca = r_c$，$ca^0 = r_c^0$，r_c、r_c^0称为向径。ca、ca^0与等比线正向夹角分别为φ、φ^0，称φ、φ^0为方向角。

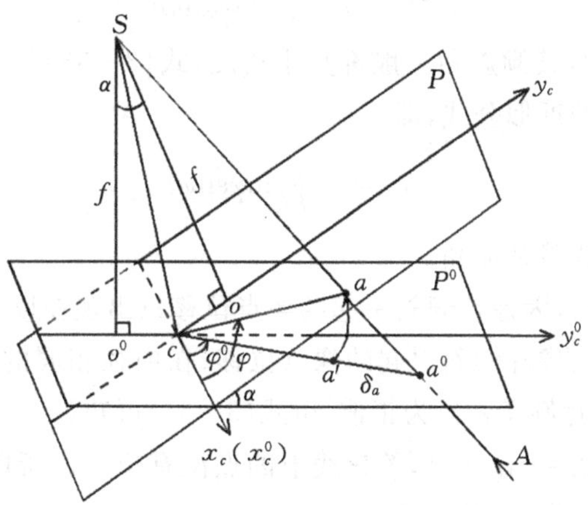

图3-26　因像片倾斜引起的像点位移

由图3-26可知，在倾斜像片P上有

$$\begin{cases} x = x_c \\ y = y_c - co = y_c - f\tan\dfrac{\alpha}{2} \end{cases}$$

在水平像片P^0上有

$$\begin{cases} x^0 = x_c^0 \\ y^0 = y_c^0 + co^0 = y_c^0 + f\tan\dfrac{\alpha}{2} \end{cases}$$

将以上结果代入式(3－31)，得到以等角点 c 为原点的水平像片像点与对应倾斜像片像点之间的坐标关系式，即

$$
\begin{aligned}
x_c^0 &= \frac{f x_c}{f - y_c \sin\alpha} \\
y_c^0 &= \frac{f y_c}{f - y_c \sin\alpha}
\end{aligned}
\tag{3-32}
$$

由于 $\tan\varphi^0 = \frac{y_c^0}{x_c^0} = \frac{y_c}{x_c} = \tan\varphi$，所以有 $\varphi = \varphi^0$。

由此可知，在倾斜像片 P 上从等角点 c 出发，引向任意像点的方向线，其方向角与水平像片 P^0 上相应方向线的方向角恒等(等角点名称的由来)。

若将倾斜像片 P 绕等比线旋转与水平像片 P^0 叠合，a 与 a^0 必定位于一条过等角点 c 的直线上，若用 δ_a 表示因像片倾斜引起的像点位移值，则有

$$\delta_a = r_c - r_c^0 = ca - ca^0 = \sqrt{x_c^2 + y_c^2} - \sqrt{(x_c^0)^2 + (y_c^0)^2}$$

将式(3－32)代入上式，经整理得

$$\delta_a = -r_c \frac{y_c \sin\alpha}{f - y_c \sin\alpha}$$

由于 $y_c = r_c \sin\varphi$，将此式代入上式，得到因像片倾斜引起的像点位移公式，即

$$\delta_a = \frac{-r_c^2 \sin\varphi \sin\alpha}{f - r_c \sin\varphi \sin\alpha} \tag{3-33}$$

对于竖直摄影的航片，其倾斜角一般都是小角度，式(3－33)的分母中，$r_c \sin\varphi \sin\alpha \ll f$，舍去该项，可得到像点位移的近似公式，即

$$\delta_a = -\frac{r_c^2}{f} \sin\varphi \sin\alpha \tag{3-34}$$

式中，f 为摄影机主距；α 为像片倾角。

由式(3－34)可以看出，因像片倾斜引起的像点位移只出现在以等角点 c 为中心的辐射线上；等比线上的像点没有因像片倾斜引起的像点位移；在向径相同的前提下，主纵线上的像点位移最大。因向径 r_c 与像片倾角 α 恒为正值，由式(3－34)可知：

(1)当 $\varphi = 0$、$180°$ 时，$\delta_a = 0$，$r_c = r_c^0$，等比线上的点没有位移。所以，当地面水平时，倾斜像片等比线上的像点具有水平像片的性质；

(2)当 $\varphi < 180°$ 时，$\delta_a < 0$，则 $r_c < r_c^0$，像点朝向等角点位移；

(3)当 $\varphi > 180°$ 时，$\delta_a > 0$，则 $r_c > r_c^0$，像点背向等角点位移；

(4)当 $\varphi = 90°$、$270°$ 时，$\sin\varphi = \pm 1$，在向径相等的情况下，主纵线上的 $|\delta_a|$ 为最大值。

上述讨论反映因像片倾斜引起像点位移的规律，图 3－27 为这一规律的示意图。如图 3－27所示，水平地面上一个正方形，在水平像片上的构像仍为正方形，而在倾斜像片上的构像为任意四边形(梯形)。摄影测量中，对这种形变的改正称为像片纠正。

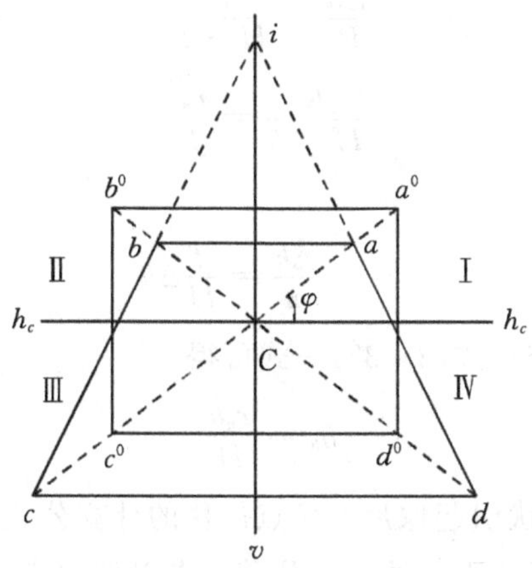

图 3-27　像片倾斜引起像点位移的规律示意图

三、因地形起伏引起的像点位移

当地形起伏时，无论是水平像片还是倾斜像片都会因地形起伏而产生像点位移，这是中心投影与正射投影两种投影方式在地形起伏情况下产生的差别。所以，因地形起伏引起的像点位移也称为投影差。

图 3-28 为像片水平、地面起伏时像点位移的示意图。其中，P^0 为水平像片，E 为摄影时的基准面，H 为相对于基准面 E 的航高，地面点 A 距基准面 E 的高差为 h，A 点在像片 P^0 上的构像为 a；地面点 A 在基准面 E 上的投影为 A_0，A_0 在像片 P^0 上的构像为 a_0，a_0a 为因地形起伏的像点位移，用 δ_h 表示。

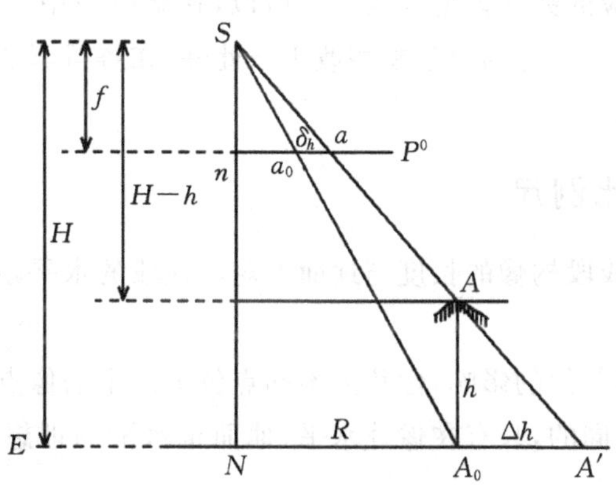

图 3-28　地形起伏引起的像点位移

令 $na=r_n$（r_n 为 a 点以像底点 n 为中心的向径），$NA_0=R$（R 为地面点 A 到地底点 N 的水平距离），具有位移的像点 a 在基准面 E 上的投影为 A'，A_0A' 则称为图面上的投影差，用 Δh 表示，根据相似三角形原理可得

$$\frac{\Delta h}{R}=\frac{h}{H-h} \tag{3-35}$$

$$\frac{R}{H-h}=\frac{r_n}{f} \tag{3-36}$$

由于

$$\delta_h=\frac{\Delta h}{m}=\frac{f}{H}\Delta h \tag{3-37}$$

利用式(3-35)、式(3-36)、式(3-37)三式可得

$$\delta_h=\frac{r_n h}{H} \tag{3-38}$$

式(3-38)即为因地形起伏引起像片上像点位移的计算公式。

由式(3-38)可知，地形起伏引起的像点位移δ_h在以像底点n为中心的辐射线上，当h为正时，δ_h为正，即像点背离像底点n方向移动；当h为负时，δ_h为负，即像点朝向像底点n方向移动；$r_n=0$时，$\delta_h=0$，说明位于像底点n处的像点不存在因地形起伏引起的像点位移。

根据式(3-38)可以得到图面上投影差的计算公式

$$\Delta h=\frac{Rh}{H-h} \tag{3-39}$$

由此可见，由地形起伏引起的像点位移也同样会引起像片比例尺及图形的变化。由于像底点不在等比线上，因此，综合考虑像片倾斜和地形起伏的影响，像片上任何一点都存在像点位移，而且位移的大小随点位的不同而不同。也就是说，一张像片上不同点位的比例尺是不相等的。

除了像片倾斜和地形起伏两种几何因素引起像点位移外，物镜畸变、大气折光、地球曲率及底片变形等物理因素也会导致像点位移，这些因素在每张像片上的影响都有相同的规律，属于一种系统误差，可用相应的数学模型来表示。所以，在解析空中三角测量加密控制点时，可对原始数据中的像点坐标按一定的数学模型改正。此外，在解析测图仪系统中，一般也具有对这种系统误差改正的功能。

四、航摄像片的构像比例尺

在航摄像片上，某一线段构像的长度与地面上对应线段的水平距离之比，就是航摄像片上该线段的构像比例尺。

由于像片倾斜和地形起伏的影响，像片上不同点位上产生的像点位移大小不等。因此，像片上各部分的比例尺是不同的，只有在像片水平、地面也水平的理想情况下，像片比例尺才是一个常数。

像片水平、地面水平时的情况如图3-29所示，对像片上的任一线段，其构像比例尺为

$$\frac{1}{m}=\frac{l}{L}=\frac{ab}{AB}=\frac{f}{H}$$

此时，对每一张像片而言，构像比例尺为一常数。

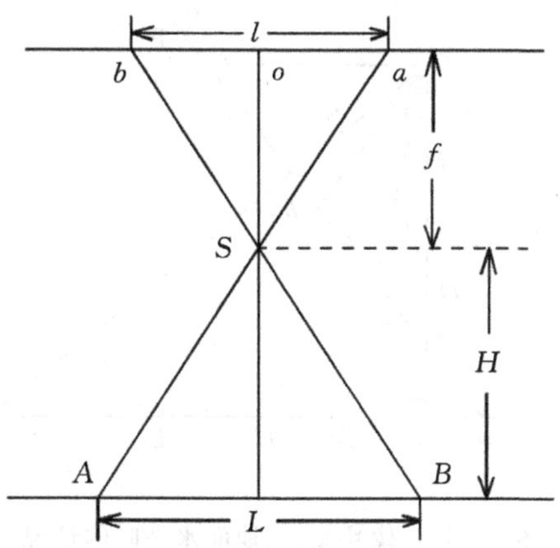

图 3-29 像片水平、地面水平时的情况

像片水平、地面起伏时的情况如图 3-30 所示，地面点 A、B、C、D 在像片的构像为 a、b、c、d。其中，A、B 两点在一个水平面上，其相对航高为 H_{AB}；C、D 两点在另一个水平面上，其相对航高为 H_{CD}。线段 AB 和 CD 在像片上的构像比例尺为

$$\frac{1}{m_{AB}}=\frac{f}{H_{AB}}$$

$$\frac{1}{m_{CD}}=\frac{f}{H_{CD}}$$

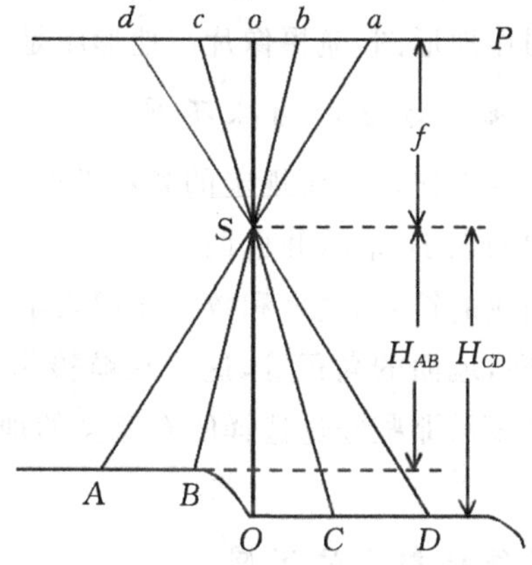

图 3-30 像片水平、地面起伏时的情况

像片倾斜、地面水平时的情况如图 3-31 所示。由于等比线是同一摄站拍摄的水平像片和倾斜像片的交线，故倾斜像片等比线上的构像比例尺为

$$\frac{1}{m_{h_c h_c}}=\frac{f}{H}=\frac{1}{m}$$

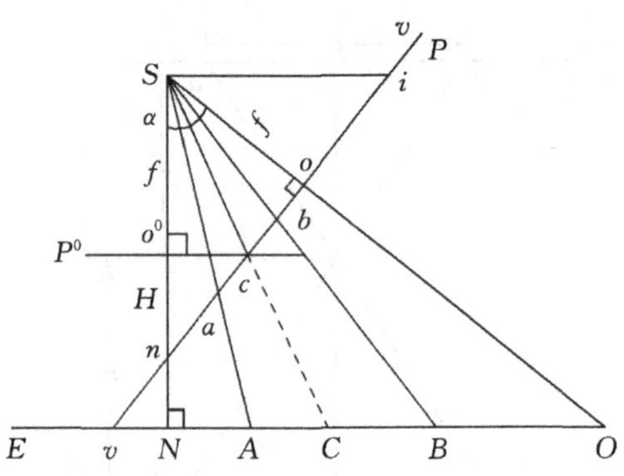

图 3-31　像片倾斜、地面水平时的情况

倾斜像片等比线上的构像比例尺等同于同一摄站拍摄的水平像片的构像比例尺。从图3-31可以看出，位于等比线与合线之间的任一水平线，其构像比例尺小于等比线上的构像比例尺；位于等比线与迹线之间的任一水平线，其构像比例尺大于等比线上的构像比例尺。

事实上，由于像片倾斜和地形起伏同时存在，故航摄像片上的构像比例尺十分复杂。在实际工作中，通常把摄影机主距与所摄地面平均航高的比值作为像片的近似比例尺，也称为主比例尺。

五、航摄像片与地形图的区别

航摄像片能真实而详尽地反映地面信息，从像片上可以了解到所摄地区的地物、地貌的全部内容，但航摄像片不能直接用作地形图，航摄像片与地形图是有差别的。

（一）航摄像片与地形图表示方法和内容不同

在表示方法上，地形图是按成图比例尺所规定的各种符号、注记和等高线来表示地物、地貌的，而航摄像片则表示为影像的大小、形状和色调。

在表示内容上，地形图用相应的符号、文字和数字注记表示，如居民地的名称和类型，道路的等级，河流的宽度、深度和流向，地面的高程等，这些在航摄像片上是表示不出来的。另外，地形图上必须经过制图综合，只表示那些经过选择的有意义的地物，而航摄像片上为所摄地物的全部影像。

（二）航摄像片与地形图的投影方法不同

地形图是正射投影，比例尺处处一致，常以 $1/M$ 表示。地形图上所有的图形不仅与实际形状完全相似，而且其相关方位也保持不变。

航摄像片是中心投影，由于存在像片倾斜和地形起伏两种因素引起的像点位移影响，故航摄像片上的影像有变形，各处比例尺不一致，相关方位也发生了变化。若利用航摄像片制作正射影像图，必须消除倾斜误差和投影误差，统一像片上各处的比例尺，使中心投影的航摄像片转化为正射投影的影像。

六、平面摄影测量

在一定的条件下，通过一张影像也可以进行测量，这种测量称为平面摄影测量。但一般情况下，摄影测量是通过立体像对进行测量的，称为立体摄影测量。

（一）影像与地图、影像图

影像是物体的中心投影，地图是地面在水平面上垂直（正射）投影的缩小，两者是不同的。摄影测量可以被认为是研究并实现由中心投影（影像）转换为正射投影（地图）的科学与技术。

航空摄影测量的摄影机在空中对地面摄影，摄影机距离地面的高度称为航高(H)，当地面水平、摄影机的主光轴垂直于地面时，航摄影像就相当于地图，这种航摄影像可称为影像图。此时，影像图的比例尺为

$$\frac{1}{m}=\frac{f}{H}$$

当地面水平（平坦地区）、影像不水平（即摄影机主光轴不垂直于水平面）时，航摄影像就不能被视为影像图，只有通过纠正——将倾斜影像变换为水平影像，才能使航摄影像成为影像图。如果影像不水平，地面也不水平（地形有起伏），则只有通过正射纠正才能将航摄影像变换为影像图。

（二）纠正仪、正射投影仪

像片纠正是以单张像片为作业单元，通过透视变换确定地面点的平面位置，但不能测定地面点的高程。要获得该地区的地形图，还需要进一步以像片平面图作为底图，到野外实测表示地貌的等高线。纠正仪（属模拟摄影测量仪器）用于将平坦地区的航摄影像纠正为影像图。正射投影仪（属解析摄影测量仪器）用于将不平坦地区（丘陵地区、山区）的航摄影像正射纠正为影像图（又称为正射影像图）。

思考题

1. 什么是中心投影？什么是正射投影？
2. 画图说明航摄像片上特殊的点、线、面。
3. 摄影测量常用的坐标系统有哪些？各坐标系是如何定义的？
4. 摄影测量中，为什么常把像空间坐标系变换为像空间辅助坐标系？
5. 什么是航摄像片的内、外方位元素？
6. 为什么航摄像片外方位元素的角元素有三种不同的选择？
7. 在像点的空间坐标变换中，为什么用外方位角元素表示方向余弦？
8. 什么是共线方程？共线方程在摄影测量中有何应用？
9. 推导平坦地区的构像方程（共线方程）。
10. 用共线方程推导像底点坐标。
11. 什么是像点位移？像点位移有什么规律？
12. 航摄像片与地形图有什么不同？

第四章

立体量测和立体测图基础

利用单张像片只能获得地物的平面信息，当具有从两个不同方位对同一地面景物摄取有一定影像重叠的两张像片，即一个立体像对时，就可以重建地面立体模型，并对该立体模型进行量测，绘制出符合规定比例尺的地形图，获取地理基础信息。

使用一个立体像对构建地面立体模型的方法也称为立体摄影测量。换言之，立体摄影测量是对相邻的两张影像建立立体模型，进行测绘地形图或建立数字地面模型等的过程。对摄影测量最通俗的理解可以是：①对地面进行系列摄影；②建立地面立体模型；③在立体模型上对地面进行测绘。

第一节　人眼的立体视觉原理

一、天然立体视觉、视差、人造立体效能

当人们用单眼观察景物时，感觉到的仅仅是景物的透视图，不能直接获得空间感觉，只能凭借间接因素来判断景物的远近。这些间接因素或是近景掩蔽远景，或是感觉景物的大小，甚至是按照经验判断。只有用双眼同时观察景物，才能分辨出景物的远近，得到景物的立体效能，这种现象称为人眼的天然立体视觉。

如图 4 - 1 所示，当人们用双眼观察自然界，眼睛本身就相当于一个摄影机，自然界的景物(如点 A、B)就在左、右眼睛的视网膜上分别产生两个影像，左眼的影像为a_1b_1，右眼的影像为a_2b_2，由于景物的深度(与眼睛的距离)不同，使得$a_1b_1 \neq a_2b_2$，它们之差称为生理视差。生理视差也反映为观察 A、B 两点交会角的差别。生理视差是产生天然立体视觉的根本原因，正是从这一原理出发而获取人造立体视觉，上述a_1b_1与a_2b_2之差有时称为左右视差角，即

$$\Delta p = a_1b_1 - a_2b_2 \qquad (4-1)$$

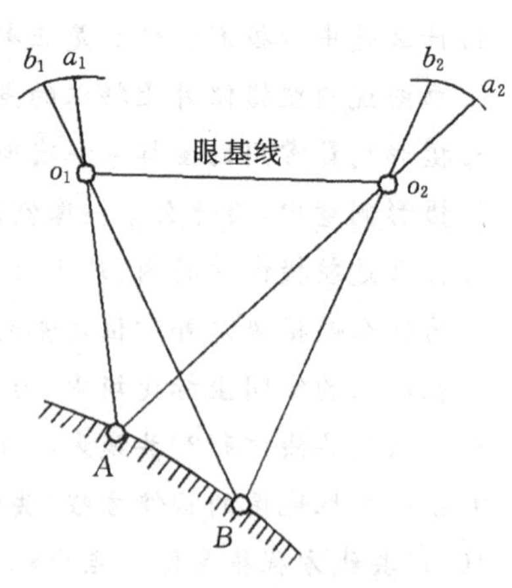

图 4 - 1　天然立体视觉

假如在人的眼睛处(o_1、o_2)用摄影机对同一景物拍摄两张影像P_1、P_2，然后将影像放置在人的双

眼前，用人的双眼观察左、右影像代替直接观察实物，获得的视觉效果与天然立体视觉完全一样，如图 4－2 所示。这种借用空间物体的构像信息，在视觉上感受出空间物体存在的现象，称为人造立体效能。这是立体摄影测量的基础，也是当今计算机立体视觉与“虚拟现实”的重要基础之一。

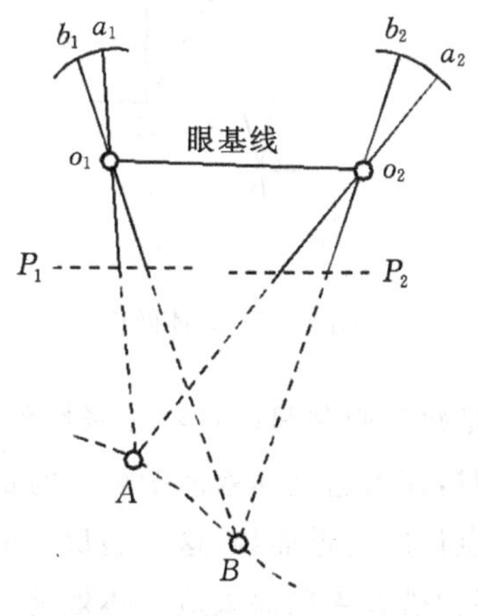

图 4－2　人造立体视觉

利用景物在影像对上所记录的构像信息建造人造立体效能，必须符合自然界立体观察的条件：

(1)两张影像必须是在两个不同位置对同一景物摄取的立体影像对。

(2)每只眼睛必须分别观察影像对的一张，即左眼只能看左影像，右眼只能看右影像(分像)。

(3)两条同名像点的视线与眼基线应在一个平面，即不能上下岔开，按摄影测量的术语来说就是没有上下视差。

(4)两张影像的比例尺应相近(差别小于 15％)。

在完全满足上述条件的情况下，立体像对的两张影像可以有三种不同的放置方式，分别产生出正立体、反立体与零立体三种立体效应。所谓正立体就是左眼观察左片，右眼观察右片，保持了直接观察实物时生理视差的原有符号，此时的视模型与实物的凸凹远近相同，如图 4－3(a)所示。立体观察像对所获的视模型与实物的凸凹远近相反，称为反立体效能。反立体效能的产生是由于把立体像对的左、右片对调，即左眼观察右片，右眼观察左片，如图 4－3(b)所示。或在已建立正立体的基础上，将左、右像片各旋转 180°，这样就把像片对的左右视差 ΔP 改变了符号，即生理视差反了号，如图 4－3(c)所示。假如把正立体的两张像片在各自平面内按同一方向旋转 90°，立体像对上原有的左右视差较旋转后转变为上下视差较，而原有的上下视差较则转变为左右视差较。对于理想的立体像对来说，原有的上下视差较为零，旋转 90°后，就变成了左右视差较为零。也就是说，失去立体感觉而只有平面图像的效果，即零立体效应。

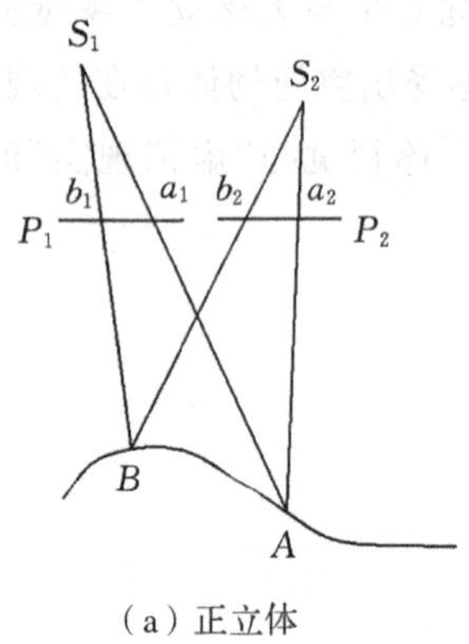

(a) 正立体

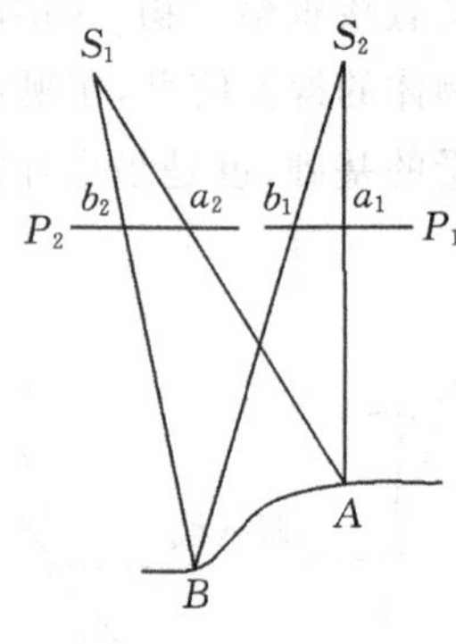

(b) 反立体(一)

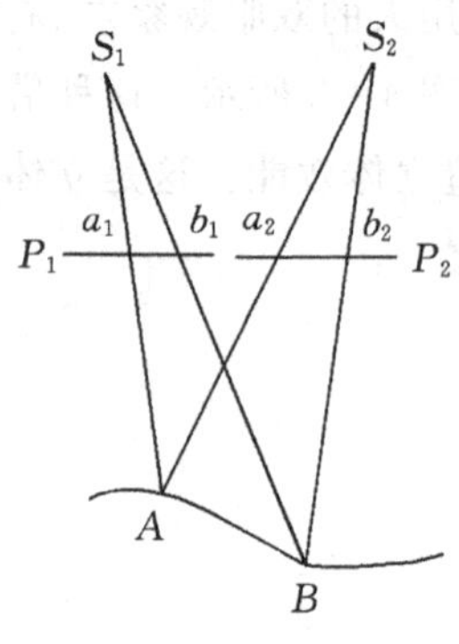

(c) 反立体(二)

图 4-3　立体效应

人造立体效能的条件之一是每只眼睛只能观察一张影像,这违反了人们日常观察自然界景物时眼交会的本能习惯。同时,在人造立体效能中观察的是影像平面,凝视的条件要求不改变,而交向的地方是视模型,随点位的远近而异,这又违反了眼的交向本能和凝视本能同时协调的习惯。因此,有必要采取某种措施来确保人造立体效能应具备的条件和改善眼的视觉本能的状况。

二、立体观测方法

满足上述条件进行立体观测,最常用的方法如下。

(1)通过光学系统(如立体反光镜),如图 4-4(a)所示,它通过 4 片反光镜将左右影像分开。大多数的模拟测图仪、解析测图仪、立体坐标仪均采用这种方式实现立体观测,如图 4-4(b)所示的 BC-2 解析测图仪。它还被应用于简单的数字摄影测量系统中,如图 4-4(c)所示的 DVP 数字测图仪。

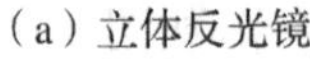
(a) 立体反光镜

(b) BC-2解析测图仪

(c) DVP数字测图仪

图 4-4　通过光学系统立体观测

(2)互补色法一般采用红、绿两种颜色,如图 4-5 所示。如果将左影像表示为红颜色,右影像表示为绿颜色,并将它们叠合在一起,当人们戴上一个由红、绿滤光片组成的眼镜,就能看出立体。这是由于红色影像(左影像)只能通过红色滤光片到达左眼,绿色影像(右影像)只能通过绿色滤光片到达右眼,从而达到"分像"进行立体观测的目的。图 4-5 中红影像与绿影像的分开,表示左右影像之间有左右视差,即地面存在起伏不平的现象。

图 4-5 互补色法立体观测

目前，在数字摄影测量系统中，常用的立体观测方法有以下两种：

(1)同步闪闭法。同步闪闭法(synchronized eyewear)是影像在计算机屏幕上以高于 100 帧/秒频率交替显示，同时通过红外发射器将信号发射给具有液晶开关的眼镜(crystal eye)，具有液晶开关的眼镜与计算机显示屏上的影像同步开、关，实现分像，以达到立体观测的目的，如图 4-6 所示。

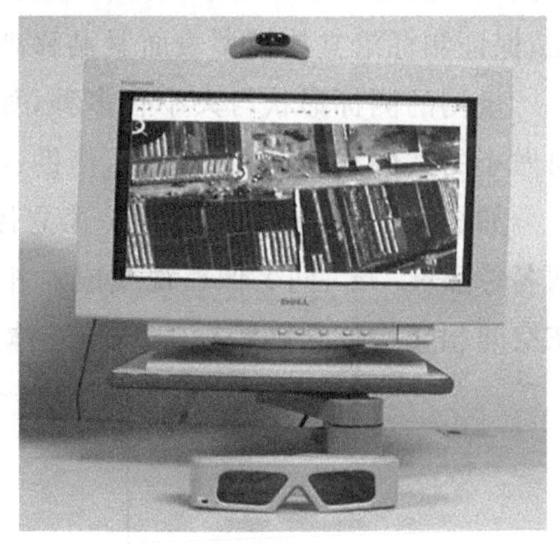

图 4-6 同步闪闭法立体观测

(2)偏振光法。偏振光法(polarizing grasses)中采用的偏振光眼镜是立体电影常用的方法。在数字摄影测量系统中，需要在计算机屏幕前安装偏振光屏，当计算机屏幕上分别交替显示左右影像时，屏幕前的偏振光屏就会产生不同的偏振方向，作业员只要戴一副偏振光眼镜，就能观测到立体，如图 4-7 所示。

图 4-7 偏振光法立体观测

第二节 像点坐标量测

在摄影测量中，不仅需要用像对进行立体观察，建立立体模型，而且还需要对立体模型进行量测。从地形测量来说，利用立体模型量测地形点、勾绘等高线比平板仪量测在野外实地测定桩点和勾绘曲线要有利得多。利用所看到的立体模型进行量测与测图，是摄影测量的一项基本工作。因此，像点坐标量测采用像对立体观察方法，以浮游测标切准视模型点作为手段，其中为建立瞄准用的浮游测标有双测标和单测标两种类型。

一、双测标量测法

双测标量测法是把两个刻有量测标记的测标放在两张像片上，或放置在左、右像片的观察光路中，当立体观察像片对时，左、右两个测标构成一个空间测标，当左、右测标分别在左、右像片的同名影像点上时，就构成测标与该地面点相切。此时，移动像片或观测系统的手轮就可直接读出该点量测坐标系中的坐标(x_1,y_1)、(x_2,y_2)；或者以测标切到某一高程，用左、右手轮运动，保证测标沿立体模型表面紧贴移动，即可带动测图设备绘出等高线。

量测的测标形状与大小有多种，如黑点、T 字形、“!”号等。测标在像片上可以 x 或 y 方向做小的共同移动和相对移动，借助这种移动达到与地物立体相切，从而完成量测。

如图 4-8 所示，P_1、P_2为一个立体像对，当进行立体观察时，使左、右测标分别切准左、右同名像点m_1、m_2，同名像点视线成对相交，构成立体模型。两个单测标相当于一对同名像点，在空间相交构成立体测标(T)，与立体模型表面的 M 点重合。

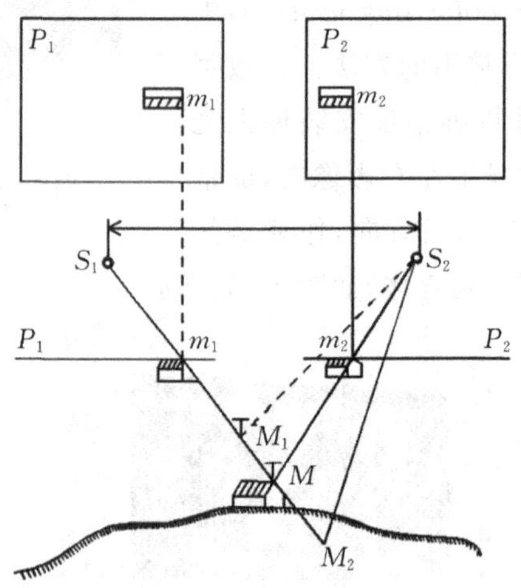

图 4-8 双测标坐标量测

如果两个单测标在左、右像片上，尚未同时切准左、右同名像点m_1、m_2，测标的视线就不重合，此时，空间立体测标(T)将高于或低于立体模型上的点 M，如图 4-8 中的M_1或M_2。所以，在立体量测时，一定要使两测标分别切准左、右像片上的同名像点，只有空间测标相切为 M 点时，才是该点的像片坐标的正确值，或为该点的正确高程。

二、单测标量测法

单测标量测法是用一个真实测标去量测立体模型。如图 4-9 所示，在用互补色法立体观察时，在大承影面E_0上放置一个量测台，量测台的水平小承影面 e 中央有一个小光点——实测标 M。量测台可以在大承影面上做平面运动(X、Y)，而小承影面 e 相对于E_0可做升降运动(Z)。

如图 4-9 所示，小承影面位于 e 处，低于同名像点射线相交的几何模型点 A，此时，在小承影面 e 上就会有两个同名射线的投影点a_1和a_2，在立体观察下的视模型点A'不会与测标相重合。将小承影面 e 连通其上的测标相对于大承影面E_0向上升高，同名射线在 e 面上两投影点间的距离会逐渐缩短，视模型点看起来会向下，向小承影面 e 靠拢。当小承影面 e 位于e'处，正好通过模型点 A 时，两投影点会合在一起，视模型点A'就正好与几何模型点 A 同高。移动量测台把实测标 M 与点 A 重合，就完成了立体瞄准和量测的工作。这时，测标在大承影面E_0上的正射投影点M_0和小承影面 e 的高度就确定了模型点 A 的空间位置。

可以看出，单测标、双测标量测法观察和量测的都是视模型，量测的结果正好是几何模型点的数值。

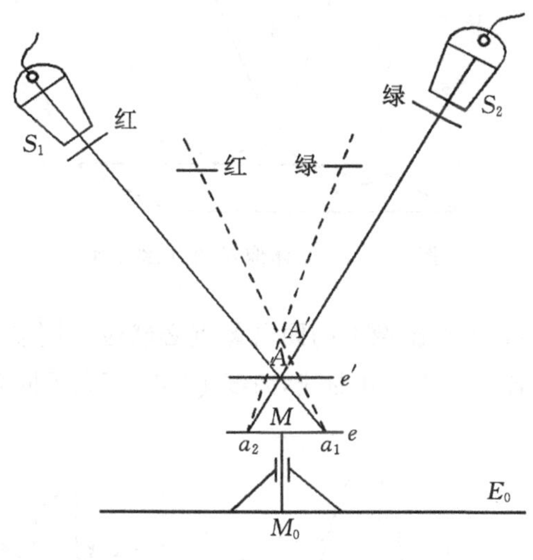

图 4-9　单测标坐标量测

第三节　立体像对与双像立体测图

一、立体像对的点、线、面

立体摄影测量也称为双像测图，它是以相邻摄站所摄取的、具有一定重叠度的一对像片为量测单元。这样的两张像片称为立体像对(简称像对)。与单张像片类似，立体像对也有其特殊的点、线、面。

图 4-10 表示一个像对的相对位置。S_1、S_2分别为左像片P_1和右像片P_2的摄影中心，两摄影中心S_1、S_2的连线 B 称为摄影基线，o_1、o_2分别为左、右像片的像主点。a_1、a_2为地面上任

一点 A 在左、右像片上的构像，a_1、a_2 称为同名像点。射线 AS_1a_1 和 AS_2a_2 称为同名射线。通过摄影基线 S_1S_2 与任意地面点 A 所做的平面 W_A 称为 A 点的核面。若同名射线都在核面内，则同名射线必对对相交。核面与像片面的交线称为核线。对于同一核面的左、右像片的核线，如 k_1a_1、k_2a_2 称为同名核线，一条核线上的任一点在另一幅像片上的同名像点必定位于其同名核线上。k_1、k_2 也是基线的延长线与左、右像片面的交点，称为核点。在倾斜像片上，各核线都会聚于核点。通过像主点的核面称为主核面。一般情况下，通过左、右像片主点的两个主核面不重合，分别称为左主核面和右主核面。通过像底点的核面称为垂核面。因为左、右像片的像底点与摄影基线 B 位于同一垂核面内，所以一个像对只有一个垂核面。

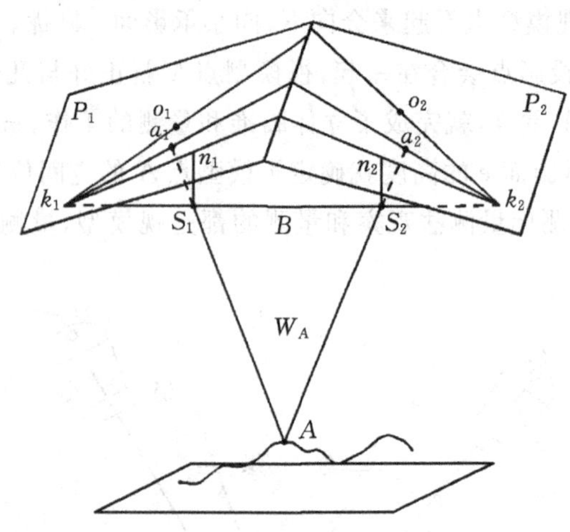

图 4-10 立体像对的点、线、面

由核线的几何定义可知：重叠影像上的同名像点必然位于同名核线上。图 4-11 表示了一对实际航片上的某条同名核线的灰度曲线，曲线上的"×"表示同名点。

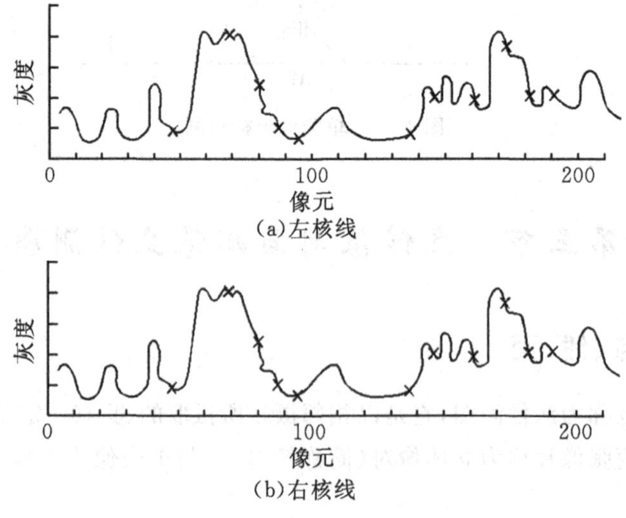

图 4-11 核线灰度曲线

二、立体像对的方位元素

利用立体像对进行立体测图，是通过重建与实地相似且符合比例尺及空间方位的几何模型所做的立体测图。若能恢复像片的内、外方位元素，就能恢复摄影时的摄影光线束，实现摄影过程的几何反转。因此，重建立体模型的过程如下：

(1)恢复像片对的内方位元素，也称为内定向。

(2)恢复像片对的外方位元素。

通常，像片的外方位元素未知，无法直接完成该项工作。一般，首先根据立体像对内在的几何关系恢复两张像片之间的相对位置和姿态，建立与实际地面几何相似的相对立体模型，该过程称为立体像对的相对定向。然后，在此基础上，利用地面控制点将建立起几何模型的比例尺调整到满足测图要求的比例尺，以及将模型置平并规划到地面摄影测量坐标系中，建立被摄地面的绝对立体模型，该过程称为模型的绝对定向。

因此，通过相对定向与绝对定向两个步骤来恢复立体像对的外方位元素，也称为间接地实现摄影过程的几何反转。这里，把确定立体像对内两张像片之间以及立体像对与地面之间关系的参数，称为立体像对的方位元素。立体像对的方位元素分为相对定向元素和绝对定向元素。

三、立体像对的相对定向

确定一个立体像对两张影像的相对位置，称为相对定向。相对定向用于建立地面相对的立体模型。相对定向的唯一标准是两张影像上同名点的投影光线对对相交，所有同名点的交点集合构成了地面的几何模型(简称地面模型)。确定两张影像的相对位置的元素，称为相对定向元素。

在没有恢复两张相邻影像的相对位置前，同名点的投影光线S_1a_1、S_2a_2在空间不相交，投影点A_1、A_2在Y方向的距离Q称为上下视差，如图 4－12 所示。因此，是否存在上下视差被视为相对定向的标准。

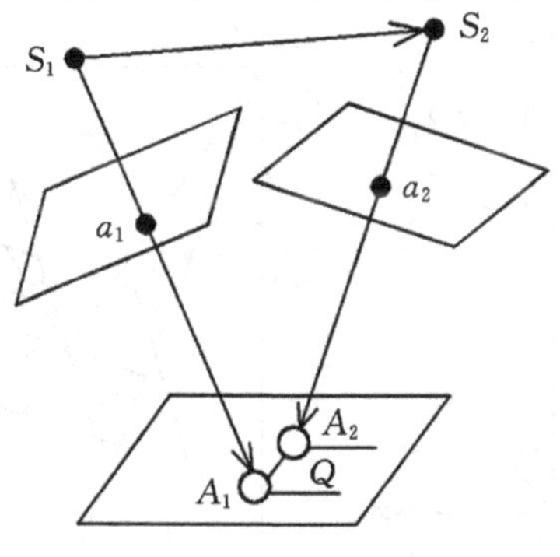

图 4－12　上下视差 Q

确定两张影像的相对位置，无须顾及它们的绝对位置，如图 4－13(a)的基线是水平的，图 4－13(b)的基线是不水平的，但是它们都正确地恢复了两张影像的相对位置。

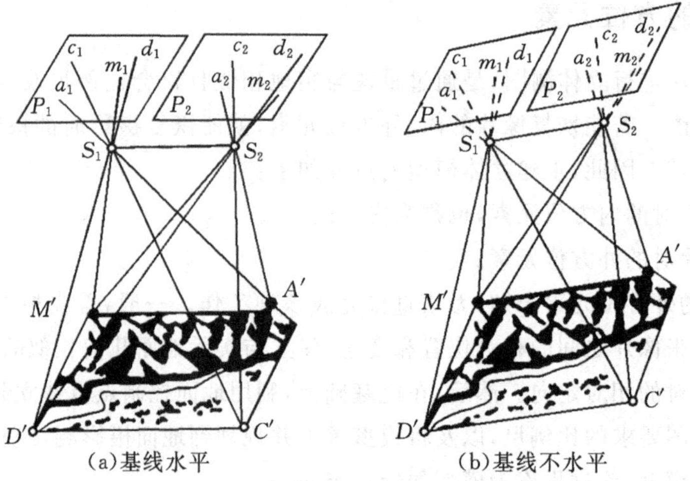

图 4－13　两张影像的相对位置

一般情况下，确定两张影像的相对位置有两种方法：连续像对相对定向系统、独立像对相对定向系统。

（一）连续像对的相对定向元素

连续像对相对定向系统是以左片为基准，求出右片相对于左片的相对方位元素。以左摄站为原点，建立与左片像空间坐标系一致的像空间辅助坐标系S_1-$X_1Y_1Z_1$，右片的像空间辅助坐标系S_2-$X_2Y_2Z_2$与S_1-$X_1Y_1Z_1$平行，如图 4－14 所示。在S_1-$X_1Y_1Z_1$坐标系中，两张像片的12 个方位元素为

左片：$X_{S_1}=Y_{S_1}=Z_{S_1}=0$；$\varphi_1=\omega_1=\kappa_1=0$。

右片：$X_{S_2}=B_X$，$Y_{S_2}=B_Y$，$Z_{S_2}=B_Z$；φ_2，ω_2，κ_2。

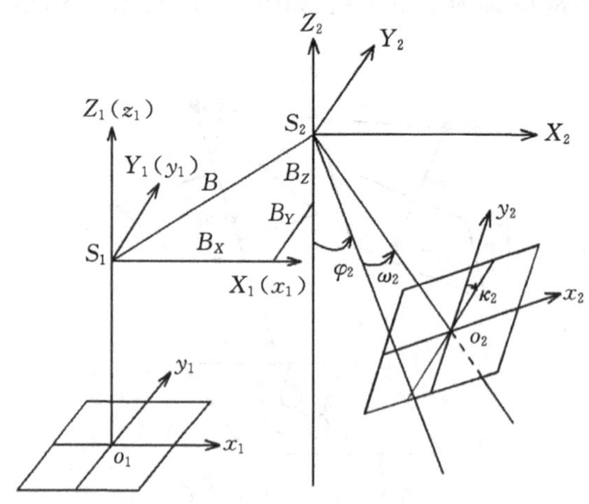

图 4－14　连续像对的相对定向元素

上述元素中，φ_2、ω_2、κ_2为右像片相对于左像片（或像空间辅助坐标系）的角元素；B_X为摄影基线的 X 方向分量。由于 X 轴接近于摄影基线，B_X远远大于 B_Y和 B_Z，因而，可以认为 B_X只决定模型的比例尺，而与两张像片的相对关系无关。这样，除 B_X之外的 5 个非零元素 B_Y、B_Z、φ_2、ω_2、κ_2可确定两张像片的相对关系，作为连续像对的相对定向元素。

连续像对相对定向系统的特点是以左片为参照，通过解算右片相对于左片的 5 个方位元素来确定两张像片之间的相对关系，建立相对立体模型。

当一条航线的第一、第二两张像片建立相对立体模型后，第二、第三两张像片也可以用同样的方法建立立体模型而不改变已建好的前一立体模型，而且由于不同立体模型的像空间辅助坐标相互平行，很容易调整后一立体模型，使两个立体模型连接为一个整体。这样，一条航带的各个立体模型就可以拼成一个整体，建立整条航带的相对立体模型，此法称为连续像对的相对定向法。

（二）独立像对的相对定向元素

独立像对相对定向系统是以左摄站S_1为原点，摄影基线 B 为 X 轴，在左主核面内以过S_1且垂直于 X 轴的直线为 Z 轴，建立像空间辅助坐标系，如图 4－15 所示。这时两张像片的 12 个方位元素可表示为

左片：$X_{S_1} = Y_{S_1} = Z_{S_1} = 0$；$\varphi_1, \omega_1 = 0, \kappa_1$。

右片：$X_{S_2} = B, Y_{S_2} = Z_{S_2} = 0$；$\varphi_2, \omega_2, \kappa_2$。

同样，除 B 之外的 5 个非零元素$\varphi_1, \kappa_1, \varphi_2, \omega_2, \kappa_2$可以确定两张像片之间的相对关系，称为独立像对的相对定向元素。

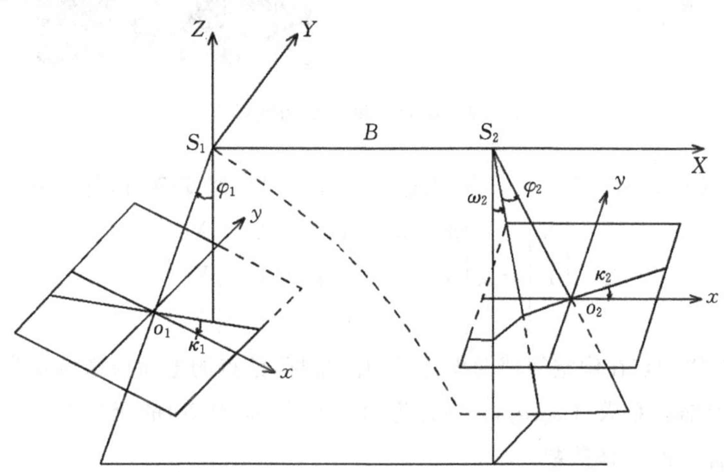

图 4－15 独立像对的相对定向元素

相对定向元素有 5 个，例如连续像对相对定向元素为 2 个基线分量 B_Y、B_Z与右影像的三个姿态角φ_2、ω_2、κ_2，因此，最少需要量测 5 个点上的上下视差。在模拟、解析测图仪上，利用如图 4－16 所示的 6 个点位的上下视差进行相对定向。在数字摄影测量系统中，计算机的影像匹配替代了人眼识别同名点，极大地提高了观测速度。因此，数字摄影测量系统的相对定向所用点数远远超过 6 个。

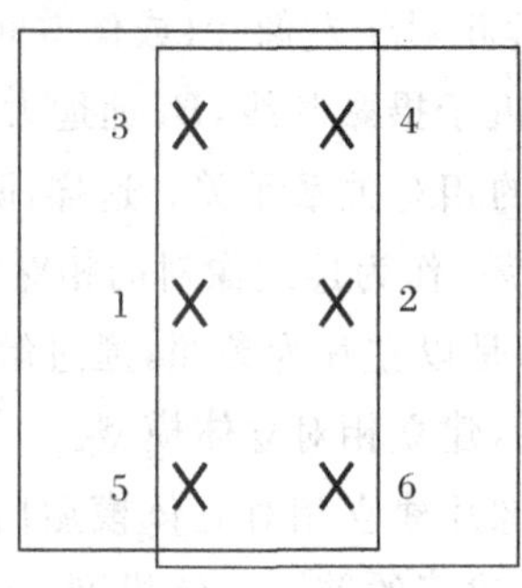

图 4-16　相对定向点位

四、立体模型的绝对定向

相对定向完成了立体模型的建立，但相对定向所建立的立体模型大小是不等的，坐标原点是任意的，模型的坐标系与地面坐标系也不一致。为了使相对定向所建立的相对立体模型能与地面立体模型一致，还需利用控制点对相对定向建立的相对立体模型进行绝对定向。绝对定向是对相对定向建立的模型进行平移、旋转和缩放，如图 4-17 所示。

图 4-17　相对立体模型的绝对定向

这种坐标变换在数学上是一个不同原点的三维空间相似变换，其公式为

$$\begin{bmatrix} X \\ Y \\ Z \end{bmatrix} = \lambda \begin{bmatrix} a_1 & a_2 & a_3 \\ b_1 & b_2 & b_3 \\ c_1 & c_2 & c_3 \end{bmatrix} \begin{bmatrix} U \\ V \\ W \end{bmatrix} + \begin{bmatrix} X_G \\ Y_G \\ Z_G \end{bmatrix} \tag{4-2}$$

式中，(U,V,W)为模型点在像空间辅助坐标系中的坐标，该点的地面摄影测量坐标为(X,Y,Z)；λ 为模型的比例尺缩放系数；$(a_1,a_2,\cdots,c_3)$为由角元素(Φ,Ω,K)的函数组成的方向余弦；X_G、Y_G、Z_G为模型坐标系的平移参数。

也就是说，绝对定向元素有 7 个：X_G、Y_G、Z_G、Φ、Ω、K、λ。

通过相对定向（5 个元素）建立相对的立体模型，以及相对立体模型的绝对定向（7 个元素），恢复了立体模型的绝对方位，使立体模型与地面坐标系一致，当然也就恢复了两张影像的外方位元素（2×6＝5＋7＝12 个外方位元素）。因此，通过相对定向、绝对定向与两张影像各自进行后方交会恢复两张影像的外方位元素，二者是一致的。

思考题

1.什么是人造立体效能？构成人造立体效能应满足的条件是什么？

2.立体观察有哪些方法？立体像对有哪些特殊的点、线、面？

3.立体像对的像点坐标量测有哪些方法？

4.在立体测图中，为什么要进行像对的相对定向和绝对定向？连续像对、独立像对的相对定向元素分别是什么？

第五章

摄影测量解析基础

在摄影测量中，为了从所获得的影像中确定被摄物体的位置、形状和大小，以及相互间的关系等信息，需要了解和掌握物方和像方之间的解析关系，这对于摄影测量的解析数据处理是十分重要的。在第三章和第四章中，本书已经定义了摄影测量常用的坐标系统，单张像片的内、外方位元素，并推导出像点坐标与相应地面点坐标间的关系式——共线条件方程式。如何从共线条件方程式出发，解求单张像片的外方位元素；对于一个立体像对而言，如何根据已知一对同名像点的像点坐标，以及立体像对的两张像片的外方位元素，求出相应模型点的模型坐标等，这些问题是摄影测量的解析基础。

第一节　单幅影像解析基础

一、影像内定向

要从影像中提取物体的空间信息，首先要确定与物点相对应的像点坐标。

在传统摄影测量中，是将像片放到仪器承片盘上进行量测的，但此时所量测的像点坐标称为影像架坐标或仪器坐标。应用平面相似变换等公式，将影像架坐标变换为以影像的像主点为原点的像平面坐标系中的坐标，通常称该变换为影像内定向。

内定向需要借助影像的框标来解决。航摄仪(量测摄影机)一般都具有 4～8 个框标。位于影像四边中央的为机械框标，位于影像四角的为光学框标，框标一般均匀分布。为了进行内定向，必须量测影像上框标点的影像架坐标，然后根据量测摄影机的检定结果提供的框标理论坐标(传统摄影测量中也用框标距理论值)，用解析计算方法进行内定向，从而获得所量测各点的影像坐标。

如果所量测的框标构像的仪器坐标为(x',y')，并已知它们的理论影像坐标为(x,y)，则可在解析内定向过程中，一方面将量测的坐标归算到所要求的像平面坐标系，另一方面也可以部分改正底片变形误差与光学畸变差。

内定向通常采用多项式变换公式，用矩阵表示的一般形式为

$$x = \boldsymbol{A}'x' + t$$

式中，x 为量测的像点坐标；x'为变换后的像点坐标；$\boldsymbol{A}'$为变换矩阵；t 为变换参数。

内定向常采用的多项式变换公式如下：

线性正形变换公式(4 个参数)：

$$
\begin{aligned}
x &= a_0 + a_1 x' - a_2 y' \\
y &= b_0 + a_2 x' + a_1 y'
\end{aligned} \tag{5-1}
$$

仿射变换公式(6 个参数)：

$$
\begin{aligned}
x &= a_0 + a_1 x' + a_2 y' \\
y &= b_0 + b_1 x' + b_2 y'
\end{aligned} \tag{5-2}
$$

双线性变换公式(8 个参数)：

$$
\begin{aligned}
x &= a_0 + a_1 x' + a_2 y' + a_3 x' y' \\
y &= b_0 + b_1 x' + b_2 y' + b_3 x' y'
\end{aligned} \tag{5-3}
$$

投影变换公式(8 个参数)：

$$
\begin{aligned}
x &= a_0 + a_1 x' + a_2 y' + a_3 x'^2 + b_3 x' y' \\
y &= b_0 + b_1 x' + b_2 y' + b_3 y'^2 + a_3 x' y'
\end{aligned} \tag{5-4}
$$

在实际作业中，若仅量测了 3 个框标，则用线性正形变换式(5-1)；若量测了 4 个框标，则用仿射变换式(5-2)。只有量测了 8 个框标时，才宜采用式(5-3)和式(5-4)进行内定向。

数字摄影测量中的内定向是自动化的，其核心是如何自动识别影像的框标。每一种航空摄影机都有它固定的框标，图 5-1 是航空摄影机 RC30 的框标。在数字摄影测量工作站(DPW)中，多是将不同摄影机的框标图像制成"模板"，然后用模板匹配确定数字图像上的框标，实现内定向的自动化。

图 5-1　框标

二、单像空间后方交会

(一)单像空间后方交会的概念

如果知道每张影像的内、外方位元素，就能确定被摄物体与航摄影像间的关系。摄影机的内方位元素可通过摄影机的检校获得。因此，如何获得摄影机的外方位元素，就成为摄影测量的关键。

获得摄影机的外方位元素有很多种方法，可以采用雷达、全球导航定位系统(GNSS)、惯性导航系统(INS)以及星相摄影机等获取影像的外方位元素；也可利用影像覆盖范围内一定数量控制点的空间坐标与影像坐标，根据共线条件方程式，反求该影像的外方位元素，这种方法称为单像空间后方交会。

如图 5-2 所示，在未知点 O 上放置经纬仪，对三个已知点 A、B、C 观测水平角 α、β，即可解求出未知点 O 的平面直角坐标(X,Y)。这种方式是在地面上利用经纬仪进行测量的后方交会。

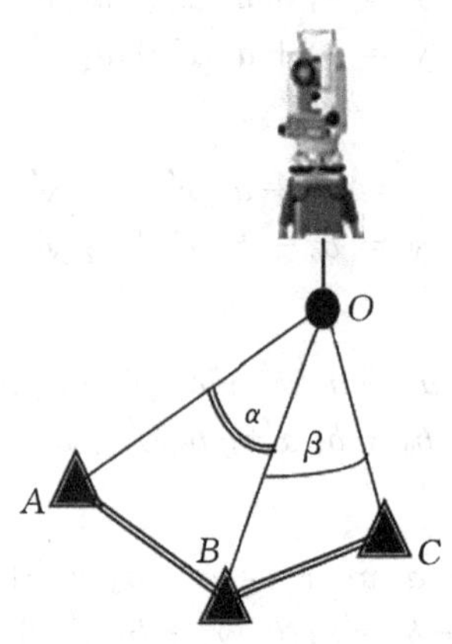

图 5-2　地面后方交会

摄影测量的后方交会则是空间后方交会(如图 5-3 所示),它是利用地面上(至少)三个已知控制点 $A(X_A,Y_A,Z_A)$、$B(X_B,Y_B,Z_B)$、$C(X_C,Y_C,Z_C)$与其像片上三个对应的影像点 a、b、c 的影像坐标(x_a,y_a)、(x_b,y_b)、(x_c,y_c),根据共线条件方程,反求该像片的外方位元素 X_S、Y_S、Z_S、φ、ω、κ。这种解算方法是以单张像片为基础,亦称为单像空间后方交会。

由于每个点可以列出两个共线方程,3 个已知点可以列出 6 个共线方程,因此,可以解得 6 个外方位元素 X_S、Y_S、Z_S、φ、ω、κ。由于测量误差,一般用于空间后方交会的地面已知控制点应该多于 3 个,采用最小二乘法平差求解 6 个外方位元素。

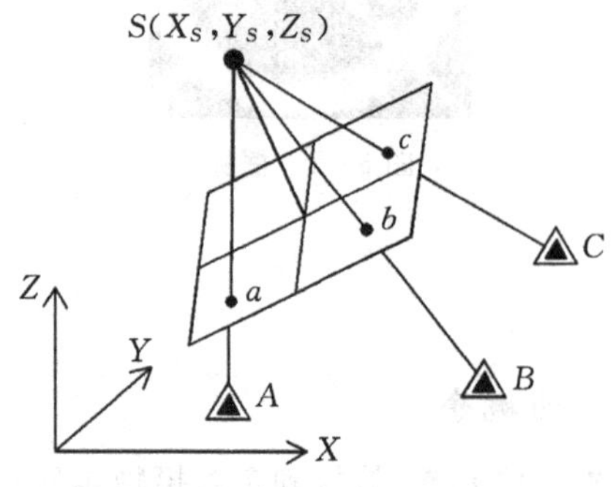

图 5-3　单像空间后方交会

对于每张像片多于 3 个控制点的获取,最简单的方法是直接在地面上对每张像片测定 3 个以上的控制点,这称为"全野外布点"。显然,这样做十分费时、费力。摄影测量还可以用其他方法,如空中三角测量与区域网平差、相对定向与绝对定向,或者摄影过程中直接获取每张像片 3 个以上的控制点等。

（二）空间后方交会的基本关系式

空间后方交会常用的数学模型是共线条件方程，共线条件方程为

$$
\begin{aligned}
x - x_0 &= -f\frac{a_1(X - X_S) + b_1(Y - Y_S) + c_1(Z - Z_S)}{a_3(X - X_S) + b_3(Y - Y_S) + c_3(Z - Z_S)} \\
y - y_0 &= -f\frac{a_2(X - X_S) + b_2(Y - Y_S) + c_2(Z - Z_S)}{a_3(X - X_S) + b_3(Y - Y_S) + c_3(Z - Z_S)}
\end{aligned}
\tag{5-5}
$$

式中，x、y 为像点坐标观测值，相应的改正数为 v_x、v_y；X、Y、Z 为地面点的坐标，一般认为是已知值（当这些坐标中的误差不容忽略时，也可视为观测值）；X_S、Y_S、Z_S、φ、ω、κ、f、x_0、y_0 成为待定的参数，可用其近似值加相应的改正数 $\mathrm{d}X_S$、$\mathrm{d}Y_S$、$\mathrm{d}Z_S$、$\mathrm{d}\varphi$、$\mathrm{d}\omega$、$\mathrm{d}\kappa$、$\mathrm{d}f$、$\mathrm{d}x_0$、$\mathrm{d}y_0$ 表示。

共线条件方程中，观测值与未知数之间是非线性函数关系，为便于计算，需把非线性函数表达式用泰勒级数展开成线性形式——线性化。由此，得到线性化误差方程式的一般形式：

$$
\begin{aligned}
x + v_x &= (x) + \frac{\partial x}{\partial X_S}\mathrm{d}X_S + \frac{\partial x}{\partial Y_S}\mathrm{d}Y_S + \frac{\partial x}{\partial Z_S}\mathrm{d}Z_S + \frac{\partial x}{\partial \varphi}\mathrm{d}\varphi + \frac{\partial x}{\partial \omega}\mathrm{d}\omega + \frac{\partial x}{\partial \kappa}\mathrm{d}\kappa + \frac{\partial x}{\partial f}\mathrm{d}f + \frac{\partial x}{\partial x_0}\mathrm{d}x_0 \\
y + v_y &= (y) + \frac{\partial y}{\partial X_S}\mathrm{d}X_S + \frac{\partial y}{\partial Y_S}\mathrm{d}Y_S + \frac{\partial y}{\partial Z_S}\mathrm{d}Z_S + \frac{\partial y}{\partial \varphi}\mathrm{d}\varphi + \frac{\partial y}{\partial \omega}\mathrm{d}\omega + \frac{\partial y}{\partial \kappa}\mathrm{d}\kappa + \frac{\partial y}{\partial f}\mathrm{d}f + \frac{\partial y}{\partial y_0}\mathrm{d}y_0
\end{aligned}
\tag{5-6}
$$

式中，(x)、(y) 为函数的近似值，是将各待定参数的近似值代入式(5－5)中所求出的像点坐标计算值。

若将地面点的坐标视为观测值，引入改正数 v_X、v_Y、v_Z 后，共线条件方程将有更一般的形式：

$$
\begin{aligned}
v_x - \frac{\partial x}{\partial X}v_X - \frac{\partial x}{\partial Y}\mathrm{d}v_Y - \frac{\partial x}{\partial Z}\mathrm{d}v_Z &= \frac{\partial x}{\partial X_S}\mathrm{d}X_S + \frac{\partial x}{\partial Y_S}\mathrm{d}Y_S + \frac{\partial x}{\partial Z_S}\mathrm{d}Z_S + \frac{\partial x}{\partial \varphi}\mathrm{d}\varphi + \frac{\partial x}{\partial \omega}\mathrm{d}\omega + \frac{\partial x}{\partial \kappa}\mathrm{d}\kappa + \frac{\partial x}{\partial f}\mathrm{d}f + \frac{\partial x}{\partial x_0}\mathrm{d}x_0 + (x) - x \\
v_y - \frac{\partial y}{\partial X}v_X - \frac{\partial y}{\partial Y}\mathrm{d}v_Y - \frac{\partial y}{\partial Z}\mathrm{d}v_Z &= \frac{\partial y}{\partial X_S}\mathrm{d}X_S + \frac{\partial y}{\partial Y_S}\mathrm{d}Y_S + \frac{\partial y}{\partial Z_S}\mathrm{d}Z_S + \frac{\partial y}{\partial \varphi}\mathrm{d}\varphi + \frac{\partial y}{\partial \omega}\mathrm{d}\omega + \frac{\partial y}{\partial \kappa}\mathrm{d}\kappa + \frac{\partial y}{\partial f}\mathrm{d}f + \frac{\partial y}{\partial y_0}\mathrm{d}y_0 + (y) - y
\end{aligned}
\tag{5-7}
$$

值得注意的是，当引入地面点的改正值 v_X、v_Y、v_Z 后，要对地面点坐标引入相应的权值，以反映控制点的精度。

在不考虑控制点误差的情况下，当利用若干个控制点时，式(5－6)的矩阵形式为

$$
\boldsymbol{V}_i = \boldsymbol{A}_i\boldsymbol{X} - \boldsymbol{L}_x \tag{5-8}
$$

其中，$\boldsymbol{V}_i = [v_x \quad v_y]^{\mathrm{T}}$，$\boldsymbol{L}_x = [l_x \quad l_y]^{\mathrm{T}} = [x-(x) \quad y-(y)]^{\mathrm{T}}$；

$$
\boldsymbol{A}_i = \begin{bmatrix} a_{11} & a_{12} & a_{13} & a_{14} & a_{15} & a_{16} & a_{17} & a_{18} & a_{19} \\ a_{21} & a_{22} & a_{23} & a_{24} & a_{25} & a_{26} & a_{27} & a_{28} & a_{29} \end{bmatrix};
$$

$\boldsymbol{X} = [\mathrm{d}X_S \quad \mathrm{d}Y_S \quad \mathrm{d}Z_S \quad \mathrm{d}\varphi \quad \mathrm{d}\omega \quad \mathrm{d}\kappa \quad \mathrm{d}f \quad \mathrm{d}x_0 \quad \mathrm{d}y_0]^{\mathrm{T}}$。

根据最小二乘间接平差原理，由误差方程式可组成法方程式

$$
(\boldsymbol{A}^{\mathrm{T}}\boldsymbol{P}\boldsymbol{A})\boldsymbol{X} = \boldsymbol{A}^{\mathrm{T}}\boldsymbol{P}\boldsymbol{L}
$$

式中，$\boldsymbol{P}$ 为像点观测值的权矩阵，表示观测值量测的相对精度。对所有像点的量测，一般认为是等精度量测，则 $\boldsymbol{P}$ 为单位矩阵。因此，未知数的向量解为

$$\boldsymbol{X} = (\boldsymbol{A}^{\mathrm{T}}\boldsymbol{A})^{-1}\boldsymbol{A}^{\mathrm{T}}\boldsymbol{L}$$

从而求得各待定参数的近似值的改正数 $\mathrm{d}X_S$、$\mathrm{d}Y_S$、$\mathrm{d}Z_S$、$\mathrm{d}\varphi$、$\mathrm{d}\omega$、$\mathrm{d}\kappa$、$\mathrm{d}f$、$\mathrm{d}x_0$、$\mathrm{d}y_0$。

由于共线条件方程在线性化过程中各系数取自泰勒级数展开式的一次项，且未知数的初值一般比较粗略，因此，计算需要迭代。每次迭代时用未知数近似值与上次迭代计算的改正数之和作为新的近似值，重复计算过程，求出新的改正数。这样反复趋近，直到改正数小于某一限值为止，最后得出各待定参数的解为

$$\begin{aligned}
X_S &= X_S^0 + \mathrm{d}X_S^1 + \mathrm{d}X_S^2 + \cdots \\
Y_S &= Y_S^0 + \mathrm{d}Y_S^1 + \mathrm{d}Y_S^2 + \cdots \\
Z_S &= Z_S^0 + \mathrm{d}Z_S^1 + \mathrm{d}Z_S^2 + \cdots \\
\varphi &= \varphi^0 + \mathrm{d}\varphi^1 + \mathrm{d}\varphi^2 + \cdots \\
\omega &= \omega^0 + \mathrm{d}\omega^1 + \mathrm{d}\omega^2 + \cdots \\
\kappa &= \kappa^0 + \mathrm{d}\kappa^1 + \mathrm{d}\kappa^2 + \cdots \\
x_0 &= x_0^0 + \mathrm{d}x_0^1 + \mathrm{d}x_0^2 + \cdots \\
y_0 &= y_0^0 + \mathrm{d}y_0^1 + \mathrm{d}y_0^2 + \cdots \\
f &= f^0 + \mathrm{d}f^1 + \mathrm{d}f^2 + \cdots
\end{aligned}$$

为便于推导式(5-6)中的偏导数，令

$$\begin{aligned}
\bar{X} &= a_1(X - X_S) + b_1(Y - Y_S) + c_1(Z - Z_S) \\
\bar{Y} &= a_2(X - X_S) + b_2(Y - Y_S) + c_2(Z - Z_S) \\
\bar{Z} &= a_3(X - X_S) + b_3(Y - Y_S) + c_3(Z - Z_S)
\end{aligned} \tag{5-9}$$

则共线条件方程可表示为

$$\begin{aligned}
x &= -f\frac{\bar{X}}{\bar{Z}} \\
y &= -f\frac{\bar{Y}}{\bar{Z}}
\end{aligned} \tag{5-10}$$

对各线元素的偏导数为

$$a_{11} = \frac{\partial x}{\partial X_S} = -f\frac{\dfrac{\partial \bar{X}}{\partial X_S}\bar{Z} - \dfrac{\partial \bar{Z}}{\partial X_S}\bar{X}}{(\bar{Z})^2} = -f\frac{-a_1\bar{Z} + a_3\bar{X}}{(\bar{Z})^2} = \frac{1}{\bar{Z}}(a_1 f + a_3 x)$$

$$
\begin{aligned}
a_{12} &= \frac{\partial x}{\partial Y_S} = \frac{1}{\bar{Z}}(b_1 f + b_3 x) \\
a_{13} &= \frac{\partial x}{\partial Z_S} = \frac{1}{\bar{Z}}(c_1 f + c_3 x) \\
a_{21} &= \frac{\partial y}{\partial X_S} = \frac{1}{\bar{Z}}(a_2 f + a_3 y) \\
a_{22} &= \frac{\partial y}{\partial Y_S} = \frac{1}{\bar{Z}}(b_2 f + b_3 y) \\
a_{23} &= \frac{\partial y}{\partial Z_S} = \frac{1}{\bar{Z}}(c_2 f + c_3 y)
\end{aligned}
\tag{5-11}
$$

对各角元素的偏导数为

$$
\begin{aligned}
a_{14} &= \frac{\partial x}{\partial \varphi} = -\frac{f}{(\bar{Z})^2}\left(\frac{\partial \bar{X}}{\partial \varphi}\bar{Z} - \frac{\partial \bar{Z}}{\partial \varphi}\bar{X}\right) \\
a_{15} &= \frac{\partial x}{\partial \omega} = -\frac{f}{(\bar{Z})^2}\left(\frac{\partial \bar{X}}{\partial \omega}\bar{Z} - \frac{\partial \bar{Z}}{\partial \omega}\bar{X}\right) \\
a_{16} &= \frac{\partial x}{\partial \kappa} = -\frac{f}{(\bar{Z})^2}\left(\frac{\partial \bar{X}}{\partial \kappa}\bar{Z} - \frac{\partial \bar{Z}}{\partial \kappa}\bar{X}\right) \\
a_{24} &= \frac{\partial y}{\partial \varphi} = -\frac{f}{(\bar{Z})^2}\left(\frac{\partial \bar{Y}}{\partial \varphi}\bar{Z} - \frac{\partial \bar{Z}}{\partial \varphi}\bar{Y}\right) \\
a_{25} &= \frac{\partial y}{\partial \omega} = -\frac{f}{(\bar{Z})^2}\left(\frac{\partial \bar{Y}}{\partial \omega}\bar{Z} - \frac{\partial \bar{Z}}{\partial \omega}\bar{Y}\right) \\
a_{26} &= \frac{\partial y}{\partial \kappa} = -\frac{f}{(\bar{Z})^2}\left(\frac{\partial \bar{Y}}{\partial \kappa}\bar{Z} - \frac{\partial \bar{Z}}{\partial \kappa}\bar{Y}\right)
\end{aligned}
\tag{5-12}
$$

根据式(5-9)可知

$$
\begin{bmatrix}\bar{X}\\ \bar{Y}\\ \bar{Z}\end{bmatrix} = \begin{bmatrix}a_1 & b_1 & c_1\\ a_2 & b_2 & c_2\\ a_3 & b_3 & c_3\end{bmatrix}\begin{bmatrix}X-X_S\\ Y-Y_S\\ Z-Z_S\end{bmatrix} = \boldsymbol{R}^{\mathrm{T}}\begin{bmatrix}X-X_S\\ Y-Y_S\\ Z-Z_S\end{bmatrix} = \boldsymbol{R}_\kappa^{\mathrm{T}}\boldsymbol{R}_\omega^{\mathrm{T}}\boldsymbol{R}_\varphi^{\mathrm{T}}\begin{bmatrix}X-X_S\\ Y-Y_S\\ Z-Z_S\end{bmatrix} = \boldsymbol{R}_\kappa^{-1}\boldsymbol{R}_\omega^{-1}\boldsymbol{R}_\varphi^{-1}\begin{bmatrix}X-X_S\\ Y-Y_S\\ Z-Z_S\end{bmatrix}
$$

因此,有

$$\frac{\partial\begin{bmatrix}\bar{X}\\\bar{Y}\\\bar{Z}\end{bmatrix}}{\partial\varphi}=\boldsymbol{R}_\kappa^{-1}\boldsymbol{R}_\omega^{-1}\frac{\boldsymbol{R}_\varphi^{-1}}{\partial\varphi}\begin{bmatrix}X-X_S\\Y-Y_S\\Z-Z_S\end{bmatrix}=\boldsymbol{R}_\kappa^{-1}\boldsymbol{R}_\omega^{-1}\boldsymbol{R}_\varphi^{-1}\boldsymbol{R}_\varphi\frac{\boldsymbol{R}_\varphi^{-1}}{\partial\varphi}\begin{bmatrix}X-X_S\\Y-Y_S\\Z-Z_S\end{bmatrix}=\boldsymbol{R}^{-1}\boldsymbol{R}_\varphi\frac{\boldsymbol{R}_\varphi^{-1}}{\partial\varphi}\begin{bmatrix}X-X_S\\Y-Y_S\\Z-Z_S\end{bmatrix}\tag{5-13}$$

由于

$$\boldsymbol{R}_\varphi^{-1}=\boldsymbol{R}_\varphi^{\mathrm{T}}=\begin{bmatrix}\cos\varphi&0&\sin\varphi\\0&1&0\\-\sin\varphi&0&\cos\varphi\end{bmatrix}$$

则

$$\boldsymbol{R}_\varphi\frac{\boldsymbol{R}_\varphi^{-1}}{\partial\varphi}=\begin{bmatrix}\cos\varphi&0&-\sin\varphi\\0&1&0\\\sin\varphi&0&\cos\varphi\end{bmatrix}\begin{bmatrix}-\sin\varphi&0&\cos\varphi\\0&0&0\\-\cos\varphi&0&-\sin\varphi\end{bmatrix}=\begin{bmatrix}0&0&1\\0&0&0\\-1&0&0\end{bmatrix}$$

代入式(5-13)得

$$\frac{\partial\begin{bmatrix}\bar{X}\\\bar{Y}\\\bar{Z}\end{bmatrix}}{\partial\varphi}=\boldsymbol{R}^{-1}\begin{bmatrix}0&0&1\\0&0&0\\-1&0&0\end{bmatrix}\begin{bmatrix}X-X_S\\Y-Y_S\\Z-Z_S\end{bmatrix}=\begin{bmatrix}a_1&b_1&c_1\\a_2&b_2&c_2\\a_3&b_3&c_3\end{bmatrix}\begin{bmatrix}0&0&1\\0&0&0\\-1&0&0\end{bmatrix}\begin{bmatrix}X-X_S\\Y-Y_S\\Z-Z_S\end{bmatrix}$$

$$=\begin{bmatrix}-c_1&0&a_1\\-c_2&0&a_2\\-c_3&0&a_3\end{bmatrix}\begin{bmatrix}X-X_S\\Y-Y_S\\Z-Z_S\end{bmatrix}=\begin{bmatrix}-c_1(X-X_S)+a_1(Z-Z_S)\\-c_2(X-X_S)+a_2(Z-Z_S)\\-c_3(X-X_S)+a_3(Z-Z_S)\end{bmatrix}$$

从而求得偏导数a_{14}的表达式为

$$a_{14}=\frac{\partial x}{\partial\varphi}$$

$$=-\frac{f}{(\bar{Z})^2}\left(\frac{\partial\bar{X}}{\partial\varphi}\bar{Z}-\frac{\partial\bar{Z}}{\partial\varphi}\bar{X}\right)=-\frac{f}{(\bar{Z})^2}\{[-c_1(X-X_S)+a_1(Z-Z_S)]\bar{Z}-[-c_3(X-X_S)+a_3(Z-Z_S)]\bar{X}\}$$

$$=-\frac{f}{(\bar{Z})^2}[-c_1(a_1\bar{X}+a_2\bar{Y}+a_3\bar{Z})+a_1(c_1\bar{X}+c_2\bar{Y}+c_3\bar{Z})]$$

$$=\frac{\bar{X}}{(\bar{Z})^2}[-c_3(a_1\bar{X}+a_2\bar{Y}+a_3\bar{Z})+a_3(c_1\bar{X}+c_2\bar{Y}+c_3\bar{Z})]$$

$$=\frac{f}{(\bar{Z})^2}\left\{[\bar{Y}(a_1c_2-a_2c_1)+\bar{Z}(a_1c_3-a_3c_1)]-\frac{\bar{X}}{(\bar{Z})}[\bar{X}(a_3c_1-a_1c_3)+\bar{Y}(a_3c_2-a_2c_3)]\right\}$$

$$=\frac{f}{(\bar{Z})^2}\left\{[-b_3\bar{Y}+b_2\bar{Z}]+\frac{\bar{X}}{(\bar{Z})}[b_2\bar{X}-b_1\bar{Y}]\right\}$$

$$=-f\left[-b_3\frac{\bar{Y}}{\bar{Z}}+b_2+b_2\left(\frac{\bar{X}}{\bar{Z}}\right)^2-b_1\frac{\bar{X}\bar{Y}}{(\bar{Z})^2}\right]$$

$$=-f\left[\sin\omega\left(\frac{y}{-f}\right)+\cos\omega\cos\kappa\left(\frac{x}{-f}\right)^2-\cos\omega\sin\kappa\frac{xy}{f^2}\right]$$

$$=y\sin\omega-\left[\frac{x}{f}(x\cos\kappa-y\sin\kappa)+f\cos\kappa\right]\cos\omega$$

根据类似的方法,可得

$$a_{15}=\frac{\partial x}{\partial\omega}=-f\sin\kappa-\frac{x}{f}(x\sin\kappa+y\cos\kappa)$$

$$a_{16}=\frac{\partial x}{\partial\kappa}=y$$

$$a_{24}=\frac{\partial y}{\partial\varphi}=-x\sin\omega-\left[\frac{y}{f}(x\cos\kappa-y\sin\kappa)-f\sin\kappa\right]\cos\omega$$

$$a_{25}=\frac{\partial y}{\partial\omega}=-f\cos\kappa-\frac{y}{f}(x\sin\kappa+y\cos\kappa)$$

$$a_{26}=\frac{\partial y}{\partial\kappa}=x$$

对于竖直摄影而言,像片的角方位元素都是小值,因而得各系数的近似值为

$$a_{11}\approx-\frac{f}{H}\qquad a_{12}\approx 0\qquad a_{13}\approx-\frac{x}{H}$$

$$a_{21}\approx 0\qquad a_{22}\approx-\frac{f}{H}\qquad a_{23}\approx-\frac{y}{H}$$

$$a_{14}\approx-f\left(1+\frac{x^2}{f^2}\right)\qquad a_{15}\approx-\frac{xy}{f}\qquad a_{16}\approx y$$

$$a_{24}\approx-\frac{xy}{f}\qquad a_{25}\approx-f\left(1+\frac{x^2}{y^2}\right)\qquad a_{26}\approx-x$$

将各系数的近似值代入式(5-7),得到在竖直摄影时用共线条件方程解算外方位元素每个点的误差方程式,即

$$\begin{aligned}v_x&=-\frac{f}{H}\mathrm{d}X_S-\frac{x}{H}\mathrm{d}Z_S-f\left(1+\frac{x^2}{f^2}\right)\mathrm{d}\varphi-\frac{xy}{f}\mathrm{d}\omega+y\mathrm{d}\kappa-l_x\\v_y&=-\frac{f}{H}\mathrm{d}Y_S-\frac{y}{H}\mathrm{d}Z_S-\frac{xy}{f}\mathrm{d}\varphi-f\left(1+\frac{x^2}{f^2}\right)\mathrm{d}\omega+x\mathrm{d}\kappa-l_y\end{aligned}\tag{5-14}$$

(三)单像空间后方交会的计算过程

单像空间后方交会的计算过程如下:

(1)获取已知数据:从摄影资料中查取像片比例尺 $1/m$,平均航高 H,内方位元素 x_0、y_0、f;从外业测量成果中获取控制点的地面测量坐标 X_t、Y_t、Z_t,并转化为地面摄影测量坐标 X、Y、Z。

(2)量测控制点的像点坐标:将控制点标刺在像片上,利用立体坐标量测仪量测控制点的框标坐标,并经像点坐标改正,得到像点坐标 x、y。

(3)确定未知数的初始值:在竖直摄影且地面控制点大体对称分布的情况下,按如下方法确定初始值,即

$$X_S^0 = \frac{\sum X}{n}, Y_S^0 = \frac{\sum Y}{n}, Z_S^0 = mf + \frac{1}{n}\sum Z$$

$$\varphi^0 = \omega^0 = \kappa^0 = 0$$

式中,m 为摄影比例尺分母;n 为控制点个数。

(4)组成旋转矩阵 $\boldsymbol{R}$:用三个角元素的初始值,计算各方向余弦值,组成旋转矩阵 $\boldsymbol{R}$。

(5)逐点计算像点坐标的近似值:利用未知数的近似值和控制点的地面坐标,代入共线条件方程式,逐点计算控制点所对应像点坐标的近似值(x)、(y)。

(6)组成误差方程式:逐点计算误差方程式的系数和常数项,组成误差方程式。

(7)组成法方程式:计算法方程的系数矩阵 $\boldsymbol{A}^{\mathrm{T}}\boldsymbol{A}$ 和常数项 $\boldsymbol{A}^{\mathrm{T}}\boldsymbol{L}$,组成法方程式。

(8)解算法方程式:通过解算法方程,求得未知数的改正数 $\mathrm{d}X_S$、$\mathrm{d}Y_S$、$\mathrm{d}Z_S$、$\mathrm{d}\varphi$、$\mathrm{d}\omega$、$\mathrm{d}\kappa$、$\mathrm{d}f$、$\mathrm{d}x_0$、$\mathrm{d}y_0$。

(9)计算未知数的新值:将前次迭代取得的未知数的近似值,加上本次迭代的改正数,计算出未知数的新值。

$$\begin{aligned}
X_S^K &= X_S^{K-1} + \mathrm{d}X_S^K \\
Y_S^K &= Y_S^{K-1} + \mathrm{d}Y_S^K \\
Z_S^K &= Z_S^{K-1} + \mathrm{d}Z_S^K \\
\varphi^K &= \varphi^{K-1} + \mathrm{d}\varphi^K \\
\omega^K &= \omega^{K-1} + \mathrm{d}\omega^K \\
\kappa^K &= \kappa^{K-1} + \mathrm{d}\kappa^K \\
x_0^K &= x_0^{K-1} + \mathrm{d}x_0^K \\
y_0^K &= y_0^{K-1} + \mathrm{d}y_0^K \\
f_0^K &= f_0^{K-1} + \mathrm{d}f_0^K
\end{aligned} \tag{5-15}$$

式中,K 为迭代次数。

(10)判断迭代是否结束:将求得的未知数改正数与规定的限差比较,若小于限差,则迭代结束;否则,用新的近似值重复(4)~(9)的过程,直到满足要求为止。

用共线条件方程进行单像空间后方交会的程序框图,如图 5-4 所示。

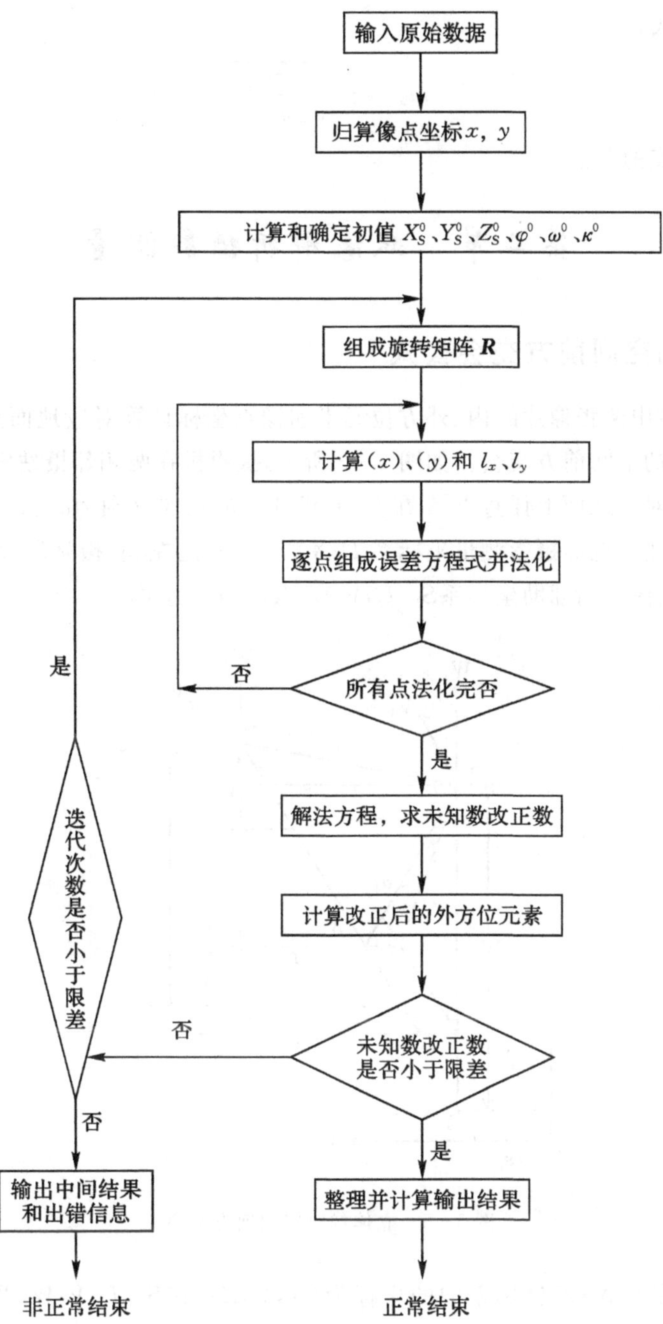

图 5-4　单像空间后方交会程序框图

(四)单像空间后方交会的精度

由平差理论可知，法方程系数的逆矩阵$(\mathbf{A}^{\mathrm{T}}\mathbf{A})^{-1}$等于未知数的协因数阵$Q_x$，因此，计算未知数的中误差的公式为

$$m_i = m_0 \sqrt{Q_{ii}} \tag{5-16}$$

式中，i 表示相应的未知数；Q_{ii} 为Q_x阵中的主对角线元素；m_0 为单位权中误差。

m_0的计算公式为

$$m_0=\pm\sqrt{\frac{[vv]}{2n-6}} \tag{5-17}$$

式中，n 表示控制点的总数。

第二节　双像解析摄影测量

一、立体像对的空间前方交会公式

利用立体像对中两张像片的内、外方位元素和像点坐标计算对应地面点的三维坐标的方法，称为立体像对的空间前方交会。如图 5－5 所示，摄影机在两相邻摄站S_1、S_2分别拍摄一张像片，构成立体像对。地面上任意点 A 在左、右像片上的构像分别为a_1、a_2。为确定像点与地面点的数学关系，建立地面摄影测量坐标系 $D\text{-}XYZ$，分别过左、右摄站S_1、S_2建立与地面摄影测量坐标系平行的像空间辅助坐标系$S_1\text{-}U_1V_1W_1$及$S_2\text{-}U_2V_2W_2$。

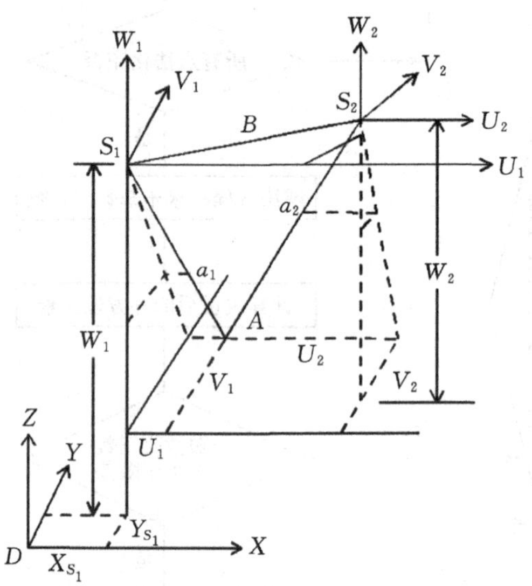

图 5－5　立体像对空间前方交会

设地面点 A 在 $D\text{-}XYZ$ 坐标系中的坐标为(X,Y,Z)，在$S_1\text{-}U_1V_1W_1$及$S_2\text{-}U_2V_2W_2$坐标系中的坐标分别为(U_1,V_1,W_1)及(U_2,V_2,W_2)，与 A 点对应的像点a_1、a_2的像空间坐标为$(x_1,y_1,-f)$、$(x_2,y_2,-f)$，其像空间辅助坐标为(u_1,v_1,w_1)、(u_2,v_2,w_2)，则有

$$\begin{bmatrix}u_1\\v_1\\w_1\end{bmatrix}=\boldsymbol{R}_1\begin{bmatrix}x_1\\y_1\\-f\end{bmatrix}\qquad\begin{bmatrix}u_2\\v_2\\w_2\end{bmatrix}=\boldsymbol{R}_2\begin{bmatrix}x_1\\y_2\\-f\end{bmatrix} \tag{5-18}$$

式中，$\boldsymbol{R}_1$、$\boldsymbol{R}_2$为由已知的外方位角元素计算的左、右像片的旋转矩阵。右摄站点S_2在$S_1\text{-}U_1V_1W_1$中的坐标，即为摄影基线 B 的三个分量 B_u、B_v、B_w，可由外方位线元素计算

$$
\begin{aligned}
B_u &= X_{S_2} - X_{S_1} \\
B_v &= Y_{S_2} - Y_{S_1} \\
B_w &= Z_{S_2} - Z_{S_1}
\end{aligned}
\tag{5-19}
$$

因左、右摄站的像空间辅助坐标系与 $D\text{-}XYZ$ 相互平行，且摄站点、像点、地面点三点共线，由此可得出

$$
\begin{aligned}
\frac{S_1A}{S_1a_1} &= \frac{U_1}{u_1} = \frac{V_1}{v_1} = \frac{W_1}{w_1} = N_1 \\
\frac{S_2A}{S_2a_2} &= \frac{U_2}{u_2} = \frac{V_2}{v_2} = \frac{W_2}{w_2} = N_2
\end{aligned}
\tag{5-20}
$$

式中，N_1、N_2分别称为左、右像点的投影系数；U_1、V_1、W_1为地面点 A 在$S_1\text{-}U_1V_1W_1$中的坐标；U_2、V_2、W_2为地面点 A 在$S_2\text{-}U_2V_2W_2$中的坐标，且

$$
\begin{bmatrix} U_1 \\ V_1 \\ W_1 \end{bmatrix} = N_1 \begin{bmatrix} u_1 \\ v_1 \\ w_1 \end{bmatrix} \qquad \begin{bmatrix} U_2 \\ V_2 \\ W_2 \end{bmatrix} = N_2 \begin{bmatrix} u_2 \\ v_2 \\ w_2 \end{bmatrix} \tag{5-21}
$$

最后，得出计算地面点坐标的公式为

$$
\begin{aligned}
X &= X_{S_1} + U_1 = X_{S_2} + U_2 \\
Y &= Y_{S_1} + V_1 = Y_{S_2} + V_2 \\
Z &= Z_{S_1} + W_1 = Z_{S_2} + W_2
\end{aligned}
\tag{5-22}
$$

由于测量误差，同名光线不可能在空间完全相交，因此，在空间前方交会时，应确保空间光线S_1a_1、S_2a_2与 Z 平面相交的点$A_1(X、Y_1、Z)$、$A_2(X、Y_2、Z)$的坐标之差仅在 Y 方向(见图 5-6)，最后只需对 Y_1、Y_2取平均值，即

$$
Y = \frac{1}{2}[(Y_{S_1} + N_1v_1) + (Y_{S_2} + N_2v_2)]
$$

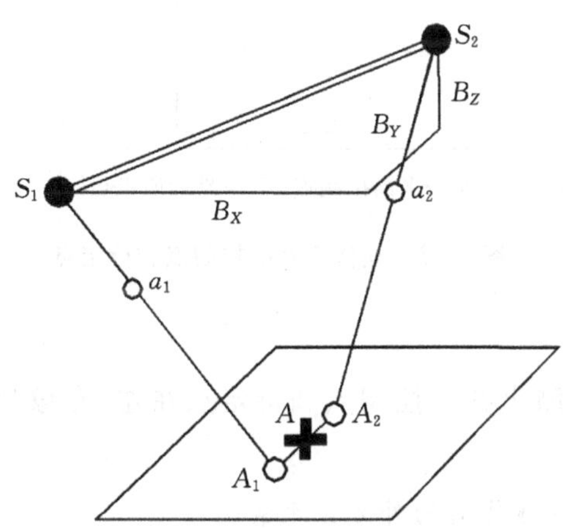

图 5-6 空间前方交会

考虑到式(5-19)，式(5-22)又可变为

$$
\begin{aligned}
X_{S_2} - X_{S_1} &= N_1 u_1 - N_2 u_2 = B_u \\
Y_{S_2} - Y_{S_1} &= N_1 v_1 - N_2 v_2 = B_v \\
Z_{S_2} - Z_{S_1} &= N_1 w_1 - N_2 w_2 = B_w
\end{aligned} \tag{5-23}
$$

由式(5－23)中的 B_u、B_w 两式联立求解，得出投影系数的计算公式为

$$
N_1 = \frac{B_u w_2 - B_w u_2}{u_1 w_2 - u_2 w_1} \qquad N_2 = \frac{B_u w_1 - B_w u_1}{u_1 w_2 - u_2 w_1} \tag{5-24}
$$

式(5－22)、式(5－23)就是利用立体像对在已知像片外方位元素的前提下，由像点坐标计算对应地面点空间坐标的空间前方交会的基本公式。

二、双像解析的空间后方-前方交会方法及其计算步骤

双像解析摄影测量就是利用解析计算的方法处理一个立体像对的影像信息，获得地面点的空间信息。采用双像解析计算的空间后方—前方交会方法计算地面点的空间坐标，其步骤如下。

1. 像片控制测量

以立体像对为基本的计算单元解求地面点坐标，必须已知 4 个或 4 个以上地面控制点的三维坐标，这些点称为像片控制点(像控点)。如图 5－7 所示，像片控制点一般应均匀分布于像对重叠范围的 4 个角上，而且应容易精确辨认，即具有所谓的明显地物点。在野外找到这些明显地物点后，应建立地面坐标，再在像片上用针准确刺出像点位置并作出必要的注记。然后，在野外用普通测量方法测定这些像片控制点的地面坐标。

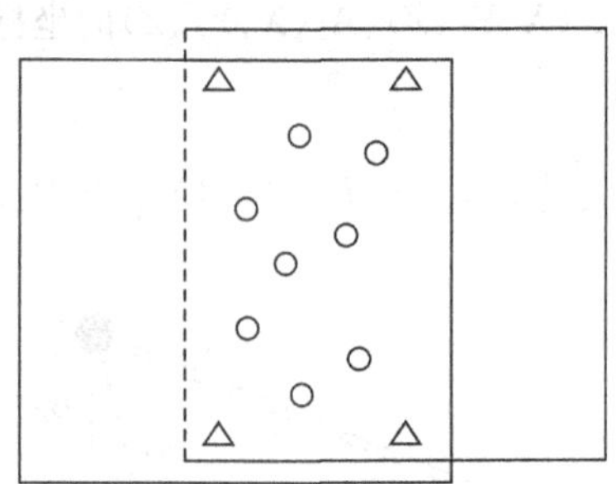
△—平高控制点；○—地面所求点。

图 5－7　立体像对的控制点和待定点

2. 像点坐标量测

用像点坐标量测仪量测出各个控制点和待定点在左、右像片上的像点坐标(x_1, y_1)和(x_2, y_2)。

3. 空间后方交会计算立体像对的外方位元素

根据上述所得到的野外控制点坐标和在室内量测的对应像点坐标，用空间后方交会分别计算出左、右像片的外方位元素$(X_{S_1}, Y_{S_1}, Z_{S_1}, \varphi_1, \omega_1, \kappa_1)$和$(X_{S_2}, Y_{S_2}, Z_{S_2}, \varphi_2, \omega_2, \kappa_2)$。

4. 空间前方交会计算待定点的地面坐标

首先，用计算得到的两张像片的外方位角元素计算左、右像片的方向余弦值，组成左、右像

片各自的旋转矩阵 $\boldsymbol{R}_1$ 和 $\boldsymbol{R}_2$；其次，用左、右像片的外方位线元素，按式(5－19)计算摄影基线分量 B_u、B_v、B_w；再次，按式(5－18)逐点计算各像点的像空间辅助坐标(u_1,v_1,w_1)和(u_2,v_2,w_2)；最后，按式(5－24)和式(5－22)逐点计算点投影系数和地面点坐标。

三、解析法相对定向

(一)解析法相对定向的概念

解析法相对定向就是根据同名光线对对相交这一立体像对内在的几何关系，通过量测的像点坐标，用解析计算方法解求相对定向元素，建立与地面相似的立体模型，确定模型点的三维坐标。相对定向与像片的绝对位置无关，不需要地面控制点信息。

图 5－8 表示一个立体模型实现正确相对定向后的示意图，图中S_1a_1和S_2a_2为一对同名光线，它们与空间摄影基线 B 位于同一核面内，即S_1a_1、S_2a_2和 B 三条直线共面。由空间解析几何可知，如果三条直线共面，则它们的混合积等于零，即

$$B\cdot(S_1a_1\times S_2a_2)=0 \tag{5-25}$$

式(5－25)改用坐标形式表示时，则为一个三阶行列式等于零，即

$$\boldsymbol{F}=\begin{vmatrix} b_u & b_v & b_w \\ u_1 & v_1 & w_1 \\ u_2 & v_2 & w_2 \end{vmatrix} \tag{5-26}$$

式(5－26)为解析法相对定向的共面条件方程式，其中

$$\begin{bmatrix} u_1 \\ v_1 \\ w_1 \end{bmatrix}=\boldsymbol{R}_{左}\begin{bmatrix} x_1 \\ y_1 \\ -f \end{bmatrix} \qquad \begin{bmatrix} u_2 \\ v_2 \\ w_2 \end{bmatrix}=\boldsymbol{R}_{右}\begin{bmatrix} x_2 \\ y_2 \\ -f \end{bmatrix} \tag{5-27}$$

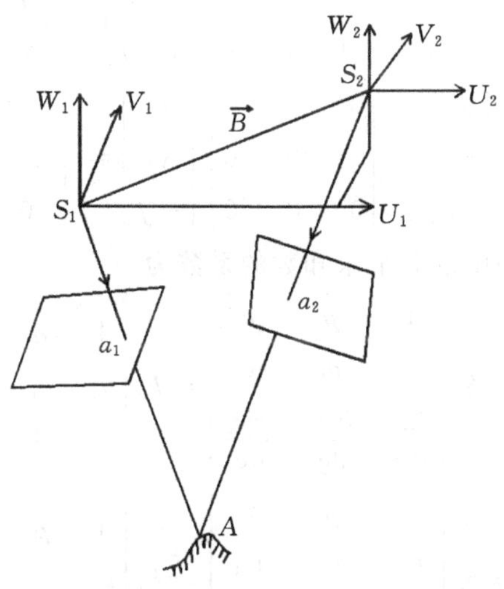

图 5－8　共面条件

立体像对选取的像空间辅助坐标系不同，有连续像对与独立像对的相对定向，下面将分别给出解析法相对定向时，上述两种方式相对定向元素解求的关系式。

(二)连续像对相对定向元素解求式

连续像对相对定向通常假定左影像是水平的或其方位元素是已知的,即把式(5-26)中的 u_1、v_1、w_1 视为已知值,且 $b_v \approx b_u\mu$,$b_w \approx b_u v$,此时,连续像对的相对定向元素为右影像的 3 个角元素 φ、ω、κ 和与基线分量有关的 2 个角元素 μ、v。

式(5-26)是一个非线性函数,可按多元函数泰勒公式展开的办法将式(5-26)展开至小值一次项,得

$$F = F_0 + \frac{\partial F}{\partial \varphi}\mathrm{d}\varphi + \frac{\partial F}{\partial \omega}\mathrm{d}\omega + \frac{\partial F}{\partial \kappa}\mathrm{d}\kappa + \frac{\partial F}{\partial \mu}b_v\mathrm{d}\mu + \frac{\partial F}{\partial v}b_w\mathrm{d}v = 0 \tag{5-28}$$

式中,F_0 是用相对定向元素的近似值求得的 F 值;$\mathrm{d}\mu$、$\mathrm{d}v$、$\mathrm{d}\varphi$、$\mathrm{d}\omega$、$\mathrm{d}\kappa$ 是相对定向元素近似值的改正数,是待定值。

要求出式(5-28)中的偏导数 $\frac{\partial F}{\partial \varphi}, \frac{\partial F}{\partial \omega}, \cdots, \frac{\partial F}{\partial v}$,必须先求出偏导数 $\frac{\partial u_2}{\partial \varphi}, \frac{\partial v_2}{\partial \omega}, \cdots, \frac{\partial \omega_2}{\partial \kappa}$。当 φ、ω、κ 为小角时,坐标变换关系式可以引用微小旋转矩阵式

$$\begin{bmatrix} u_2 \\ v_2 \\ w_2 \end{bmatrix} = \begin{bmatrix} 1 & -\kappa & -\varphi \\ \kappa & 1 & -\omega \\ \varphi & \omega & 1 \end{bmatrix} \begin{bmatrix} x_2 \\ y_2 \\ -f \end{bmatrix}$$

上式分别对 φ、ω、κ 求偏导数得

$$\frac{\partial}{\partial \varphi}\begin{bmatrix} u_2 \\ v_2 \\ w_2 \end{bmatrix} = \begin{bmatrix} 0 & 0 & -1 \\ 0 & 0 & 0 \\ 1 & 0 & 0 \end{bmatrix} \begin{bmatrix} x_2 \\ y_2 \\ -f \end{bmatrix} = \begin{bmatrix} f \\ 0 \\ x_2 \end{bmatrix}$$

$$\frac{\partial}{\partial \omega}\begin{bmatrix} u_2 \\ v_2 \\ w_2 \end{bmatrix} = \begin{bmatrix} 0 & 0 & 0 \\ 0 & 0 & -1 \\ 0 & 1 & 0 \end{bmatrix} \begin{bmatrix} x_2 \\ y_2 \\ -f \end{bmatrix} = \begin{bmatrix} 0 \\ f \\ y_2 \end{bmatrix}$$

$$\frac{\partial}{\partial \kappa}\begin{bmatrix} u_2 \\ v_2 \\ w_2 \end{bmatrix} = \begin{bmatrix} 0 & -1 & 0 \\ 1 & 0 & 0 \\ 0 & 0 & 0 \end{bmatrix} \begin{bmatrix} x_2 \\ y_2 \\ -f \end{bmatrix} = \begin{bmatrix} -y_2 \\ x_2 \\ 0 \end{bmatrix}$$

由上式可得出式(5-28)中的 5 个未知数的系数为

$$\frac{\partial F}{\partial \varphi} = b_u \begin{vmatrix} 1 & \mu & v \\ u_1 & v_1 & w_1 \\ \frac{\partial u_2}{\partial \varphi} & \frac{\partial v_2}{\partial \varphi} & \frac{\partial w_2}{\partial \varphi} \end{vmatrix} = b_u \begin{vmatrix} 1 & \mu & v \\ u_1 & v_1 & w_1 \\ f & 0 & x_2 \end{vmatrix}$$

$$\frac{\partial F}{\partial \omega} = b_u \begin{vmatrix} 1 & \mu & v \\ u_1 & v_1 & w_1 \\ \frac{\partial u_2}{\partial \omega} & \frac{\partial v_2}{\partial \omega} & \frac{\partial w_2}{\partial \omega} \end{vmatrix} = b_u \begin{vmatrix} 1 & \mu & v \\ u_1 & v_1 & w_1 \\ 0 & f & y_2 \end{vmatrix}$$

$$\frac{\partial F}{\partial \kappa}=b_u\begin{vmatrix}1 & \mu & v\\ u_1 & v_1 & w_1\\ \frac{\partial u_2}{\partial \kappa} & \frac{\partial v_2}{\partial \kappa} & \frac{\partial w_2}{\partial \kappa}\end{vmatrix}=b_u\begin{vmatrix}1 & \mu & v\\ u_1 & v_1 & w_1\\ -y_2 & x_2 & 0\end{vmatrix}$$

$$\frac{\partial F}{\partial v}=b_u\begin{vmatrix}u_1 & v_1\\ u_2 & v_2\end{vmatrix}$$

$$\frac{\partial F}{\partial \mu}=b_u\begin{vmatrix}w_1 & u_1\\ w_2 & u_2\end{vmatrix}$$

将上述 5 个偏导数代入式(5-28)得

$$b_u\begin{vmatrix}1 & \mu & v\\ u_1 & v_1 & w_1\\ f & 0 & x_2\end{vmatrix}\mathrm{d}\varphi+b_u\begin{vmatrix}1 & \mu & v\\ u_1 & v_1 & w_1\\ 0 & f & y_2\end{vmatrix}\mathrm{d}\omega+b_u\begin{vmatrix}1 & \mu & v\\ u_1 & v_1 & w_1\\ -y_2 & x_2 & 0\end{vmatrix}\mathrm{d}\kappa+$$

$$b_u\begin{vmatrix}w_1 & u_1\\ w_2 & u_2\end{vmatrix}\mathrm{d}\mu+b_u\begin{vmatrix}u_1 & v_1\\ u_2 & v_2\end{vmatrix}\mathrm{d}v+F_0=0$$

将上式展开并在等式两边分别除以 b_u，略去含有$\frac{b_v}{b_u}\mathrm{d}\varphi$，$\frac{b_w}{b_u}\mathrm{d}\varphi$，…等二次以上的小项，整理后得

$$v_1x_2\mathrm{d}\varphi+(v_1y_2+w_1w_2)\mathrm{d}\omega-x_2w_1\mathrm{d}k+(w_1u_2-u_1w_2)\mathrm{d}\mu+(u_1v_2-u_2v_1)\mathrm{d}v+\frac{F_0}{b_u}=0 \tag{5-29}$$

在仅考虑到一次小值项情况下，式(5-29)中的x_2、y_2可用像空间辅助坐标系 u_1、v_1 取代，并近似地认为

$$\begin{aligned}v_1&=v_2\\ \omega_1&=\omega_2\\ u_1&=u_2+\frac{b_u}{N_2}\end{aligned} \tag{5-30}$$

式中，N_2是将右像片像点a_2变为模型点 A 时的投影系数，不同的像点具有不同的 N_2值。因为b_u是模型基线，故 b_u/N_2可视为某点在模型上的左右视差。

顾及式(5-30)中的关系，则式(5-29)的$(w_1u_2-u_1w_2)$和$(u_1v_2-u_2v_1)$有以下关系式

$$\begin{aligned}w_1u_2-u_1w_2&=-\frac{b_u}{N_2}w_1\\ u_1v_2-u_2v_1&=\frac{b_u}{N_2}v_1\end{aligned} \tag{5-31}$$

将式(5-30)和式(5-31)代入式(5-29)中，用 N_2/w_1乘以全式，且令 $Q=F_0N_2/b_uw_1$，得

$$Q=\frac{-u_2v_2}{w_2}N_2\mathrm{d}\varphi-\left(w_2+\frac{v_2^{\ 2}}{w_2}\right)N_2\mathrm{d}\omega+u_2N_2\mathrm{d}\kappa+b_u\mathrm{d}\mu-\frac{v_2}{w_2}b_u\mathrm{d}v \tag{5-32}$$

式中

$$Q=\frac{F_0 N_2}{b_u w_1}=\frac{\begin{vmatrix} b_u & b_v & b_w \\ u_1 & v_1 & w_1 \\ u_2 & v_2 & w_2 \end{vmatrix}}{u_1 w_2-u_2 w_1}=\frac{b_u w_2-b_w u_2}{u_1 w_2-u_2 w_1}v_1-\frac{b_u w_1-b_w u_1}{u_1 w_2-u_2 w_1}v_2-b_v \qquad (5-33)$$

如图 5-9 所示，左像点a_1、右像点a_2、模型点 A 的像空间辅助坐标分别为(u_1,v_1,w_1)、(u_2,v_2,w_2)、(N_1u_1,N_1v_1,N_1w_1)或(N_2u_2,N_2v_2,N_2w_2)。N_1、N_2分别为左、右像点的投影系数。它们之间具有以下关系

$$\begin{aligned} N_1u_1 &= b_u+N_2u_2 \\ N_1v_1 &= b_v+N_2v_2 \\ N_1w_1 &= b_w+N_2w_2 \end{aligned} \qquad (5-34)$$

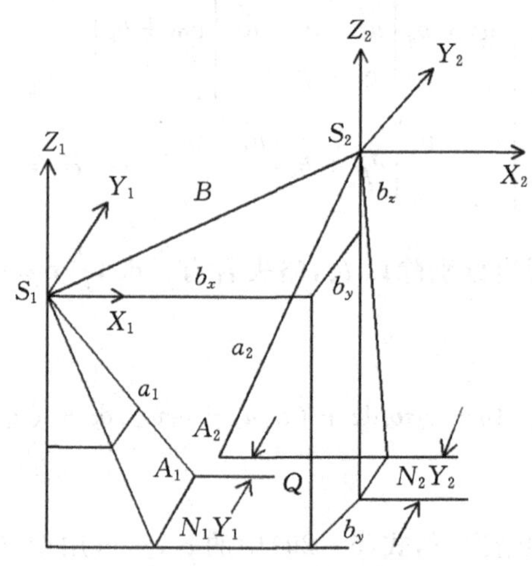

图 5-9　上下视差的几何意义

用式(5-34)中的 N_1u_1、N_1w_1两式联立解出投影系数 N_1和 N_2，得

$$N_1=\frac{b_u w_2-b_w u_2}{u_1 w_2-u_2 w_1} \qquad N_2=\frac{b_u w_1-b_w u_1}{u_1 w_2-u_2 w_1} \qquad (5-35)$$

从式(5-35)可以看出，N_1和 N_2是像点的像空间辅助坐标的函数，不同的点有不同的 N_1和 N_2值。

将式(5-35)代入式(5-33)，Q 值又可表示为

$$Q=N_1v_1-N_2v_2-b_v \qquad (5-36)$$

式中，N_1v_1为左片投影点在以左摄站为原点的像空间辅助坐标系中的坐标；N_2v_2为右片投影点在以右摄站为原点的像空间辅助坐标系中的坐标；b_v为两摄站的 V 方向坐标之差。所以，Q 的几何意义是模型上同名点的 V 方向坐标之差，称为上下视差。

注意，在图 5-9 中，X_1、Y_1、Z_1和X_2、Y_2、Z_2分别对应 u_1、v_1、w_1和 u_2、v_2、w_2。

由前方交会公式可知，若同名光线相交于模型点，则 $b_v=N_1v_1-N_2v_2$，即 $Q=0$。也就是说，当一个像对完成了相对定向，则 $Q=0$；反之，若没有完成相对定向，则 $Q\neq0$。在解析法相

对定向迭代解算过程中，每个定向点上的 Q 值是否为零或小于某一限差是判断相对定向是否完成的一个标准。

式(5－32)和式(5－36)是连续像对相对定向的作业公式。

在立体像对中，每量测一对同名像点的像点坐标 (x_1, y_1)、(x_2, y_2)，就可以列出一个关于 Q 的方程式。由于式(5－32)有 5 个未知数，因此，连续像对相对定向至少需要量测 5 对同名像点。当有多余观测时，将 Q 视为观测值，由式(5－32)得到误差方程式

$$v_Q = -\frac{u_2 v_2}{w_2} N_2 \mathrm{d}\varphi - \left(w_2 + \frac{v_2^{\,2}}{w_2}\right) N_2 \mathrm{d}\omega + u_2 N_2 \mathrm{d}\kappa + b_u \mathrm{d}\mu - \frac{v_2}{w_2} b_u \mathrm{d}v - Q \tag{5-37}$$

若误差方程式系数及常数项用符号表示为

$$a = -\frac{u_2 v_2}{w_2} N_2, b = -\left(w_2 + \frac{v_2^{\,2}}{w_2}\right) N_2, c = u_2 N_2, d = b_u, e = -\frac{v_2}{w_2} b_u, Q = l$$

则误差方程式用矩阵表示为

$$\boldsymbol{v}_Q = \begin{bmatrix} a & b & c & d & e \end{bmatrix} \begin{bmatrix} \mathrm{d}\varphi \\ \mathrm{d}\omega \\ \mathrm{d}\kappa \\ \mathrm{d}\mu \\ \mathrm{d}v \end{bmatrix} - l \tag{5-38}$$

其总误差方程式用矩阵表示为

$$\boldsymbol{V} = \boldsymbol{A}\boldsymbol{X} - \boldsymbol{L} \tag{5-39}$$

其中

$$\boldsymbol{V} = \begin{bmatrix} v_{Q_1} & v_{Q_2} & \cdots & v_{Q_n} \end{bmatrix}^{\mathrm{T}}$$

$$\boldsymbol{A} = \begin{bmatrix} a_1 & b_1 & c_1 & d_1 & e_1 \\ \vdots & \vdots & \vdots & \vdots & \vdots \\ a_n & b_n & c_n & d_n & e_n \end{bmatrix}$$

$$\boldsymbol{V} = \begin{bmatrix} \mathrm{d}\varphi_2 & \mathrm{d}\omega_2 & \mathrm{d}\kappa_2 & \mathrm{d}\mu_2 & \mathrm{d}v_2 \end{bmatrix}^{\mathrm{T}}$$

$$\boldsymbol{L} = \begin{bmatrix} l_1 & l_2 & \cdots & l_n \end{bmatrix}^{\mathrm{T}}$$

相应的法方程为

$$\boldsymbol{A}^{\mathrm{T}}\boldsymbol{A}\boldsymbol{X} = \boldsymbol{A}^{\mathrm{T}}\boldsymbol{L} \tag{5-40}$$

未知数的向量解为

$$\boldsymbol{X} = (\boldsymbol{A}^{\mathrm{T}}\boldsymbol{A})^{-1}\boldsymbol{A}^{\mathrm{T}}\boldsymbol{L} \tag{5-41}$$

由于误差方程式是共面条件的严密式经线性化后的结果，所以，相对定向元素的解也需要逐步趋近的迭代过程。实际计算中，通常认为当所有改正数小于限差 0.3×10^{-4} 弧度时迭代计算终止。

(三)相对定向元素解算过程

摄影测量中，相对定向常采用如图 4－16 所示的 6 个标准点位来解求。利用 6 对定向点的像点坐标 $(x_1, y_1)_i$ 及 $(x_2, y_2)_i$ $(i=1,2,\cdots,n)$，若是连续法相对定向，按式(5－37)、式(5－39)列出误差方程式，按式(5－40)组成法方程式，由式(5－41)解求相对定向元素近似值的改正数。整个计算应在预先编制好的程序控制下完成，计算过程迭代趋近，直到满足改正

数限差。图 5-10 为连续像对相对定向元素计算流程图。

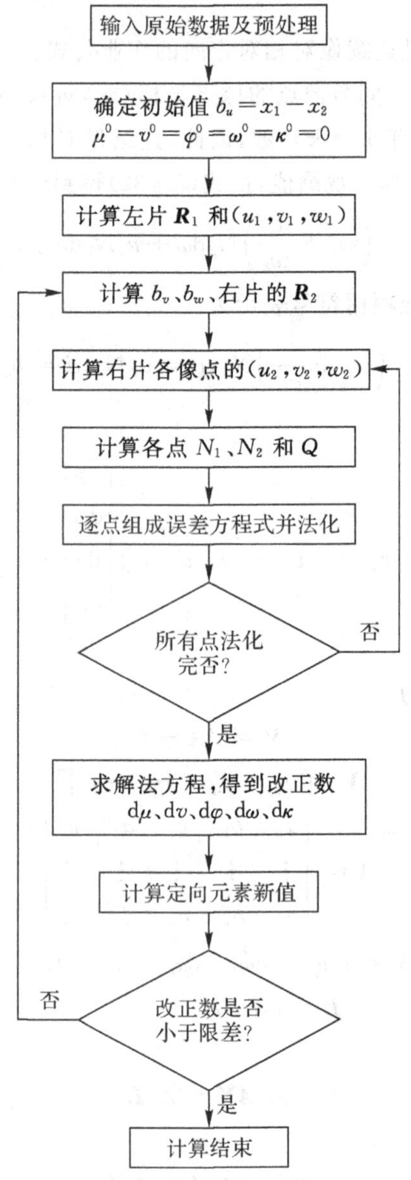

图 5-10　连续像对相对定向元素计算流程图

(四)独立像对相对定向元素解求式

独立像对是以基线作为 u 轴,左主核面为 uw 平面,建立像空间辅助坐标系 $S_1\text{-}U_1V_1W_1$ 及 $S_2\text{-}U_2V_2W_2$,像点 a_1、a_2 在各自的像空间辅助坐标系的坐标分别为(u_1,v_1,w_1)、(u_2,v_2,w_2),则共面条件的坐标表达式为

$$F = \begin{vmatrix} b & 0 & 0 \\ u_1 & v_1 & w_1 \\ u_2 & v_2 & w_2 \end{vmatrix} = b \begin{vmatrix} v_1 & w_1 \\ v_2 & w_2 \end{vmatrix}$$

由于独立像对的相对定向元素为φ_1、κ_1、φ_2、ω_2、κ_2，所以上式中 v_1、w_1是φ_1、κ_1的函数，v_2、w_2是φ_2、ω_2、κ_2的函数。按与连续像对相对定向相同的推演方法，得到独立像对相对定向的误差方程式为

$$v_Q = \frac{u_1 v_2}{w_2}\mathrm{d}\varphi_1 - \frac{u_2 v_1}{w_1}\mathrm{d}\varphi_2 + f\left(1 + \frac{v_1 v_2}{w_1 w_2}\right)\mathrm{d}\omega_2 + \frac{u_1}{w_1}\mathrm{d}\kappa_1 - \frac{u_2}{w_2}\mathrm{d}\kappa_2 - Q \qquad (5-42)$$

其中

$$Q = f\frac{v_1}{w_1} - f\frac{v_2}{w_2} = y_{t_1} - y_{t_2} \qquad (5-43)$$

式中，y_{t_1}、y_{t_2}相当于像空间辅助坐标系中一对理想影像上同名像点的坐标。显然，在完成相对定向后，$(y_{t_1} - y_{t_2})$应为 0。所以，同样可以把 Q 是否等于 0 作为检验独立像对相对定向是否完成的标准。

式(5－42)包含有 5 个相对定向元素的改正数，对每对同名像点，根据定向元素的近似值及像点坐标按式(5－42)、式(5－43)可列出一个误差方程式。当有多余观测值时，按最小二乘原理解求。当然，解求过程仍然是逐步趋近的迭代过程，直到满足解算精度为止。

（五）模型点坐标的计算

计算出相对定向元素后，就可按前面介绍的空间前方交会法，计算模型点在像空间辅助坐标系中的坐标，建立与地面相似的数字立体模型。此时的立体模型是以左摄站为原点的像空间辅助坐标系为参照，其大小和方位均是任意的。模型点坐标计算如图 5－11 所示。

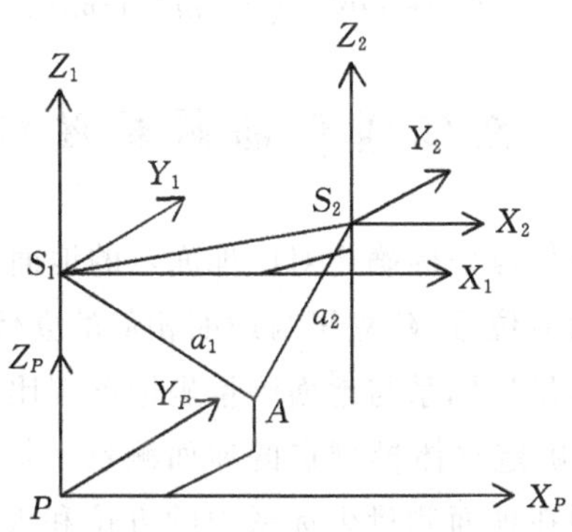

图 5－11　模型点坐标计算

若模型点在像空间辅助坐标系$S_1\text{-}U_1V_1W_1$中的坐标为(U,V,W)，则其计算过程如下：

(1)根据相对定向元素计算像点的像空间辅助坐标(u_1,v_1,w_1)、(u_2,v_2,w_2)；

(2)计算左、右像点的投影系数 N_1、N_2；

(3)求模型点在像空间辅助坐标系中的坐标。

用于连续像对相对定向的计算公式为

$$
\begin{aligned}
U &= N_1 u_1 = b_u + N_2 u_2 \\
V &= N_1 v_1 = b_v + N_2 v_2 \\
W &= N_1 w_1 = b_w + N_2 w_2
\end{aligned} \tag{5-44}
$$

用于独立像对相对定向的计算公式为

$$
\begin{aligned}
U &= N_1 u_1 = b + N_2 u_2 \\
V &= N_1 v_1 = N_2 v_2 \\
W &= N_1 w_1 = N_2 w_2
\end{aligned} \tag{5-45}
$$

以上坐标的原点是左摄站，比例尺为像片比例尺。为了后续计算，应把上述坐标平移到摄影测量坐标系中，同时放大模型比例尺，使之接近实地大小。经平移和放大后坐标如下：

左摄站坐标为

$$
\begin{aligned}
X_{S_1} &= 0 \\
Y_{S_1} &= 0 \\
Z_{S_1} &= mf
\end{aligned} \tag{5-46}
$$

右摄站坐标为

$$
\begin{aligned}
X_{S_2} &= X_{S_1} + mb_u \\
Y_{S_2} &= Y_{S_1} + mb_v \\
Z_{S_2} &= Z_{S_1} + mb_w
\end{aligned} \tag{5-47}
$$

任一模型点的摄影测量坐标为

$$
\begin{aligned}
U &= X_{S_1} + mN_1 u_1 \\
V &= Y_{S_1} + \frac{1}{2}(mN_1 v_1 + mN_2 v_2 + mb_v) \\
W &= Z_{S_1} + mN_1 w_1 = mf + mN_1 w_1
\end{aligned} \tag{5-48}
$$

第三节　立体模型的解析法绝对定向

摄影测量的主要任务是由像点坐标确定对应地面点的地面测量坐标。相对定向仅仅是恢复了摄影测量时像片之间的相对位置，建立了与地面相似的立体模型，并可由此解算出各模型点的摄影测量坐标。但摄影测量坐标系与地面测量坐标系相比，其方位是任意的，立体模型的比例尺也是近似的。因此，要确定立体模型点的地面测量坐标，需要对立体模型作三维的平移、旋转和缩放，确定立体模型在地面测量坐标系中的方位和大小，这一过程称为模型的绝对定向。绝对定向工作需要用到地面控制点信息。

一、空间坐标的相似变换

对于航空摄影测量，由于地面测量坐标系是左手坐标系，而像空间辅助坐标系是右手坐标系，为了使这两个坐标系的 X 轴之间的夹角不至于太大，通常采用一个地面摄影测量坐标系作为过渡，即先将地面控制点的地面测量坐标变换为地面摄影测量坐标系(右手坐标系)，然后根据控制点的地面摄影测量坐标进行绝对定向，最后再将经绝对定向后的任一模型点的地面摄影测量坐标反变换为地面测量坐标,即绝对定向的主要工作是把模型点的像空间辅助坐标变换为地面摄影测量坐标。

一个立体像对有 12 个外方位元素,经过相对定向求得 5 个相对定向元素后,要恢复像对的绝对方位,还要解求 7 个绝对定向元素。绝对定向是将相对定向所建立的相似立体模型进行平移、旋转和缩放,这种坐标变换由于在变换前后图形的几何形状相似,因此,在数学上称为空间相似变换。其公式为

$$\begin{bmatrix} X \\ Y \\ Z \end{bmatrix} = \lambda \begin{bmatrix} a_1 & a_2 & a_3 \\ b_1 & b_2 & b_3 \\ c_1 & c_2 & c_3 \end{bmatrix} \begin{bmatrix} U \\ V \\ W \end{bmatrix} + \begin{bmatrix} \Delta X \\ \Delta Y \\ \Delta Z \end{bmatrix} \tag{5-49}$$

式中,(U,V,W)为模型点在像空间辅助坐标系的坐标,该点的地面摄影测量坐标为(X,Y,Z);λ 为模型的比例缩放系数;$(a_1,a_2,\cdots,c_3)$为由两坐标轴系的三个旋转角 Φ、Ω、K 的函数组成的方向余弦;ΔX、ΔY、ΔZ 为模型坐标系的平移量,即绝对定向元素包括 ΔX、ΔY、ΔZ、Φ、Ω、K、λ,共 7 个。

解析法绝对定向就是利用已知的地面控制点,从绝对定向的关系式出发,解求上述 7 个绝对定向元素,再用计算得到的 7 个参数,把待定点的像空间辅助坐标换算为地面摄影测量坐标。

二、空间相似变换公式的线性化

利用地面控制点求解绝对定向元素时,控制点的地面摄影测量坐标(X,Y,Z)均为已知值,模型的像空间辅助坐标(U,V,W)为计算值,只有 7 个绝对定向元素是未知数。

空间相似变换公式(5-49)是一个多元的非线性函数,为便于最小二乘法求解,对式(5-49)采用多元函数的泰勒公式展开,并保留到小值一次项,则有

$$F = F_0 + \frac{\partial F}{\partial \lambda}\mathrm{d}\lambda + \frac{\partial F}{\partial \Phi}\mathrm{d}\Phi + \frac{\partial F}{\partial \Omega}\mathrm{d}\Omega + \frac{\partial F}{\partial K}\mathrm{d}K + \frac{\partial F}{\partial \Delta X}\mathrm{d}\Delta X + \frac{\partial F}{\partial \Delta Y}\mathrm{d}\Delta Y + \frac{\partial F}{\partial \Delta Z}\mathrm{d}\Delta Z$$

由于 Φ、Ω、K 均为小角度,当取一次项时,公式(5-49)可以表示为

$$\begin{bmatrix} X \\ Y \\ Z \end{bmatrix} = \lambda \begin{bmatrix} 1 & -K & -\Phi \\ K & 1 & -\Omega \\ \Phi & \Omega & 1 \end{bmatrix} \begin{bmatrix} U \\ V \\ W \end{bmatrix} + \begin{bmatrix} \Delta X \\ \Delta Y \\ \Delta Z \end{bmatrix} \tag{5-50}$$

按照泰勒级数展开,式(5-50)可写为

$$\begin{bmatrix} X \\ Y \\ Z \end{bmatrix} = \lambda_0 \boldsymbol{R}_0 \begin{bmatrix} U \\ V \\ W \end{bmatrix} + \begin{bmatrix} \Delta X_0 \\ \Delta Y_0 \\ \Delta Z_0 \end{bmatrix} + \begin{bmatrix} 1 & -K & -\Phi \\ K & 1 & -\Omega \\ \Phi & \Omega & 1 \end{bmatrix} \begin{bmatrix} U \\ V \\ W \end{bmatrix} \mathrm{d}\lambda + \lambda \begin{bmatrix} 0 & 0 & -1 \\ 0 & 0 & 0 \\ 1 & 0 & 0 \end{bmatrix} \begin{bmatrix} U \\ V \\ W \end{bmatrix} \mathrm{d}\Phi +$$

$$\lambda \begin{bmatrix} 0 & 0 & 0 \\ 0 & 0 & -1 \\ 0 & 1 & 0 \end{bmatrix} \begin{bmatrix} U \\ V \\ W \end{bmatrix} \mathrm{d}\Omega + \lambda \begin{bmatrix} 0 & -1 & 0 \\ 1 & 0 & 0 \\ 0 & 0 & 0 \end{bmatrix} \begin{bmatrix} U \\ V \\ W \end{bmatrix} \mathrm{d}K + \begin{bmatrix} 1 & 0 & 0 \\ 0 & 1 & 0 \\ 0 & 0 & 1 \end{bmatrix} \begin{bmatrix} \mathrm{d}\Delta X \\ \mathrm{d}\Delta Y \\ \mathrm{d}\Delta Z \end{bmatrix}$$

式中,λ_0、$\boldsymbol{R}_0$、ΔX_0、ΔY_0、ΔZ_0为 λ、$\boldsymbol{R}$、ΔX、ΔY、ΔZ 的近似值。上式经整理可得线性化的绝对定向基本公式,即

$$\begin{bmatrix} X \\ Y \\ Z \end{bmatrix} = \lambda_0 \boldsymbol{R}_0 \begin{bmatrix} U \\ V \\ W \end{bmatrix} + \begin{bmatrix} \Delta X_0 \\ \Delta Y_0 \\ \Delta Z_0 \end{bmatrix} + \lambda_0 \begin{bmatrix} d\lambda & -dK & -d\Phi \\ dK & \lambda & -d\Omega \\ d\Phi & d\Omega & d\lambda \end{bmatrix} \begin{bmatrix} U \\ V \\ W \end{bmatrix} + \begin{bmatrix} d\Delta X \\ d\Delta Y \\ d\Delta Z \end{bmatrix} \tag{5-51}$$

式(5-51)中含有7个未知数,至少需要列7个方程解求。因此,绝对定向至少需要2个平高控制点和1个高程点,而且3个控制点不能在一条直线上。生产中,绝对定向一般是在模型4个角布设4个控制点,当有多余观测时,应按最小二乘平差求解。将式(5-51)中模型的像空间辅助坐标(U,V,W)视为观测值,其改正数为v_U、v_V、v_W,写成误差方程式形式为

$$-\lambda_0 \boldsymbol{R}_0 \begin{bmatrix} v_U \\ v_V \\ v_W \end{bmatrix} = \lambda_0 \begin{bmatrix} d\lambda & -dK & -d\Phi \\ dK & \lambda & -d\Omega \\ d\Phi & d\Omega & d\lambda \end{bmatrix} \begin{bmatrix} U \\ V \\ W \end{bmatrix} + \begin{bmatrix} d\Delta X \\ d\Delta Y \\ d\Delta Z \end{bmatrix} - \begin{bmatrix} X \\ Y \\ Z \end{bmatrix} + \lambda_0 \boldsymbol{R}_0 \begin{bmatrix} U \\ V \\ W \end{bmatrix} + \begin{bmatrix} \Delta X_0 \\ \Delta Y_0 \\ \Delta Z_0 \end{bmatrix}$$

由于Φ、Ω、K均为小角度,且$\lambda_0 \approx 1$,故可将上式简写为

$$-\begin{bmatrix} v_U \\ v_V \\ v_W \end{bmatrix} = \lambda_0 \begin{bmatrix} d\lambda & -dK & -d\Phi \\ dK & \lambda & -d\Omega \\ d\Phi & d\Omega & d\lambda \end{bmatrix} \begin{bmatrix} U \\ V \\ W \end{bmatrix} + \begin{bmatrix} d\Delta X \\ d\Delta Y \\ d\Delta Z \end{bmatrix} - \begin{bmatrix} l_U \\ l_V \\ l_W \end{bmatrix} \tag{5-52}$$

式中

$$\begin{bmatrix} l_U \\ l_V \\ l_W \end{bmatrix} = \begin{bmatrix} X \\ Y \\ Z \end{bmatrix} - \lambda_0 \boldsymbol{R}_0 \begin{bmatrix} U \\ V \\ W \end{bmatrix} - \begin{bmatrix} \Delta X_0 \\ \Delta Y_0 \\ \Delta Z_0 \end{bmatrix}$$

该常数项是控制点的地面摄影测量坐标(外业坐标)和对应模型点经平移、旋转、缩放后的内业坐标之差,它是绝对定向解算的依据。误差方程的矩阵形式为

$$-\begin{bmatrix} v_U \\ v_V \\ v_W \end{bmatrix} = \begin{bmatrix} 1 & 0 & 0 & U & -W & 0 & -V \\ 0 & 1 & 0 & V & 0 & -W & U \\ 0 & 0 & 1 & W & U & V & 0 \end{bmatrix} \begin{bmatrix} d\Delta X \\ d\Delta Y \\ d\Delta Z \\ d\lambda \\ d\Phi \\ d\Omega \\ dK \end{bmatrix} - \begin{bmatrix} l_U \\ l_V \\ l_W \end{bmatrix} \tag{5-53}$$

即

$$-\boldsymbol{V} = \boldsymbol{AX} - \boldsymbol{L} \tag{5-54}$$

相应的法方程为

$$\boldsymbol{A}^{\mathrm{T}} \boldsymbol{PAX} - \boldsymbol{A}^{\mathrm{T}} \boldsymbol{PL} = 0 \tag{5-55}$$

式中

$$\boldsymbol{A} = \begin{bmatrix} 1 & 0 & 0 & U & -W & 0 & -V \\ 0 & 1 & 0 & V & 0 & -W & U \\ 0 & 0 & 1 & W & U & V & 0 \end{bmatrix}$$

$$\boldsymbol{X} = [d\Delta X \quad d\Delta Y \quad d\Delta Z \quad d\lambda \quad d\Phi \quad d\Omega \quad dK]^{\mathrm{T}}$$

$$\boldsymbol{L}=\begin{bmatrix}l_U & l_V & l_W\end{bmatrix}^{\mathrm{T}}$$

解算法方程，可得到绝对定向元素的改正数

$$\boldsymbol{X}=(\boldsymbol{A}^{\mathrm{T}}\boldsymbol{PA})^{-1}\boldsymbol{A}^{\mathrm{T}}\boldsymbol{PL} \tag{5-56}$$

由于绝对定向解算的误差方程式是一次项近似公式，因此，绝对定向元素的解算需要迭代进行。在迭代过程中，作为内、外业坐标之差的常数项的值逐渐变小，直到小于某一限差为止。

三、坐标的重心化

坐标的重心化是摄影测量中经常采用的一种数据预处理方法，坐标重心化的目的有两个：一是减少模型点坐标在计算过程中的有效位数，以保证计算的精度；二是采用重心化坐标后，可以使法方程式的系数简化，个别项的数值变为零，部分未知数可以分开求解，从而提高了计算速度。

当取单元模型中全部控制点（或已知点）的像空间辅助坐标和地面摄影测量坐标计算其重心坐标时，有

$$\begin{aligned}X_g=\frac{\sum X}{n},Y_g=\frac{\sum Y}{n},Z_g=\frac{\sum Z}{n}\\U_g=\frac{\sum U}{n},V_g=\frac{\sum V}{n},W_g=\frac{\sum W}{n}\end{aligned} \tag{5-57}$$

相应的重心化坐标为

$$\begin{aligned}\bar{X}=X-X_g,\bar{Y}=Y-Y_g,\bar{Z}=Z-Z_g\\\bar{U}=U-U_g,\bar{V}=V-V_g,\bar{W}=W-W_g\end{aligned} \tag{5-58}$$

式中，(X_g,Y_g,Z_g)为地面摄影测量坐标系重心坐标；(U_g,V_g,W_g)为像空间辅助坐标系重心坐标；n为参与计算重心坐标的控制点点数。

求重心坐标时，两个坐标系中采用的点数要相等，同时点名要一致。允许计算平面坐标的点数与Z坐标的点数不相等。

将重心化坐标代入绝对定向基本公式，得

$$\begin{bmatrix}\bar{X}\\\bar{Y}\\\bar{Z}\end{bmatrix}=\lambda\boldsymbol{R}\begin{bmatrix}\bar{U}\\\bar{V}\\\bar{W}\end{bmatrix}+\begin{bmatrix}\Delta X\\\Delta Y\\\Delta Z\end{bmatrix} \tag{5-59}$$

由此得到用重心化坐标表示的误差方程式为

$$-\begin{bmatrix}v_U\\v_V\\v_W\end{bmatrix}=\begin{bmatrix}1&0&0&\bar{U}&-\bar{W}&0&-\bar{V}\\0&1&0&\bar{V}&0&-\bar{W}&\bar{U}\\0&0&1&\bar{W}&\bar{U}&\bar{V}&0\end{bmatrix}\begin{bmatrix}\mathrm{d}\Delta X\\\mathrm{d}\Delta Y\\\mathrm{d}\Delta Z\\\mathrm{d}\lambda\\\mathrm{d}\Phi\\\mathrm{d}\Omega\\\mathrm{d}K\end{bmatrix}-\begin{bmatrix}l_U\\l_V\\l_W\end{bmatrix} \tag{5-60}$$

式中

$$\begin{bmatrix} l_U \\ l_V \\ l_W \end{bmatrix} = \begin{bmatrix} \bar{X} \\ \bar{Y} \\ \bar{Z} \end{bmatrix} - \lambda_0 \boldsymbol{R}_0 \begin{bmatrix} \bar{U} \\ \bar{V} \\ \bar{W} \end{bmatrix} - \begin{bmatrix} \Delta X_0 \\ \Delta Y_0 \\ \Delta Z_0 \end{bmatrix}$$

对每个平高控制点，可按(5-60)式列出一组误差方程式。若有 n 个平高控制点，可列出 n 组误差方程式，再由误差方程式组成法方程式，经过解算后得到绝对定向元素初始值的改正数 $\mathrm{d}\Delta X$、$\mathrm{d}\Delta Y$、$\mathrm{d}\Delta Z$、$\mathrm{d}\lambda$、$\mathrm{d}\Phi$、$\mathrm{d}\Omega$、$\mathrm{d}K$，将改正数加到初始值上得到新的近似值。将此新的近似值再次作为初始值，重复上述求解过程，如此循环，直到改正数小于规定的限差为止，最终求出绝对定向元素。

求出绝对定向元素后，可根据待求点的重心化坐标($\bar{U},\bar{V},\bar{W}$)按式(5-59)来求出待求点的重心化地面摄影测量坐标($\bar{X},\bar{Y},\bar{Z}$)，再加上重心坐标(X_g,Y_g,Z_g)后，得到待求点的地面摄影测量坐标(X,Y,Z)。最后，将地面摄影测量坐标再变换到地面测量坐标，提交成果。

在此还应当指出的是，绝对定向中，像空间辅助坐标(U,V,W)和地面摄影测量坐标(X,Y,Z)间的变换。由于地面摄影测量坐标系的原点设在测区内的某点处，其三轴系的选取几乎与像空间辅助坐标系平行，所以，两坐标系轴系旋转时，旋转角 K 是个小角值，这便于计算。但提供绝对定向用的地面控制点为地面测量坐标(X_t,Y_t,Z_t)，所以，在绝对定向前，还需要将地面测量坐标(X_t,Y_t,Z_t)转换为地面摄影测量坐标(X,Y,Z)。

由地面测量坐标转换到地面摄影测量坐标采用的公式为

$$\begin{bmatrix} X \\ Y \\ Z \end{bmatrix} = \begin{bmatrix} a & b & 0 \\ b & -a & 0 \\ 0 & 0 & \lambda \end{bmatrix} \begin{bmatrix} X_t - X_{t_0} \\ Y_t - Y_{t_0} \\ Z_t \end{bmatrix} \tag{5-61}$$

而由地面摄影测量坐标转换到地面测量坐标采用的公式为

$$\begin{bmatrix} X_t \\ Y_t \\ Z_t \end{bmatrix} = \frac{1}{\lambda^2} \begin{bmatrix} a & b & 0 \\ b & -a & 0 \\ 0 & 0 & \lambda \end{bmatrix} \begin{bmatrix} X \\ Y \\ Z \end{bmatrix} + \begin{bmatrix} X_{t_0} \\ Y_{t_0} \\ 0 \end{bmatrix} \tag{5-62}$$

其中

$$a = \frac{\Delta U \Delta X_t - \Delta V \Delta Y_t}{\Delta X_t^2 + \Delta Y_t^2}, b = \frac{\Delta U \Delta Y_t + \Delta V X_t}{\Delta X_t^2 + \Delta Y_t^2}, \lambda = \sqrt{a^2 + b^2} = \sqrt{\frac{\Delta U^2 + \Delta V^2}{\Delta X_t^2 + \Delta Y_t^2}} \tag{5-63}$$

式(5-61)、式(5-62)中，(X_{t_0},Y_{t_0})为地面摄影测量坐标系的原点在地面测量坐标系中的坐标；式(5-63)中，($\Delta X_t,\Delta Y_t$)为 2 个地面控制点在地面测量坐标系中的坐标差，($\Delta U,\Delta V$)为 2 个地面控制点相应的模型点在像空间辅助坐标系中的坐标差。为了使模型在绝对定向中的旋角 K 接近于零，即使地面摄影测量坐标系中的 X 轴与像空间辅助坐标系中的 U 轴相一致、两坐标系单位长度相同，地面的 2 个控制点在地面摄影测量坐标系中的坐标值就要等于相应

模型点在像空间辅助坐标系中的坐标值，取

$$\begin{aligned}\Delta U &= \Delta X = a\Delta X_t + b\Delta Y_t \\ \Delta V &= \Delta Y = b\Delta X_t - a\Delta Y_t\end{aligned} \tag{5-64}$$

四、双像解析的相对定向-绝对定向

利用立体像对相对定向-绝对定向法解求模型点的地面坐标的过程如下：

(1)用连续像对或独立像对的相对定向元素的误差方程式解求像对的相对定向元素；

(2)由相对定向元素组成左、右像片的旋转矩阵 $\boldsymbol{R}_1$、$\boldsymbol{R}_2$，并利用前方交会式求出模型点在像空间辅助坐标系中的坐标；

(3)根据已知地面控制点的坐标，按绝对定向元素的误差方程式解求该立体模型的绝对定向元素；

(4)按绝对定向公式，将所有待定点的坐标纳入地面摄影测量坐标中。

思考题

1. 什么是影像内定向？内定向可采用哪些数学模型？
2. 什么是单像空间后方交会？单像空间后方交会的数学模型是什么？
3. 用编程实现单像空间后方交会。
4. 什么是立体像对的空间前方交会？说明双像解析的空间后方-前方交会的计算步骤。
5. 写出立体模型绝对定向的变换模型。
6. 摄影测量的数据预处理中，坐标重心化的目的是什么？如何进行坐标重心化？
7. 说明双像解析的相对定向-绝对定向的计算步骤。

第六章 空中三角测量

第一节　概述

一、空中三角测量的目的

根据航摄像片确定地面点的空间位置，无论是用双像解析摄影测量方法，还是用双像数字摄影测量方法，或是传统的模拟测图方法，一般都需要 4 个（或 4 个以上）地面控制点。这些控制点的地面坐标虽然可以全部在野外实测得到，但这种方法工作量大、效率低，在某些地区甚至难以实现。为了减少外业工作量，在野外只测定少量必要的地面控制点，在室内利用像片之间内在的几何关系，用摄影测量方法解求这些双像摄影测量所必需的控制点的地面坐标，这种方法称为空中三角测量，也叫控制点的摄影测量加密，简称加密。通常，把野外实测的控制点称为像片控制点，根据加密方法计算得到的控制点称为加密点。

空中三角测量是双像摄影测量理论的扩展。双像解析摄影测量是以一个像对作为计算的范围，根据两张像片之间内在的关系，用一定数量的控制点解求待定点的地面坐标。对空中三角测量而言，仍然是根据像片之间内在的几何关系，由控制点来解算待定点的坐标，只是计算范围扩展为一条航线或几条航线构成的一个区域。

二、空中三角测量的分类

空中三角测量按发展阶段，可分为模拟空中三角测量、解析空中三角测量和数字空中三角测量三个阶段。早期的空中三角测量，由于受到计算机工具的限制，一般采用图解法或光学机械法，在全能型立体测图仪上根据摄影过程的几何反转原理建立航带模型，实现控制点的加密，称为模拟空中三角测量。随着计算机技术的发展，摄影测量进入解析摄影测量阶段，解析空中三角测量方法得到普遍应用。解析空中三角测量是利用电子计算机，根据人工观测方法，在坐标量测仪上量测像点坐标，采用一定的数学模型计算出待定点的地面坐标。数字空中三角测量又称为自动空中三角测量，它不再需要模拟的或解析的坐标量测仪器，而是直接在计算机屏幕显示的数字影像上，自动或半自动地采集加密点的像点坐标，进而计算出待定点的地面坐标。当前，数字空中三角测量已成为主流的作业方式。但是，数字空中三角测量仍然沿用解析空中三角测量的数学模型。

空中三角测量按平差计算范围的大小，可分为单模型空中三角测量、单航带空中三角测量和区域网空中三角测量三类。双像解析摄影测量就是单模型的解析空中三角测量。单航带空中三角测量是以一条航带为加密单元进行平差计算。区域网空中三角测量是以若干条航线作为加密区域，按最小二乘法进行整体平差运算，以取得加密点的最或是值。区域网空中三角测量不仅可以减少地面控制点的数量，还能提高加密点成果的精度和整体性。

空中三角测量按平差时所采用数学模型的不同，可分为航带法空中三角测量、独立模型法空中三角测量和光束法空中三角测量三类。航带法空中三角测量是以一条航带作为平差的基本单元，将模型点的摄影测量坐标作为观测值，以地面控制点的摄影测量坐标和地面坐标应相等，以及相邻航带公共点坐标应相等为条件，用平差方法解求航带网的非线性变形改正系数，从而求出各加密点的地面坐标。独立模型法空中三角测量是以单元模型为平差单元，以模型坐标为观测值，以地面控制点的摄影测量坐标和地面坐标应相等，以及相邻模型公共点、公共摄站点的摄影测量坐标应相等为条件，确定每一个单元模型的平移、旋转和缩放参数，从而求出各加密点的地面坐标。空间模型的相似变换是独立模型法空中三角测量的基本关系式。光束法区域网平差是以一张像片组成的光线束作为平差的基本单元，以中心投影的共线方程作为平差的数学模型，以像点坐标为观测值，以相邻像片公共交会点坐标相等、控制点的加密坐标与地面坐标相等为条件，解求出每张像片的外方位元素和加密点的地面坐标。

上述三种方法以光束法理论最为严密，加密成果的精度高，但需解求的未知数多，计算量大，计算速度较慢；独立模型法理论较严密，精度较高，未知数、计算量、计算速度介于光束法和航带法之间；航带法在理论上不如光束法和独立模型法严密，但所解求的未知数少，计算方便快速，主要用于为光束法提供初始值和低精度的坐标加密。

本章主要介绍航带法解析空中三角测量和光束法解析空中三角测量的基本理论和方法。前者是空中三角测量的理论基础，后者是当前普遍采用的高精度空中三角测量的加密方法。

第二节　航带法单航带解析空中三角测量

航带法单航带解析空中三角测量是航带法区域网平差的基础，而航带法区域网平差的成果则为光束法区域网平差提供理想的近似值。航带法单航带解析空中三角测量是利用连续法相对定向建立的各立体模型内在的几何关系，建立自由航带网模型，然后根据控制点条件，按最小二乘法原理进行平差，计算航带模型的非线性变形改正系数，最后求得各加密点的地面坐标。

一、航带法单航带解析空中三角测量主要解算过程

航带法单航带解析空中三角测量主要解算过程如下：

(1)像点坐标与系统误差改正，得到像控点和加密点的以像主点为原点的像平面坐标(x,y)。

(2)连续像对法相对定向建立各立体模型，得到像控点和加密点在各自像对的像空间辅助坐标系中的模型坐标。

(3)各立体模型利用模型之间的公共点进行连接，建立起统一的航带模型，得到像控点和加密点在航带模型中的模型坐标。

(4)航带网模型的绝对定向。根据控制点的地面摄影测量坐标，将整个航带模型进行空间相似变换，完成航带网模型的绝对定向，使整条航带网的摄影测量坐标纳入地面摄影测量坐标系中，计算得到加密点的地面摄影测量坐标概值。

(5)航带网模型的非线性变形改正。对航带网模型建立过程中因残余的系统误差和偶然误差所产生的航带网模型的非线性变形，用一定的数学模型加以改正，得到经非线性变形改正后的加密点的地面摄影测量坐标。

(6)将加密点的地面摄影测量坐标变换为地面测量坐标。

二、连续像对法相对定向建立立体模型

以航带第一张像片的像空间坐标系作为航带统一的像空间辅助坐标系，其他各像片的像空间辅助坐标系都与此平行，如图 6-1 所示。像对自左向右编号，第一个像对的左片在像空间辅助坐标系中的角方位元素为$\varphi_1=\omega_1=\kappa_1=0$，经过相对定向后，计算得到右片的角方位元素$\varphi_2$、$\omega_2$、$\kappa_2$，这三个角度对第二个像对(由航带第二、第三张像片构成)而言，为左片的角方位元素，并成为已知值。

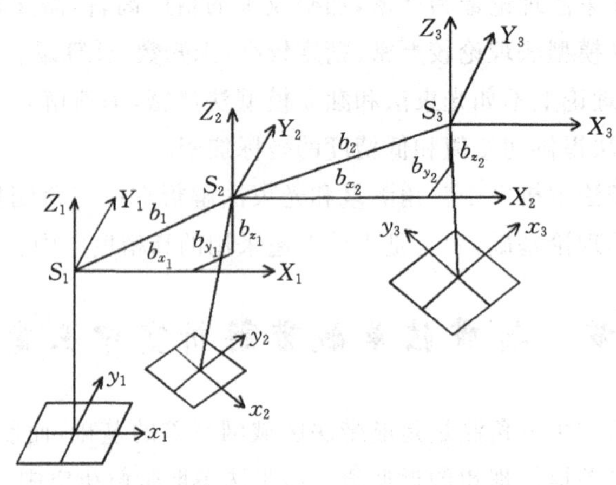

图 6-1　连续像对法相对定向

当第二个像对进行相对定向时，只计算右片的角方位元素，而左片的角方位元素保持不变。依次类推，完成各像对的相对定向，计算出各模型点在各自像对的像空间辅助坐标系中的坐标。这些模型点包括像控点和加密点。

相对定向和模型点坐标计算公式同双像解析摄影测量，即

$$v_Q = b_x\mathrm{d}\mu - \frac{Y_2}{Z_2}b_x\mathrm{d}v - \frac{X_2Y_2}{Z_2}N_2\mathrm{d}\varphi - (Z_2 + \frac{{Y_2}^2}{Z_X})N_2\mathrm{d}\omega + X_2N_2\mathrm{d}\kappa - Q \tag{6-1}$$

$$Q = N_1Y_1 - N_2Y_2 - b_Y$$

其中

$$\begin{bmatrix} X_1 \\ Y_1 \\ Z_1 \end{bmatrix} = \boldsymbol{R}_1 \begin{bmatrix} x_1 \\ y_1 \\ -f \end{bmatrix} \qquad \begin{bmatrix} X_2 \\ Y_2 \\ Z_2 \end{bmatrix} = \boldsymbol{R}_2 \begin{bmatrix} x_2 \\ y_2 \\ -f \end{bmatrix}$$

$$N_1 = \frac{b_x Z_2 - b_z X_2}{X_1 Z_2 - X_2 Z_1}$$

$$N_2 = \frac{b_x Z_1 - b_z X_1}{X_1 Z_2 - X_2 Z_1}$$

各模型点坐标为

$$\begin{cases} X = N_1 X_1 \\ Y = \dfrac{1}{2}(N_1 Y_1 + N_2 Y_2 + b_Y) \\ Z = N_1 Z_1 \end{cases} \tag{6-2}$$

以上模型坐标都是在以各自像对的左摄站点为原点的像空间辅助坐标系中的坐标。

三、模型连接和自由航带网的建立

(一)模型连接

相对定向完成后,各像对的像空间辅助坐标系的坐标轴相互平行,但坐标原点不一致。同时,由于各模型的基线分量 b_X 是各自独立选取的,造成各模型的比例尺大小不一致。若要将航带内所有模型连接成航带网,必须将各像对的模型进行比例尺归化,这一过程称为模型连接。

模型连接时,通常取第一个模型的比例尺作为整条航带模型的比例尺,以相邻模型公共点高程相等为条件,计算后一模型的比例尺归化系数 k,将归化系数 k 乘以后一模型坐标,即可将后一模型归化为前一模型相同的比例尺,这样就统一了模型的比例尺。

在相对定向时,通常用标准点位进行定向,如图 6-2 所示,图中①、②代表模型编号,1、2、3、4、5、6 代表标准定向点序号。由于航摄像片具有三度重叠,使得相邻模型间也具有一定的重叠,第①模型的 2、4、6 点就是第二模型的 1、3、5 点,它们是两个模型的公共连接点。

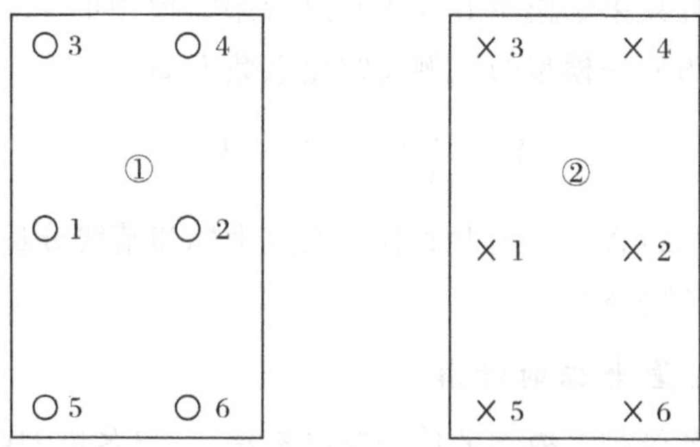

图 6-2　模型连接点

以第①模型的 2 点为例求比例尺归化系数,如图 6-3 所示。当第①、②模型完成相对定向后,根据前方交会公式(5-22)可知

$$(N_1Z_1)_{模型1} = (N_2Z_2)_{模型1} + b_{z_1}$$

如果两个模型的比例尺一致，则第①模型以右摄站为原点的坐标应等于第②模型以左摄站为原点的坐标，即

$$(N_2Z_2)_{模型1} = (N_1Z_1)_{模型2}$$

结合以上两式有

$$(N_1Z_1)_{模型2} = (N_2Z_2)_{模型1} - b_{z_1}$$

此时，第①模型的 2 点与第②模型的 1 点重合。

但当两个模型的比例尺不等时，第①模型的 2 点与第②模型的 1 点就不重合，就有

$$(N_1Z_1)_{模型2} \neq (N_2Z_2)_{模型1} - b_{z_1}$$

为了归化比例尺，将模型②乘以比例尺归化系数 k，使等式成立，即

$$k(N_1Z_1)_{模型2} = (N_2Z_2)_{模型1} - b_{z_1}$$

因此，有

$$k = \frac{(N_2Z_2)_{模型1} - b_{z_1}}{(N_1Z_1)_{模型2}} \tag{6-3}$$

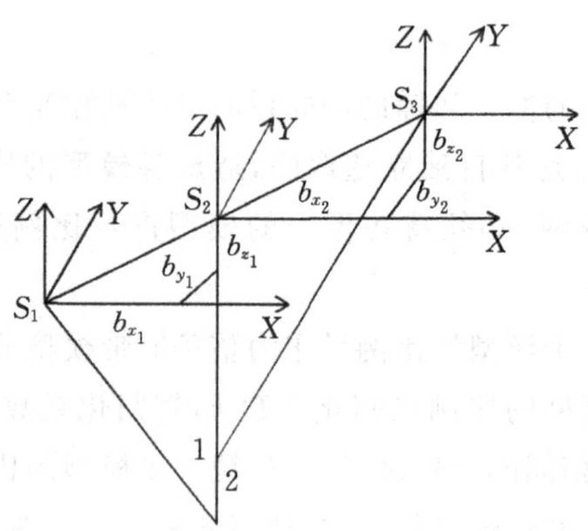

图 6-3　模型连接

为了提高精度，通常计算第①模型的 2、4、6 点与第②模型的 1、3、5 点共 3 个比例尺归化系数，取它们的平均值作为后一模型的比例尺归化系数 k，即

$$k = \frac{1}{3}(k_1 + k_2 + k_3) \tag{6-4}$$

求得比例尺归化系数后，将后一模型的各模型点坐标和基线分量都乘以该系数，就得到与前一模型比例尺相同的模型坐标。

（二）模型点摄影测量坐标的计算

完成模型连接后，整条航带各模型的比例尺已经统一，但各模型的坐标原点仍在各自像对的左摄站上，尚未统一。为了将各个模型上模型点坐标变换为统一的摄影测量坐标系中的坐标，需作坐标原点的平移。同时，应将坐标放大 m 倍，使之接近实地大小。

摄影测量坐标系（$P\text{-}X_PY_PZ_P$）以航线第一张像片主光轴与地面的交点 P 为原点，坐标轴

与像空间辅助坐标系对应轴系相互平行，如图 6－4 所示。航线第一张像片左摄站S_1在摄影测量坐标系中的坐标为

$$\begin{cases} X_{PS_1} = 0 \\ Y_{PS_1} = 0 \\ Z_{PS_1} = mf \end{cases} \tag{6-5}$$

第一个模型右摄站S_2，即后一模型左摄站的摄影测量坐标为

$$\begin{cases} X_{PS_2} = X_{PS_1} + m \cdot b_{x_1} = B_X \\ Y_{PS_2} = Y_{PS_1} + m \cdot b_{y_1} = B_Y \\ Z_{PS_2} = Z_{PS_1} + m \cdot b_{z_1} = B_Z + mf \end{cases} \tag{6-6}$$

第一个模型任一模型点的摄影测量坐标为

$$\begin{cases} X_p = m \cdot N_1 X_1 \\ Y_p = \frac{1}{2}(m \cdot N_1 Y_1 + m \cdot N_2 Y_2 + m \cdot b_y) \\ Z_p = mf + m \cdot N_1 Z_1 \end{cases} \tag{6-7}$$

第 j 个模型右摄站的摄影测量坐标为

$$\begin{cases} X_{pS_{j+1}} = X_{pS_j} + k_j m b_{x_j} \\ Y_{pS_{j+1}} = Y_{pS_j} + k_j m b_{y_j} \\ Z_{pS_{j+1}} = Z_{pS_j} + k_j m b_{z_j} \end{cases} \tag{6-8}$$

式中，j 为模型编号（$j=2,3,4,\cdots,n$）；X_{pS_j}，Y_{pS_j}，Z_{pS_j} 为第 j 个模型左摄站的坐标；k_j为第 j 个模型的比例尺归化系数；b_{x_j}，b_{y_j}，b_{z_j} 为第 j 个模型的基线分量。

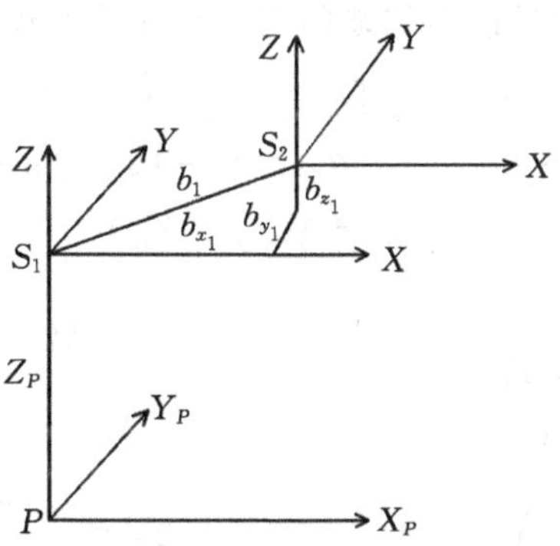

图 6－4　摄站在摄影测量坐标系中的坐标

第 j 个模型各模型点的摄影测量坐标为

$$\begin{cases} X_p = X_{pS_j} + k_j m \cdot N_{1j} X_{1j} \\ Y_p = \frac{1}{2}(Y_{pS_j} + k_j m \cdot N_{1j} Y_{1j} + Y_{pS_{j+1}} + k_j m \cdot N_{2j} Y_{2j}) \\ Z_p = Z_{pS_j} + k_j m \cdot N_{1j} Z_{1j} \end{cases} \tag{6-9}$$

式中，$N_{1j}X_{1j}$ 为第 j 个模型以左摄站为原点的像空间辅助坐标系中的模型点坐标；$N_{2j}X_{2j}$ 为第 j 个模型以右摄站为原点的像空间辅助坐标系中的模型点坐标。

四、航带模型的绝对定向

航带模型绝对定向的目的是将摄影测量坐标系中的航带模型坐标转换到地面摄影测量坐标系中，得到像控点和加密点的地面摄影测量坐标。绝对定向的方法与单模型相同，具体过程如下。

（一）控制点的地面摄影测量坐标的计算

在航带网的两端，分别选定 1 和 2 两个控制点，根据这两点的地面测量坐标和摄影测量坐标，将测区内所有地面控制点的地面测量坐标和对应的摄影测量坐标都换算为以 1 点为原点的坐标。同时，将自由航带网内所有加密点的摄影测量坐标也换算为以 1 点为原点的坐标。

设 1、2 两点的地面测量坐标差为 ΔX_t、ΔY_t，对应的摄影测量坐标差为 ΔX_P、ΔY_P，如图 6－5所示。参考式(3－2)，并考虑到地面测量坐标系为左手系，则有

$$\begin{bmatrix}\Delta X_P\\ \Delta Y_P\end{bmatrix}=\lambda\begin{bmatrix}\sin\theta & \cos\theta\\ \cos\theta & -\sin\theta\end{bmatrix}\begin{bmatrix}\Delta X_t\\ \Delta Y_t\end{bmatrix}=\begin{bmatrix}b & a\\ a & -b\end{bmatrix}\begin{bmatrix}\Delta X_t\\ \Delta Y_t\end{bmatrix} \tag{6-10}$$

式中，λ 为比例尺缩放系数；θ 为对应坐标轴之间的夹角；$a=\lambda\cos\theta$，$b=\lambda\sin\theta$，$\lambda=\sqrt{a^2+b^2}$。由式(6－10)解得

$$\begin{cases}a=\dfrac{\Delta X_P\Delta Y_t+\Delta Y_P\Delta X_t}{\Delta X_t^2+\Delta Y_t^2}\\ b=\dfrac{\Delta X_P\Delta X_t-\Delta Y_P\Delta Y_t}{\Delta X_t^2+\Delta Y_t^2}\end{cases} \tag{6-11}$$

求得 a、b、λ 后，将所用地面控制点的地面测量坐标按下式变换为地面摄影测量坐标

$$\begin{bmatrix}X_{tP}\\ Y_{tP}\end{bmatrix}_i=\begin{bmatrix}b & a\\ a & -b\end{bmatrix}\begin{bmatrix}X_{ti}-X_{t1}\\ Y_{ti}-Y_{t1}\end{bmatrix} \tag{6-12}$$

$$Z_{tpi}=\lambda(Z_{ti}-Z_{t1})$$

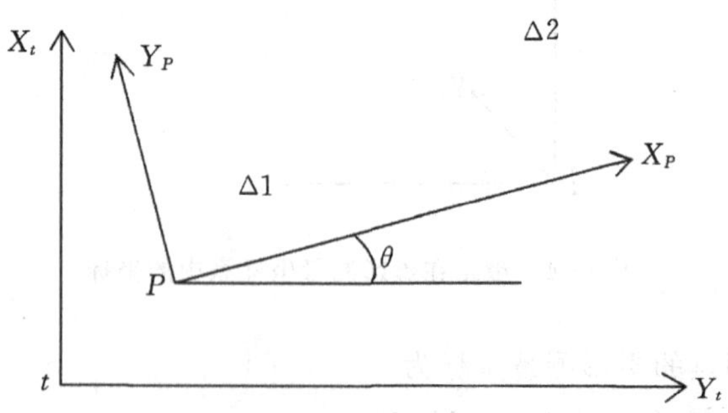

图 6－5　地面测量坐标系与摄影测量坐标系

(二)坐标重心化

将以 1 点为原点的地面摄影测量坐标与摄影测量坐标作重心化处理。

地面摄影测量坐标重心为

$$X_{tPg} = \frac{\sum X_{tP}}{n}, Y_{tPg} = \frac{\sum Y_{tP}}{n}, Z_{tPg} = \frac{\sum Z_{tP}}{n} \tag{6-13}$$

摄影测量坐标重心为

$$X_{Pg} = \frac{\sum X_P}{n}, Y_{Pg} = \frac{\sum Y_P}{n}, Z_{Pg} = \frac{\sum Z_P}{n} \tag{6-14}$$

重心化的地面摄影测量坐标为

$$\begin{cases} \bar{X}_{tP} = X_{tP} - X_{tPg} \\ \bar{Y}_{tP} = Y_{tP} - Y_{tPg} \\ \bar{Z}_{tP} = Z_{tP} - Z_{tPg} \end{cases} \tag{6-15}$$

重心化的摄影测量坐标为

$$\begin{cases} \bar{X}_P = X_P - X_{Pg} \\ \bar{Y}_P = Y_P - Y_{Pg} \\ \bar{Z}_P = Z_P - Z_{Pg} \end{cases} \tag{6-16}$$

与单模型绝对定向一样，计算重心坐标时，地面控制点与模型的个数和点号需对应相同。

(三)航带模型的概略定向

类似于单模型的绝对定向，把航带模型作为一个整体，作空间相似变换，计算模型点的地面摄影测量坐标概值。其公式同单模型绝对定向，即

$$\begin{bmatrix} \bar{X}_{tP} \\ \bar{Y}_{tP} \\ \bar{Z}_{tP} \end{bmatrix} = \lambda \boldsymbol{R} \begin{bmatrix} \bar{X}_P \\ \bar{Y}_P \\ \bar{Z}_P \end{bmatrix} + \begin{bmatrix} \Delta X \\ \Delta Y \\ \Delta Z \end{bmatrix} \tag{6-17}$$

相应的误差方程为

$$-\begin{bmatrix} V_X \\ V_Y \\ V_Z \end{bmatrix} = \begin{bmatrix} 1 & 0 & 0 & \bar{X}_P & -\bar{Z}_P & 0 & \bar{Y}_P \\ 0 & 1 & 0 & \bar{Y}_P & 0 & -\bar{Z}_P & \bar{X}_P \\ 0 & 0 & 1 & \bar{Z}_P & \bar{X}_P & \bar{Y}_P & 0 \end{bmatrix} \begin{bmatrix} \mathrm{d}\Delta X \\ \mathrm{d}\Delta Y \\ \mathrm{d}\Delta Z \\ \mathrm{d}\lambda \\ \mathrm{d}\varphi \\ \mathrm{d}\Omega \\ \mathrm{d}K \end{bmatrix} - \begin{bmatrix} l_X \\ l_Y \\ l_Z \end{bmatrix} \tag{6-18}$$

其中

$$
\begin{bmatrix} l_X \\ l_Y \\ l_Z \end{bmatrix} = \begin{bmatrix} \bar{X}_{tP} \\ \bar{Y}_{tP} \\ \bar{Z}_{tP} \end{bmatrix} - \lambda_0 \boldsymbol{R}_0 \begin{bmatrix} \bar{X}_P \\ \bar{Y}_P \\ \bar{Z}_P \end{bmatrix} - \begin{bmatrix} \Delta X_0 \\ \Delta Y_0 \\ \Delta Z_0 \end{bmatrix}
$$

由于航带模型经过绝对定向后，还要作非线性变形改正，所以，绝对定向无须反复迭代，只作一次趋近，称为概略绝对定向。经过绝对定向后，计算得到模型点的地面摄影测量坐标概值。

五、航带模型的非线性变形改正

航带网在构建过程中，由于在量测像点坐标时存在偶然误差，以及像点坐标存在各种残余的系统误差，这两类不同性质的误差会独立或非独立地累积，致使航带网产生非线性的变形。这种变形相当复杂，很难用简单的数学模型精确描述。通常采用一个多项式曲面来代替复杂的变形曲面，要求曲面经过航带模型已知控制点时，所求得的坐标变形值与实际变形值的差值的平方和为最小，此曲面即为航带网的非线性变形曲面。

常用的多项式曲面有两种类型：一种是对 X、Y、Z 分别采用一般多项式作非线性变形改正；另一种是平面 X、Y 坐标采用正形变换多项式，高程仍采用一般多项式作非线性变形改正。下面讲述一般多项式非线性变形改正方法。

三次多项式非线性变形改正公式为

$$
\begin{cases} S_X = a_0 + a_1 \bar{X} + a_2 \bar{Y} + a_3 \bar{X}^2 + a_4 \bar{X}\bar{Y} + a_5 \bar{X}^3 + a_6 \bar{X}^2 \bar{Y} \\ S_Y = b_0 + b_1 \bar{X} + b_2 \bar{Y} + b_3 \bar{X}^2 + b_4 \bar{X}\bar{Y} + b_5 \bar{X}^3 + b_6 \bar{X}^2 \bar{Y} \\ S_Z = c_0 + c_1 \bar{X} + c_2 \bar{Y} + c_3 \bar{X}^2 + c_4 \bar{X}\bar{Y} + c_5 \bar{X}^3 + c_6 \bar{X}^2 \bar{Y} \end{cases} \tag{6-19}
$$

上式为三次多项式公式，如把后两项去除，即为二次多项式公式。式中，S_X、S_Y、S_Z 为航带模型经过概略绝对定向后模型点的非线性变形改正值；$\bar{X}$、$\bar{Y}$、$\bar{Z}$ 为航带模型经概略绝对定向后模型点的重心化概略坐标；a_i、b_i、c_i 为非线性变形改正多项式的系数。

任一模型点的重心化概略坐标经非线性变形改正后应等于重心化地面摄影测量坐标，即

$$
\begin{cases} \bar{X}_{tP} = \bar{X} + S_X \\ \bar{Y}_{tP} = \bar{Y} + S_Y \\ \bar{Z}_{tP} = \bar{Z} + S_Z \end{cases} \tag{6-20}
$$

结合式(6-19)，有

$$
\begin{cases} \bar{X}_{tP} = \bar{X} + a_0 + a_1 \bar{X} + a_2 \bar{Y} + a_3 \bar{X}^2 + a_4 \bar{X}\bar{Y} + a_5 \bar{X}^3 + a_6 \bar{X}^2 \bar{Y} \\ \bar{Y}_{tP} = \bar{Y} + b_0 + b_1 \bar{X} + b_2 \bar{Y} + b_3 \bar{X}^2 + b_4 \bar{X}\bar{Y} + b_5 \bar{X}^3 + b_6 \bar{X}^2 \bar{Y} \\ \bar{Z}_{tP} = \bar{Z} + c_0 + c_1 \bar{X} + c_2 \bar{Y} + c_3 \bar{X}^2 + c_4 \bar{X}\bar{Y} + c_5 \bar{X}^3 + c_6 \bar{X}^2 \bar{Y} \end{cases} \tag{6-21}
$$

从式(6－21)可以看出，对于三次多项式，共有21个参数，至少需要7个控制点；若用二次多项式，共有15个参数，至少需要5个控制点。实际上，不管用哪种多项式，都要有多余的控制点，才能用最小二乘法解求多项式参数。列立误差方程式时，将重心化概略坐标$\bar{X}$、$\bar{Y}$、$\bar{Z}$作为观测值。由于式(6－21)中X、Y、Z三式中的参数相互独立，故可以分别解求。现以X坐标和二次多项式为例，列出误差方程式，得

$$-v_X = a_0 + a_1\bar{X} + a_2\bar{Y} + a_3\bar{X}^2 + a_4\bar{X}\bar{Y} - l_X \tag{6-22}$$

其中，$v_X = (\bar{X}_{tP} - \bar{X})$。

如果航带有n个控制点，则误差方程式的矩阵形式为

$$-\begin{bmatrix} v_{X_1} \\ v_{X_2} \\ \vdots \\ v_{X_n} \end{bmatrix} = \begin{bmatrix} 1 & \bar{X}_1 & \bar{Y}_1 & \bar{X}_1^2 & \bar{X}_1 & \bar{Y}_1 \\ 1 & \bar{X}_2 & \bar{Y}_2 & \bar{X}_2^2 & \bar{X}_2 & \bar{Y}_2 \\ \vdots & \vdots & \vdots & \vdots & \vdots & \vdots \\ 1 & \bar{X}_n & \bar{Y}_n & \bar{X}_n^2 & \bar{X}_n & \bar{Y}_n \end{bmatrix} \begin{bmatrix} a_0 \\ a_1 \\ a_2 \\ a_3 \\ a_4 \end{bmatrix} - \begin{bmatrix} l_{X_1} \\ l_{X_2} \\ \vdots \\ l_{X_n} \end{bmatrix} \tag{6-23}$$

写成一般形式为

$$\boldsymbol{V} = \boldsymbol{BX} - \boldsymbol{L}$$

当等权观测时，对应的法方程为

$$\boldsymbol{B}^{\mathrm{T}}\boldsymbol{BX} - \boldsymbol{B}^{\mathrm{T}}\boldsymbol{L} = 0$$

求解法方程，得到非线性变形改正系数a_0、a_1、a_2、a_3、a_4，同理可得b_i、c_i。

六、计算各加密点的地面坐标

求得非线性变形改正系数a_i、b_i、c_i后，可用式(6－21)计算得到加密点的重心化地面摄影测量坐标，再加上地面摄影测量坐标重心，即可得到以航带网控制点1为原点的地面摄影测量坐标，即

$$\begin{cases} \bar{X}_{tP} = X_{tPg} + \bar{X} + a_0 + a_1\bar{X} + a_2\bar{Y} + a_3\bar{X}^2 + a_4\bar{X}\bar{Y} + a_5\bar{X}^3 + a_6\bar{X}^2\bar{Y} \\ \bar{Y}_{tP} = Y_{tPg} + \bar{Y} + b_0 + b_1\bar{X} + b_2\bar{Y} + b_3\bar{X}^2 + b_4\bar{X}\bar{Y} + b_5\bar{X}^3 + b_6\bar{X}^2\bar{Y} \\ \bar{Z}_{tP} = Z_{tPg} + \bar{Z} + c_0 + c_1\bar{X} + c_2\bar{Y} + c_3\bar{X}^2 + c_4\bar{X}\bar{Y} + c_5\bar{X}^3 + c_6\bar{X}^2\bar{Y} \end{cases} \tag{6-24}$$

最后，参照式(6－10)，将地面摄影测量坐标进行坐标逆变换，得到加密点的地面测量坐标，即

$$\begin{bmatrix} X_t \\ Y_t \\ Z_t \end{bmatrix} = \frac{1}{\lambda^2}\begin{bmatrix} b & a & 0 \\ a & -b & 0 \\ 0 & 0 & \lambda \end{bmatrix}\begin{bmatrix} X_{tP} \\ Y_{tP} \\ Z_{tP} \end{bmatrix} + \begin{bmatrix} X_{t1} \\ Y_{t1} \\ Z_{t1} \end{bmatrix} \tag{6-25}$$

第三节　航带法区域网空中三角测量

航带法单航带空中三角测量是以一条航带作为独立的解算单元，求出待定点的地面测量坐标。航带法区域网空中三角测量（或称为区域网平差），是以单航带空中三角测量为基础，以航带作为整体解算的一个区域，同时求出整个区域网内全部待定点的地面测量坐标。这种方法可使整个测区内加密点的精度一致，航带与航带之间不需要人工接边，既能减少野外实测地面控制点数量，又提高了作业效率。

航带法区域网平差的基本思想是：先按单航带加密方法，每条航带构成自由航带网；其次，以本航带的控制点及上一条航带的公共点为依据，进行概略定向，将整个区域内各航带都纳入统一的摄影测量坐标系中；最后，利用已知控制点的内业加密坐标应与外业实测坐标相等、相邻航带间公共连接点上的加密坐标应相等为平差条件，在全区域范围内把航带网模型坐标视为观测值，用最小二乘法整体解算各航带网的非线性变形改正系数，从而计算出各加密点的地面坐标。

一、区域网的概算

区域网概算的目的是将全区域中各航带网纳入比例尺统一的坐标系统中，并确定每一航带网在区域中的概略位置，拼成一个松散的区域网。

1. 建立自由比例尺的单航带网

同单航带法完全一样，各条航带分别用连续法相对定向建立单个几何模型，然后进行模型连接，建立全区域各航带的自由航带网。

2. 航带网绝对定向拼成区域网

为了将区域中相互独立的各条自由航带网纳入统一的坐标系统中，需要将各航带逐条进行概略绝对定向，统一比例尺和坐标系，构成整体松散的区域网。

绝对定向前，根据区域两端的两个控制点，如图 6－6 中的 A、F 两点，先将全区域所有已知控制点的地面测量坐标变换为以第一个控制点 A 为原点的地面摄影测量坐标。绝对定向时，对第一条航带，利用本航带内的已知外业控制点做航带网概略绝对定向，求出第一条航带中各模型点在地面摄影测量坐标系中的坐标概值；对第二条及以后各条航带，利用本航带内已知控制点和前一航带与本航带的公共连接点作为已知控制点，做概略绝对定向。绝对定向后，各公共连接点坐标都不取平均，保持各航带网的相对独立性。这样，全区域各航带网完成概略绝对定向后，就构成了松散的区域网。

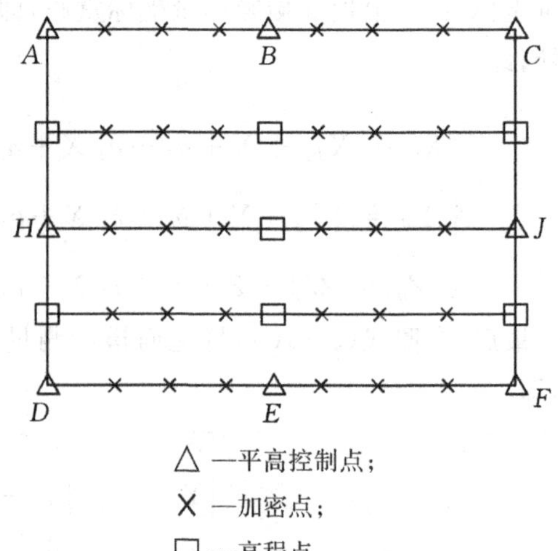

图 6－6　航带法区域网加密

二、区域网整体平差

全区域各航带网完成概略绝对定向后，各航带的模型点坐标都被纳入统一的地面摄影测量坐标系中，得到模型点的地面摄影测量坐标概值。区域网整体平差的目的是求解全区域各航带的非线性变形改正系数，将地面摄影测量坐标概值做非线性变形改正。区域网的整体平差条件有两类，即控制点内、外业坐标应相等，相邻航带公共连接点坐标应相等。

(一)各航带重心和重心化坐标的计算

整体平差前，同样要做坐标重心化处理，各航带建立相对独立的重心，分别计算各航带的重心化坐标。为了计算方便，各航带网重心坐标用下式计算。

模型点重心坐标(概略坐标)为

$$\begin{cases} X_{gj} = \frac{1}{2}(X_A + X_F) \\ Y_{gj} = Y_A - \frac{1}{2}(2j-1)\left(\frac{Y_A - Y_F}{N}\right) \\ Z_{gj} = \frac{1}{2}(Z_A + Z_F) \end{cases} \tag{6-26}$$

控制点地面摄影测量坐标重心为

$$\begin{cases} X_{tPgj} = \frac{1}{2}(X_{tPA} + X_{tPF}) \\ Y_{tPgj} = Y_{tPA} - \frac{1}{2}(2j-1)\left(\frac{Y_{tPA} - Y_{tPF}}{N}\right) \\ Z_{tPgj} = \frac{1}{2}(Z_{tPA} + Z_{tPF}) \end{cases} \tag{6-27}$$

式中，j 为航带编号；N 为全区域航带数。

算得各航带的重心坐标后，按重心化坐标的方法计算重心化坐标。

(二)误差方程式的建立

若用二次多项式进行各航带的非线性变形改正，则

$$\begin{cases} S_X = a_0 + a_1\bar{X} + a_2\bar{Y} + a_3\bar{X}^2 + a_4\bar{X}\bar{Y} \\ S_Y = b_0 + b_1\bar{X} + b_2\bar{Y} + b_3\bar{X}^2 + b_4\bar{X}\bar{Y} \\ S_Z = c_0 + c_1\bar{X} + c_2\bar{Y} + c_3\bar{X}^2 + c_4\bar{X}\bar{Y} \end{cases}$$

式中，$\bar{X}$、$\bar{Y}$为航带任一点的重心化坐标概值；a_i、b_i、c_i为本航带的非线性变形改正的 15 个待定系数。

针对两类平差条件，可列出两类不同形式的误差方程式。对控制点，按二次不完整多项式，以 X 坐标为例，根据非线性变形改正后内、外业坐标应相等的条件，可得

$$\bar{X}_{tP} = \bar{X} + S_X$$

将坐标概值$\bar{X}$作为观测值，可列出误差方程式，即

$$-v_c = a_0 + a_1 \bar{X} + a_2 \bar{Y} + a_3 \bar{X}^2 + a_4 \bar{X}\bar{Y} - (\bar{X}_{tP} - \bar{X}) \tag{6-28}$$

式中，下标 c 表示控制点。写成矩阵形式为

$$-\boldsymbol{V}_{jc} = \boldsymbol{B}_{jc}\boldsymbol{X}_j - \boldsymbol{L}_{jc} \tag{6-29}$$

式中，j 为航带编号；$\boldsymbol{X}_j$ 为待定的第 j 航带非线性变形改正参数；$\boldsymbol{B}_{jc}$ 为第 j 条航带非线性变形改正矩阵。其中

$$\boldsymbol{B}_{jc} = \begin{bmatrix} 1 & \bar{X} & \bar{Y} & \bar{X}^2 & \bar{X}\bar{Y} \end{bmatrix}$$

$$\boldsymbol{X}_j = \begin{bmatrix} a_{0j} & a_{1j} & a_{2j} & a_{3j} & a_{4j} \end{bmatrix}^{\mathrm{T}}$$

$$\boldsymbol{L}_{jc} = \bar{X}_{tP} - \bar{X}$$

以图 6-6 为例，第一条航带有 3 个控制点，可列出 3 个误差方程式，其矩阵形式为

$$-\boldsymbol{V}_{1c} = \boldsymbol{B}_{1c}\bar{\boldsymbol{X}}_{1c} - \boldsymbol{L}_{1c}$$

对于两条航带之间的公共连接点，各自经非线性变形改正后，它们的坐标应相等。对某一公共点有

$$\begin{gathered} \bar{X}_j + X_{gj} + v_{Xj} + S_{Xj} = \bar{X}_{j+1} + X_{gj+1} + v_{Xj+1} + S_{Xj+1} \\ -(v_j - v_{j+1}) = a_{0j} + a_{1j}\bar{X}_j + a_{2j}\bar{Y}_j + a_{3j}\bar{X}_j^2 + a_{4j}\bar{X}_j\bar{Y}_j - \\ (a_{0j+1} + a_{1j+1}\bar{X}_{j+1} + a_{2j+1}\bar{Y}_{j+1} + a_{3j+1}\bar{X}_{j+1}^2 + a_{4j+1}\bar{X}_{j+1}\bar{Y}_{j+1}) - \\ (\bar{X}_{j+1} + X_{gj+1}) + (\bar{X}_j + X_{gj}) \end{gathered} \tag{6-30}$$

写成矩阵形式为

$$-\boldsymbol{V}_{j,j+1} = \begin{bmatrix} B_{j\text{下}} & -B_{j+1\text{上}} \end{bmatrix} \begin{bmatrix} X_j \\ X_{j+1} \end{bmatrix} - \boldsymbol{L}_{j,j+1} \tag{6-31}$$

式中，$B_{j\text{下}}$ 为第 j 条航带下排点的误差方程式系数；$B_{j+1\text{上}}$ 为第 $j+1$ 条航带上排点的误差方程式系数。图 6-6 中，航线 1 和航线 2 之间有 9 个连接点，可列 9 个误差方程式，其矩阵形式为

$$-\boldsymbol{V}_{1,2} = \begin{bmatrix} B_{1\text{下}} & -B_{2\text{上}} \end{bmatrix} \begin{bmatrix} X_1 \\ X_2 \end{bmatrix} - \boldsymbol{L}_{1,2}$$

根据图 6-6 的布点方案，可列出整个区域的误差方程式，即

$$-\begin{bmatrix} V_{1c} \\ V_{12} \\ V_{2c} \\ V_{23} \\ V_{3c} \\ V_{34} \\ V_{4c} \end{bmatrix} = \begin{bmatrix} B_{1c} & & & \\ B_{1\text{下}} & B_{2\text{上}} & & \\ & B_{2c} & & \\ & B_{2\text{下}} & B_{3\text{上}} & \\ & & B_{3c} & \\ & & B_{3\text{下}} & B_{4\text{上}} \\ & & & B_{4c} \end{bmatrix} \begin{bmatrix} X_1 \\ X_2 \\ X_3 \\ X_4 \end{bmatrix} - \begin{bmatrix} L_{1c} \\ L_{12} \\ L_{2c} \\ L_{23} \\ L_{3c} \\ L_{34} \\ L_{4c} \end{bmatrix} \tag{6-32}$$

对于控制点和公共连接点，应取不同的权。如控制点的权取 1，则公共连接点的权取 1/2。相应的权阵为

$$
\boldsymbol{P}=\begin{array}{c} \\ 3 \\ 9 \\ 2 \\ 7 \\ 2 \\ 9 \\ 3 \end{array}\begin{array}{c} \begin{array}{ccccccc} 3 & 9 & 2 & 7 & 2 & 9 & 3 \end{array} \\ \begin{bmatrix} 1 & 0 & 0 & 0 & 0 & 0 & 0 \\ 0 & \frac{1}{2} & 0 & 0 & 0 & 0 & 0 \\ 0 & 0 & 1 & 0 & 0 & 0 & 0 \\ 0 & 0 & 0 & \frac{1}{2} & 0 & 0 & 0 \\ 0 & 0 & 0 & 0 & 1 & 0 & 0 \\ 0 & 0 & 0 & 0 & 0 & \frac{1}{2} & 0 \\ 0 & 0 & 0 & 0 & 0 & 0 & 1 \end{bmatrix} \end{array} \tag{6-33}
$$

式中,矩阵中的每一个数字代表一个矩阵块,左边和上边的数字代表对应矩阵块的行列数。

(三)法方程的建立及其特点

由误差方程式可得到相应的法方程式,即

$$
\boldsymbol{B}^{\mathrm{T}}\boldsymbol{PBX}-\boldsymbol{B}^{\mathrm{T}}\boldsymbol{PL}=0
$$

法方程的系数矩阵为 4×4 的矩阵块,每块为 5×5 的方阵,即

$$
\boldsymbol{B}^{\mathrm{T}}\boldsymbol{PB}=\begin{bmatrix} \boldsymbol{B}_{1c}^{\mathrm{T}}\boldsymbol{B}_{1c}+\frac{1}{2}\boldsymbol{B}_{1下}^{\mathrm{T}}\boldsymbol{B}_{1下} & -\frac{1}{2}\boldsymbol{B}_{1下}^{\mathrm{T}}\boldsymbol{B}_{2上} & 0 & 0 \\ -\frac{1}{2}\boldsymbol{B}_{2上}^{\mathrm{T}}\boldsymbol{B}_{1下} & \boldsymbol{B}_{2c}^{\mathrm{T}}\boldsymbol{B}_{2c}+\frac{1}{2}\boldsymbol{B}_{2上}^{\mathrm{T}}\boldsymbol{B}_{2上}+\frac{1}{2}\boldsymbol{B}_{2下}^{\mathrm{T}}\boldsymbol{B}_{2下} & -\frac{1}{2}\boldsymbol{B}_{2下}^{\mathrm{T}}\boldsymbol{B}_{3上} & 0 \\ 0 & -\frac{1}{2}\boldsymbol{B}_{3上}^{\mathrm{T}}\boldsymbol{B}_{2下} & \boldsymbol{B}_{3c}^{\mathrm{T}}\boldsymbol{B}_{3c}+\frac{1}{2}\boldsymbol{B}_{3上}^{\mathrm{T}}\boldsymbol{B}_{3上}+\frac{1}{2}\boldsymbol{B}_{3下}^{\mathrm{T}}\boldsymbol{B}_{3下} & -\frac{1}{2}\boldsymbol{B}_{3下}^{\mathrm{T}}\boldsymbol{B}_{4上} \\ 0 & 0 & -\frac{1}{2}\boldsymbol{B}_{4上}^{\mathrm{T}}\boldsymbol{B}_{3下} & \boldsymbol{B}_{4c}^{\mathrm{T}}\boldsymbol{B}_{4c}+\frac{1}{2}\boldsymbol{B}_{4上}^{\mathrm{T}}\boldsymbol{B}_{4上} \end{bmatrix}
$$

从上式可以看出,系数矩阵有如下结构特点:

(1)主对角线上的各矩阵块为相应各航带自身法化之和,即为本航带内控制点、上排公共连接点和下排公共连接点各自系数矩阵转置与自身系数矩阵乘积的总和。其中,控制点的权为 1,上排和下排公共连接点的权均取$\frac{1}{2}$。

(2)主对角线以外的各矩阵块为相邻上、下航带相互法化的内容,即为相邻航带的公共连接点,按所属航带的系数矩阵转置乘以相邻航带系数矩阵的和,乘以$-\frac{1}{2}$。法方程式常数项是一个 1 列 4 块的列矩阵,每一子块为 5×1 的子列矩阵,即

$$
\boldsymbol{B}^{\mathrm{T}}\boldsymbol{PL}=\begin{bmatrix} \boldsymbol{B}_{1c}^{\mathrm{T}}\boldsymbol{L}_{1c}+\frac{1}{2}\boldsymbol{B}_{1下}^{\mathrm{T}}\boldsymbol{L}_{1,2} \\ \boldsymbol{B}_{2c}^{\mathrm{T}}\boldsymbol{L}_{2c}-\frac{1}{2}\boldsymbol{B}_{2上}^{\mathrm{T}}\boldsymbol{L}_{1,2}+\frac{1}{2}\boldsymbol{B}_{2下}^{\mathrm{T}}\boldsymbol{L}_{2,3} \\ \boldsymbol{B}_{3c}^{\mathrm{T}}\boldsymbol{L}_{3c}-\frac{1}{2}\boldsymbol{B}_{3上}^{\mathrm{T}}\boldsymbol{L}_{2,3}+\frac{1}{2}\boldsymbol{B}_{3下}^{\mathrm{T}}\boldsymbol{L}_{3,4} \\ \boldsymbol{B}_{4c}^{\mathrm{T}}\boldsymbol{L}_{4c}-\frac{1}{2}\boldsymbol{B}_{4上}^{\mathrm{T}}\boldsymbol{L}_{3,4} \end{bmatrix}
$$

常数项矩阵的特点是:本航带内控制点的系数矩阵转置乘以该点的常数项,加上本航带公共连接点系数矩阵转置乘以该连接点的常数项,控制点的权取 1,公共连接点的权取 1/2,当连接点为上排点时取负号,下排时取正号。

按照上述法方程式的特点,可以直接列出全区域网的总体法方程式,不必组成总体误差方程式,以便节省计算单元,减少计算步骤。

上述法方程式可用简化符号表示为

$$\begin{bmatrix} N_{11} & N_{12} & 0 & 0 \\ N_{12}^{\mathrm{T}} & N_{22} & N_{23} & 0 \\ 0 & N_{23}^{\mathrm{T}} & N_{33} & N_{34} \\ 0 & 0 & N_{34}^{\mathrm{T}} & N_{44} \end{bmatrix} \begin{bmatrix} X_1 \\ X_2 \\ X_3 \\ X_4 \end{bmatrix} = \begin{bmatrix} L_1 \\ L_2 \\ L_3 \\ L_4 \end{bmatrix} \tag{6-34}$$

(四)法方程的解算

式(6-34)的法方程为一个带状矩阵,可采用高斯约化法求解。计算时,逐个消去未知数,只保留第一式,逐步约化使系数矩阵变为一上三角形矩阵,其相应常数项进行同样约化,然后解求最后一组未知数,再从下而上回代,解求出全部未知数。解算的具体步骤如下:

(1)第一行元素不变;

(2)第二行减去第一行左乘$N_{12}^{\mathrm{T}}N_{11}^{-1}$得

$$0 \quad N_{22}-N_{12}^{\mathrm{T}}N_{11}^{-1}N_{12} \quad N_{23} \quad 0 \quad L_2-N_{12}^{T}N_{11}^{-1}L_1$$

用新的符号表示变化后的第二行得

$$0 \quad N'_{22} \quad N_{23} \quad 0 \quad L'_2$$

(3)第三行减去第二行左乘$N_{23}^{\mathrm{T}}N'^{-1}_{22}$得

$$0 \quad 0 \quad N_{33}-N_{23}^{\mathrm{T}}N'^{-1}_{22}N_{23} \quad N_{34} \quad L_3-N_{23}^{\mathrm{T}}N'^{-1}_{22}L'_2$$

用新的符号表示变化后的第三行得

$$0 \quad 0 \quad N'_{33} \quad N_{34} \quad L'_3$$

(4)第四行减去第三行左乘$N_{34}^{\mathrm{T}}N'^{-1}_{33}$得

$$0 \quad 0 \quad 0 \quad N_{44}-N_{34}^{\mathrm{T}}N'^{-1}_{33}N_{34} \quad L_4-N_{34}^{\mathrm{T}}N'^{-1}_{33}L'_3$$

用新的符号表示变化后的第四行得

$$0 \quad 0 \quad 0 \quad N'_{44} \quad L'_4$$

经上述约化后的法方程变为

$$\begin{bmatrix} N_{11} & N_{12} & 0 & 0 \\ 0 & N'_{22} & N_{23} & 0 \\ 0 & 0 & N'_{33} & N_{34} \\ 0 & 0 & 0 & N'_{44} \end{bmatrix} \begin{bmatrix} X_1 \\ X_2 \\ X_3 \\ X_4 \end{bmatrix} = \begin{bmatrix} L_1 \\ L'_2 \\ L'_3 \\ L'_4 \end{bmatrix} \tag{6-35}$$

式(6-35)为上三角矩阵,可以先求X_4,再由下而上回代,求得各航带的待定系数。

$$\begin{cases} X_4 = N'^{-1}_{44} L'_4 \\ X_3 = N'^{-1}_{33} L'_3 - N'^{-1}_{33} N_{34} X_4 \\ X_2 = N'^{-1}_{22} L'_2 - N'^{-1}_{22} N_{23} X_3 \\ X_1 = N^{-1}_{11} L_1 - N^{-1}_{11} N_{12} X_2 \end{cases} \tag{6-36}$$

以上计算的是 X 坐标的非线性变形的改正系数，同理可求得 Y 坐标和 Z 坐标的非线性变形改正系数。

（五）加密点坐标的计算

解求出各航带网的非线性变形改正系数后，按下式计算各航带网中加密点的地面摄影测量坐标，即

$$\begin{cases} X_{tp} = X_{tpgj} + \bar{X} + a_{0j} + a_{1j}\bar{X} + a_{2j}\bar{Y} + a_{3j}\bar{X}^2 + a_{4j}\bar{X}\bar{Y} \\ Y_{tp} = Y_{tpgj} + \bar{Y} + b_{0j} + b_{1j}\bar{X} + b_{2j}\bar{Y} + b_{3j}\bar{X}^2 + b_{4j}\bar{X}\bar{Y} \\ Z_{tp} = Z_{tpgj} + \bar{Z} + c_{0j} + c_{1j}\bar{X} + c_{2j}\bar{Y} + c_{3j}\bar{X}^2 + c_{4j}\bar{X}\bar{Y} \end{cases} \tag{6-37}$$

最后，将全区域网所有加密点的地面摄影测量坐标变换为地面测量坐标，即

$$\begin{bmatrix} X_t \\ Y_t \\ Z_t \end{bmatrix} = \frac{1}{\lambda^2} \begin{bmatrix} b & a & 0 \\ a & -b & 0 \\ 0 & 0 & \lambda \end{bmatrix} \begin{bmatrix} X_{tp} \\ Y_{tp} \\ Z_{tp} \end{bmatrix} + \begin{bmatrix} X_{t1} \\ Y_{t1} \\ Z_{t1} \end{bmatrix} \tag{6-38}$$

对于相邻航带公共连接点，应取两航带计算出的坐标均值作为最后成果。

第四节　光束法区域网空中三角测量

一、光束法区域网平差的基本思想

光束法区域网平差是以一张像片组成的一束光线作为平差的基本单元，以中心投影的共线方程作为平差的数学模型，以相邻像片公共交会点坐标相等、控制点的内业坐标与已知的外业坐标相等为条件，列出控制点和加密点的误差方程式，进行全区域的统一平差计算，解求出每张像片的外方位元素和加密点的地面坐标。光束法区域网平差如图 6－7 所示。

光束法区域网平差的主要过程如下：

（1）像片外方位元素和地面点坐标近似值的确定；

（2）逐点建立误差方程式和改化法方程式；

（3）利用边法化边消元循环分块法解求改化法方程式；

（4）求出每张像片的外方位元素；

（5）用空间前方交会求得待定点的地面坐标，对于像片公共连接点，取其平均值作为最后成果。

光束法区域网平差以像点坐标作为观测值，理论严密，但对原始数据的系统误差十分敏感，只有在较好地预先消除像点坐标的系统误差后，才能得到理想的加密成果。

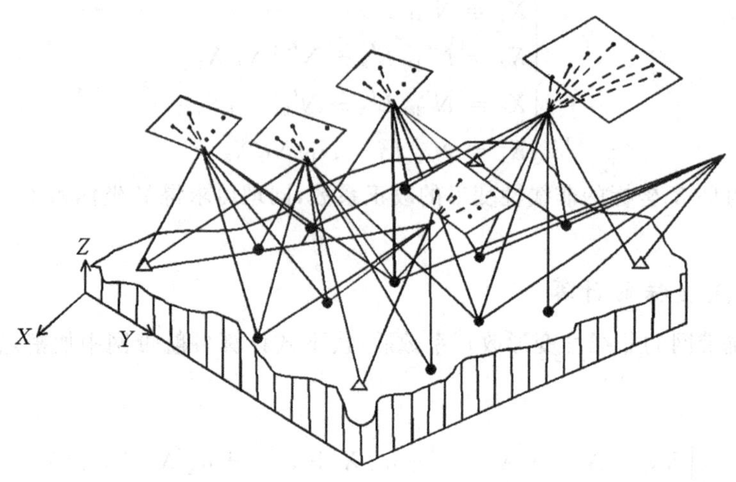

图 6-7 光束法区域网平差

二、光束法区域网平差的概算

光束法区域网平差概算的目的是提供每张像片的外方位元素和加密点地面坐标的近似值，通常用航带法加密成果作为光束法区域网平差的概值。光束法区域网平差概算的具体过程如下：

(1)第一条航带建立自由航带网，用该航带内已知的地面控制点做概略绝对定向，获得加密点的概略地面坐标；

(2)以后各条航带，用上条相邻航带的公共点和本航带的控制点做概略绝对定向；

(3)各相邻航带公共点坐标取平均值作为地面坐标的近似值；

(4)通过每张像片的近似地面坐标，用空间后方交会方法求得各像片的外方位元素的近似值。

三、误差方程式和法方程式的建立

光束法经过区域网平差概算，获得每张像片的外方位元素和加密点的地面坐标的近似值后，就可以用共线条件方程式列出每张像片上控制点和加密点的误差方程式。对每个像点可列出下列两个关系式，即

$$x=-f\frac{a_1(X-X_S)+b_1(Y-Y_S)+c_1(Z-Z_S)}{a_3(X-X_S)+b_3(Y-Y_S)+c_3(Z-Z_S)}$$

$$y=-f\frac{a_2(X-X_S)+b_2(Y-Y_S)+c_2(Z-Z_S)}{a_3(X-X_S)+b_3(Y-Y_S)+c_3(Z-Z_S)}$$

将共线条件方程式改化并写成一般形式，得

$$v_X=a_{11}\mathrm{d}X_S+a_{12}\mathrm{d}Y_S+a_{13}\mathrm{d}Z_S+a_{14}\mathrm{d}\varphi+a_{15}\mathrm{d}\omega+a_{16}\mathrm{d}\kappa-a_{11}\mathrm{d}X-a_{12}\mathrm{d}Y-a_{13}\mathrm{d}Z-l_X$$

$$v_Y=a_{21}\mathrm{d}X_S+a_{22}\mathrm{d}Y_S+a_{23}\mathrm{d}Z_S+a_{24}\mathrm{d}\varphi+a_{25}\mathrm{d}\omega+a_{26}\mathrm{d}\kappa-a_{21}\mathrm{d}X-a_{22}\mathrm{d}Y-a_{23}\mathrm{d}Z-l_Y$$

写成矩阵形式为

$$\boldsymbol{V}=[\boldsymbol{A}\quad \boldsymbol{B}]\begin{bmatrix}\boldsymbol{X}\\ \boldsymbol{t}\end{bmatrix}-\boldsymbol{L} \tag{6-39}$$

式中　$\boldsymbol{V}=[v_X\quad v_Y]^{\mathrm{T}}$；

$\boldsymbol{A}=\begin{bmatrix}a_{11} & a_{12} & a_{13} & a_{14} & a_{15} & a_{16}\\ a_{21} & a_{22} & a_{23} & a_{24} & a_{25} & a_{26}\end{bmatrix}$；

$\boldsymbol{B}=\begin{bmatrix}-a_{11} & -a_{12} & -a_{13}\\ -a_{21} & -a_{22} & -a_{23}\end{bmatrix}$；

$\boldsymbol{X}=[\mathrm{d}X_S\quad \mathrm{d}Y_S\quad \mathrm{d}Z_S\quad \mathrm{d}\varphi\quad \mathrm{d}\omega\quad \mathrm{d}\kappa]^{\mathrm{T}}$；

$\boldsymbol{t}=[\mathrm{d}X\quad \mathrm{d}Y\quad \mathrm{d}Z]^{\mathrm{T}}$；

$\boldsymbol{L}=[l_X\quad l_Y]^{\mathrm{T}}$。

对于外业控制点，如不考虑它的误差，则控制点的坐标改正数 $\mathrm{d}X=\mathrm{d}Y=\mathrm{d}Z=0$。当像点坐标为等权观测时，误差方程式对应的法方程式为

$$\begin{bmatrix}\boldsymbol{A}^{\mathrm{T}}\boldsymbol{A} & \boldsymbol{A}^{\mathrm{T}}\boldsymbol{B}\\ \boldsymbol{B}^{\mathrm{T}}\boldsymbol{A} & \boldsymbol{B}^{\mathrm{T}}\boldsymbol{B}\end{bmatrix}\begin{bmatrix}\boldsymbol{X}\\ \boldsymbol{t}\end{bmatrix}-\begin{bmatrix}\boldsymbol{A}^{\mathrm{T}}\boldsymbol{L}\\ \boldsymbol{B}^{\mathrm{T}}\boldsymbol{L}\end{bmatrix}=0 \tag{6-40}$$

式(6-40)含有像片外方位元素改正数 $\boldsymbol{X}$ 和待定点地面坐标改正数 $\boldsymbol{t}$ 两类未知数。对于一个区域来说，通常会有几条、十几条，甚至几十条航带，像片数将有几十、几百，甚至几千张。每张像片有 6 个未知数，一个待定点有 3 个未知数。若全区域有 N 条航带，每条航带有 n 张像片，全区域有 m 个待定点，则该区域的未知数个数为$(6n\times N+3m)$个，由此组成的法方程式将十分庞大。为了计算方便，通常消去一类未知数，保留另一类未知数，形成改化法方程式。把式(6-40)中的系数矩阵和常数项用新的符号代替，可写成

$$\begin{bmatrix}N_{11} & N_{12}\\ N_{12}^{\mathrm{T}} & N_{22}\end{bmatrix}\begin{bmatrix}\boldsymbol{X}\\ \boldsymbol{t}\end{bmatrix}-\begin{bmatrix}l_1\\ l_2\end{bmatrix}=0 \tag{6-41}$$

用消元法消去待定点地面坐标改正数，得到改化法方程式，即

$$[N_{11}-N_{12}N_{22}^{-1}N_{12}^{\mathrm{T}}]\boldsymbol{X}=l_1-N_{12}\,N_{22}^{-1}\,l_2 \tag{6-42}$$

式(6-42)的改化法方程式的系数矩阵是大规模的带状矩阵，为了计算方便，通常采用循环分块解法解求未知数。

求得每张像片的外方位元素后，可利用双像空间前方交会或多像空间前方交会方法解求全部加密点的地面坐标。

双像空间前方交会算法可参考第 5 章的式(5-18)、式(5-19)、式(5-21)、式(5-23)，计算出待定点的坐标。对于像对之间的公共点，取它们的平均值作为最终的成果。

多像前方交会是根据共线条件方程，由待定点在不同像片上的所有像点列误差方程式进行解算。下式为共线条件方程经线性化后的误差方程式，即

$$\begin{aligned}v_X&=a_{11}\mathrm{d}X_S+a_{12}\mathrm{d}Y_S+a_{13}\mathrm{d}Z_S+a_{14}\mathrm{d}\varphi+a_{15}\mathrm{d}\omega+a_{16}\mathrm{d}\kappa-a_{11}\mathrm{d}X-a_{12}\mathrm{d}Y-a_{13}\mathrm{d}Z-l_X\\ v_Y&=a_{21}\mathrm{d}X_S+a_{22}\mathrm{d}Y_S+a_{23}\mathrm{d}Z_S+a_{24}\mathrm{d}\varphi+a_{25}\mathrm{d}\omega+a_{26}\mathrm{d}\kappa-a_{21}\mathrm{d}X-a_{22}\mathrm{d}Y-a_{23}\mathrm{d}Z-l_Y\end{aligned}$$

由于每张像片的外方位元素已经求得，故可列出每个待定点的前方交会误差方程式，即

$$\begin{aligned}v_X&=-a_{11}\mathrm{d}X-a_{12}\mathrm{d}Y-a_{13}\mathrm{d}Z-l_X\\ v_Y&=-a_{21}\mathrm{d}X-a_{22}\mathrm{d}Y-a_{23}\mathrm{d}Z-l_Y\end{aligned} \tag{6-43}$$

如果某待定点在 n 张像片上都有构像，则可列出 $2n$ 个误差方程式，求解出该点的地面坐标改正数，再加上其近似值，就可得到待定点的地面坐标。

思考题

1. 空中三角测量的目的和意义是什么？进行空中三角测量需要利用哪些信息？

2. 说明航带法空中三角测量的基本思想及基本作业过程。

3. 叙述航带法区域网平差的基本流程。

4. 说明光束法区域网平差方法的基本思想，为什么说它是最严密的空中三角测量点位的方法？

5. 光束法区域网平差为什么要先确定未知数的初始值？有哪几种计算初始值的方法？各有什么优缺点？

第七章 数字地面模型及其应用

第一节 概述

一、数字地面模型与数字高程模型

数字地面模型(digital terrain model,DTM)是利用影像信息通过数字摄影测量系统处理得到的典型产品之一,是地形表面形态等多种信息的一种数字表达。DTM是地理信息数据库的一个基本内核。

20世纪50年代中期,美国麻省理工学院摄影测量实验室的米勒(Miller)首次提出数字地面模型的基本概念。数字地面模型最初的应用仅局限于土木工程,此后,在线路(铁路、公路、输电线)的设计,面积、体积、坡度的计算,两点间的可视性判别,断面图的测绘,等高线、立体透视图的绘制,正射影像图的制作,地形图的修测,遥感影像的分类,以及飞行器的导航与定位等方面,它都得到了广泛的应用。

从数学意义上来说,DTM是定义在某一个区域D上的n维向量的有限序列$\{V_i, i=1, 2, \cdots, n\}$,其中,某一个$m$维向量$\boldsymbol{V}_i=\{V_{i1}, V_{i2}, \cdots, V_{im}\}$表示地形、资源、环境、土地、人口等多种信息的定性与定量描述;数字高程模型(digital elevation model,DEM)是DTM的一个地形分量,能够比较准确地表示地形表面的形态,它表示区域D上地形的三维向量的有限序列:

$$\{V_i=(X_i, Y_i, Z_i), (X_i, Y_i) \in D, i=1, 2, \cdots, n\}$$

其中,X_i、Y_i表示平面位置,Z_i表示相应的高程。当平面位置呈现规则排列时,(X, Y)可以省略。因此,DEM可简化为一维向量序列$\{V_i=Z_i, i=1, 2, \cdots, n\}$。在实际应用中,习惯将DEM称为DTM,实际上它们是不相同的。

数字地面模型的理论与实践由数据采集、数据处理、数据应用三部分组成,对它的研究经历了四个时期。20世纪50年代末,是DEM概念形成的阶段。20世纪60年代至70年代,对DTM和DEM的内插问题进行了大量的研究,如舒特(Schut)提出的移动曲面拟合法、亚瑟(Arthur)和哈迪(Hardy)提出的多面函数内插法、克劳斯(Kraus)和米海尔(Mikhail)提出的最小二乘内插法,以及埃勃纳(Ebner)提出的有限元法等。20世纪70年代中期,对DEM的采样方法进行了研究,其代表为马卡洛维奇(Makarovic)提出的渐进采样(progressive sampling)及混合采样(composite sampling)。20世纪80年代以来,对DTM和DEM的研究已经涉及

DTM 系统的各个环节，其中包括用 DTM 表示地形的精度、地形分类、数据采集、DTM 的粗差探测、DTM 的数据压缩、不规则三角网(TIN)的建立与应用等。特别是随着数字图像处理与数字摄影测量结合的不断发展，利用数学形态学建立 DEM 已经成为一种重要手段。

二、数字高程模型的应用

数字高程模型的应用是非常广泛的。在测绘中，DEM 可以用来绘制等高线、坡度图、坡向图、立体透视图，制作正射影像图、立体景观图，进行地形图的修测，以及三维仿真等。在各种工程中，DEM 可用于面积、体积的计算，各种剖面图的绘制，以及线路的设计。DEM 是 GIS 中的重要信息，可用于农田水利建设、抗洪防灾、农业区划等许多方面。在数字地球、地球空间数据框架(GSDF)中，DEM 是不可或缺的基础地理信息之一。随着空间信息技术的发展，DEM 的数据获取、处理与存储也逐步实现了自动化、实时化，DEM 为三维 GIS 的建立奠定了基础。DEM 可以和数字摄影测量与遥感的其他产品结合建立三维可视化模型，成为虚拟现实的重要组成部分，可用于建筑设计、城市与交通规划、环境监测、三维建模，以及大型工程项目的设计等。在军事上，DEM 可为飞行器的导航与定位、战场虚拟场景的建立提供基本的地理空间信息。此外，DEM 还能在工业、考古、医学等信息处理方面发挥重要的作用，可以利用数字表面模型(digital surface model，DSM)或数字物体模型(digital object model，DOM)来绘制复杂物体的表面形状。

三、数字高程模型的形式

DEM 有多种表达形式，主要有规则格网(Grid)、不规则三角网(TIN)、Grid-TIN 混合网形式。利用一系列在 X、Y 方向上等间隔排列的地形点的高程坐标 Z 表示地形，则构成一个规则格网 DEM，如图 7-1 所示。

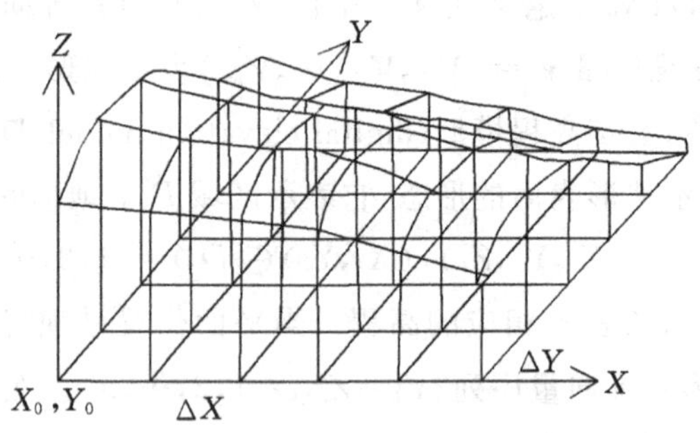

图 7-1　规则格网 DEM

图 7-1 中，规则格网 DEM 中任意格网点的 X、Y 坐标有起始点(一般为左下角)坐标 X_0、Y_0，总列数、行数为 m、n，则任意格网点 P_{ij} 的平面坐标 (X_P, Y_P) 为

$$
\begin{aligned}
X_P &= X_0 + i \times \Delta X (i = 0,1,2,\cdots,m-1) \\
Y_P &= Y_0 + j \times \Delta Y (j = 0,1,2,\cdots,n-1)
\end{aligned}
\tag{7-1}
$$

规则格网 DEM 只存储了高程坐标 Z，存储量小，数据结构简单，易于管理。其缺点是：有时不能准确地表示地表结构与细部特征；格网过大会降低精度。为了克服规则格网的缺点，通

常采用 TIN 结构，即将采集的所有地形特征点按一定的法则连接成覆盖在整个区域且互不重叠的三角形格网，不规则三角网(TIN)的形式如图 7-2 所示。

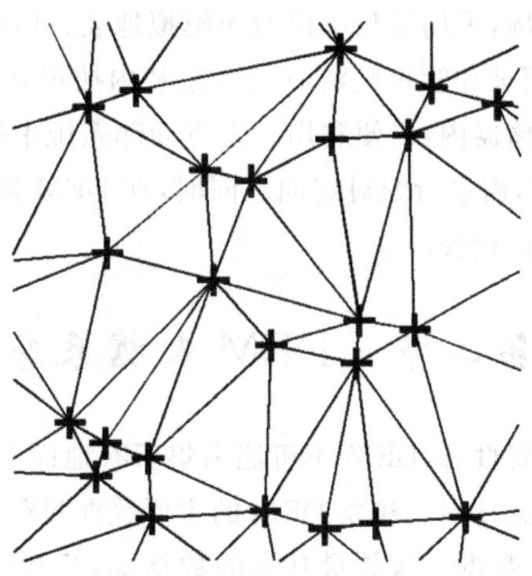

图 7-2　不规则三角网(TIN)

TIN 能够充分利用地貌的特征点、线，较好地表示复杂地形；可根据不同地形选取合适的采样点数；便于地形分析和绘制立体图。TIN 的缺点是：存储量大，数据结构复杂，不便于规则化管理，难以与矢量和栅格数据进行联合分析。此外，DEM 还有结合上述两种形式特点的混合网形式(Grid-TIN)。

四、数字高程模型的建立

DEM 的建立一般要经过数据采集、数据处理、数据记录和管理等几个方面。图 7-3 为解析摄影测量生产 DEM 的工作流程。DEM 数据采集是指原始数据点的获取及其坐标的量测。

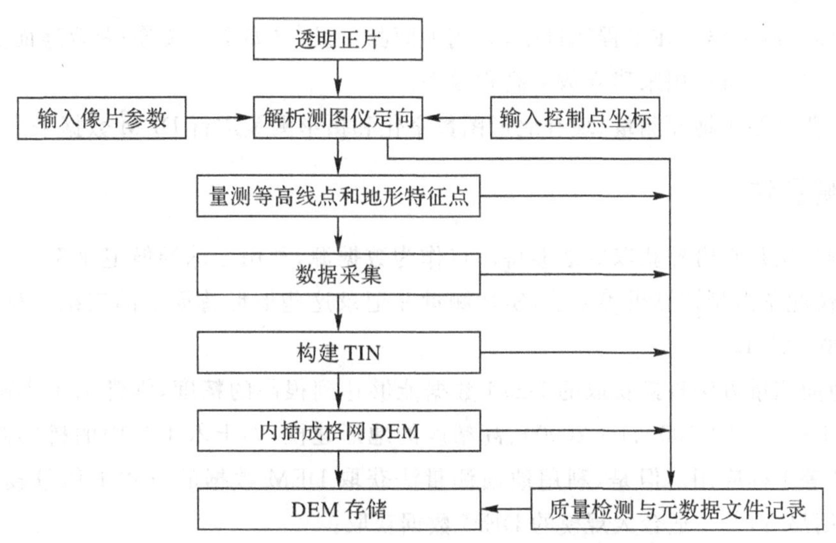

图 7-3　解析摄影测量生产 DEM 的工作流程

DEM需要采集的高程除了大面积均匀分布的数据点外，还包括断裂线、构造线、边界线和独立高程特征点。DEM采样的间隔和密度取决于要求的精度和实际的地形特征。DEM数据处理是以获取的数据点为基础，采用某数学模型来模拟地表，进行内插加密计算，以取得格网结点的坐标值。DEM数据记录和管理是将直接采集和内插得到的DEM数据以数字形式按一定的结构和格式记录在存储器内，以便利用。为将局部系统中采集的数据纳入统一的坐标系，在摄影测量生产DEM时，需进行绝对定向。同时，在DEM建立过程中，需要对数据点的数量、质量及其分布进行编辑、检查。

第二节　DEM数据采集

地球表面的地形起伏千姿百态，DEM不可能采集所有地面点的高程，只能以离散点的方式采集反映地形特征的数据点高程。建立DEM的主要数据源有：

(1)航空和航天光学遥感数据。这是最基本的数据源，是利用航空或航天遥感立体影像对，通过解析摄影测量或数字摄影测量方法进行采样和处理得到数字高程模型的有效方法。

(2)机载与星载雷达影像数据。合成孔径雷达(SAR)，特别是干涉合成孔径雷达(INSAR)数据，通过干涉测量或差分干涉测量也能有效地提取数字高程模型。

(3)激光测高仪等获取的数据。星载和机载激光测高是从空中直接获取数字高程模型的重要手段。

(4)现有地形图。在满足一定精度的情况下，现有地形图是用来建立数字高程模型最为廉价的数据源。利用扫描数字化仪对已有地形图上的地物与地貌信息进行数字化，并利用专门的制图软件或GIS软件对各类数据进行分层矢量化，经过相应的数据处理，即可建立数字高程模型。

(5)地面实测数据。在工程测量中，利用地面测量设备(如全站仪等)获取地面点的观测数据，经过适当变换，可以用来建立数字高程模型。

下面主要介绍用地面测量、现有地形图数字化和摄影测量进行DEM数据采集的方法。

一、地面测量法

地面测量法是将野外获取的地形特征点作为数据源，利用全球导航卫星系统(GNSS)、全站仪、经纬仪配备微型计算机等方法，实地测量并记录这些地形特征点的三维坐标，经过适当处理后，建立DEM。

利用地面测量方法直接获取的DEM数据能够达到很高的精度，常常用于小范围内的大比例尺(如1∶500、1∶1000、1∶2000)、高精度的地形建模，如土木工程中的桥梁测量，隧道、土方量计算等工程应用。但是，利用地面测量法获取DEM数据的方式工作量较大、效率不高，而且费用昂贵，并不适合大规模的DEM数据获取。

二、现有地形图数字化法

地形图是获取 DEM 数据的一个主要来源。利用扫描矢量化法对现有地形图上的信息(如等高线、高程点、坡、坎等)进行数字化,即可获得建立 DEM 的数据。图 7-4 为利用现有地形图等高线数字化生成格网 DEM 的工作流程。

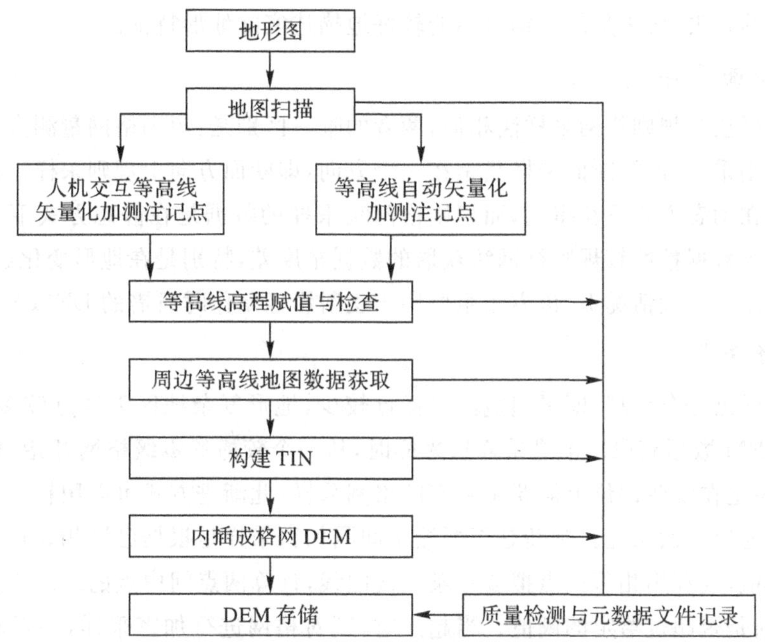

图 7-4 现有地形图等高线数字化生成格网 DEM 的工作流程

利用现有地形图采集 DEM 数据,地形图本身的精度直接影响着所采集到的 DEM 数据精度。地形图比例尺越小,地形的综合程度越高、近似性越大、精度越低。

三、摄影测量方法

摄影测量一直是地形图测绘和更新的有效手段,也是获得 DEM 数据点的主要方法。这是因为摄影测量能够快速大面积地采样,而且可以利用机助和机控装置进行半自动或全自动的量测来获取 DEM 数据。目前,生产中多是利用数字摄影测量系统对数字影像进行处理后,自动获取 DEM 数据。摄影测量 DEM 数据采集方式主要有以下四种。

(一)沿等高线采样

沿等高线采样是在立体模型上沿等高线采集高程点,可按等距离间隔记录数据方式或按等时间间隔记录数据方式。采用等时间间隔采样数据时,由于在地形复杂地区,等高线密集、曲率大、跟踪速度慢,因而采集的点较多,而在地势平坦地区,等高线稀疏、跟踪速度快,采集的点较少。因此,等时间间隔采样数据方式较等距离间隔采样数据方式更恰当,所采集的数据也能较好地反映地形状况。沿等高线采样主要应用于地形复杂或陡峭地区的 DEM 数据采集,平坦地区不适宜采用这种 DEM 数据采集方式。

(二)规则格网采样

规则格网采样法是通过规定 X 轴和 Y 轴方向上的间距来形成规则平面格网，在立体模型上量测这些规则平面格网点的高程。用规则格网采样法获取的数据也具有规则网格形式。该方法简单，一般不需要手工操作，适合于自动或半自动的数据采集，作业效率高，但只能对地形平坦地区进行 DEM 数据采集，若在地形较复杂地区采用这种方法进行数据采集，容易造成地形特征数据点的丧失，所采集的数据也不能较好地描述实际地形特征。

(三)沿断面采样

沿断面采样法与规则格网采样法相似，两者的唯一区别是：规则格网量测点在格网的两个方向上都有规则采样，而沿断面采样只是在一个方向，即断面方向上规则采样。沿断面采样法采集的数据是在动态方式下获得的，而规则格网法采样的数据是在静态方式下获得的。沿断面采样法获取的数据精度较规则格网法获取的数据精度差，特别是在地形变化趋势改变处，常常存在系统误差。一般情况下，该方法主要用于正射影像制作时所需的 DEM 数据采集。

(四)渐进采样

为了使采样点分布合理，即平坦地区采样点较少，地形复杂地区采样点较多，可采用渐进采样法进行 DEM 数据获取。渐进采样法采样时，从一个较稀的零级格网开始，根据所获取的数据点高程，决定在哪些部位上需要用更密的格网采样，此渐进方式可以用较少的数据点来较好地反映实际地形起伏状况。判断是否要缩小间隔加密采样是根据已测相邻点高程的二次差分是否大于阈值，或利用相邻三点拟合一条二次曲线，计算两点间中点的二次内插值与线性内插值之差，判断是否超过给定的阈值。当超过时，则对格网进行加密采样，并对较密的格网进行同样的判断处理，直至不再超限或达到预先给定的加密次数(或最小格网间隔)，其他格网采用同样的数据处理方式。如图 7-5 所示，假如A_1、A_3、A_5是采样间距为 Δ 的三个采样点，三点高程分别为h_1、h_3、h_5。A_1、A_3的中点为A_2，A_3、A_5的中点为A_4。A_2的二次内插高程h''_2与线性内插高程h'_2为

$$h''_2 = \frac{1}{8}(6h_3 + 3h_1 - h_5) \tag{7-2}$$

$$h'_2 = \frac{1}{2}(h_3 + h_1) \tag{7-3}$$

两者之差为

$$\delta h_2 = \frac{1}{8}(2h_3 - h_1 - h_5) \tag{7-4}$$

若设 T 为给定的限差，则比较 δh_2 与 T 的大小，当 $\delta h_2 > T$ 时，则需补测A_2、A_4两点。这种在量测过程中不断调整采样密度的采样方法的优点是使得数据点的密度比较合理，合乎实际地形；缺点是在采样过程中，要进行不断的计算与判断，而且数据存储管理比简单的规则格网要复杂。

利用全数字摄影测量系统可进行交互式或全自动的 DEM 数据采集，通过数字影像匹配技术，按像片的规则格网形式采集数据。图 7-6 为交互式数字摄影测量生产 DEM 的工作流程。

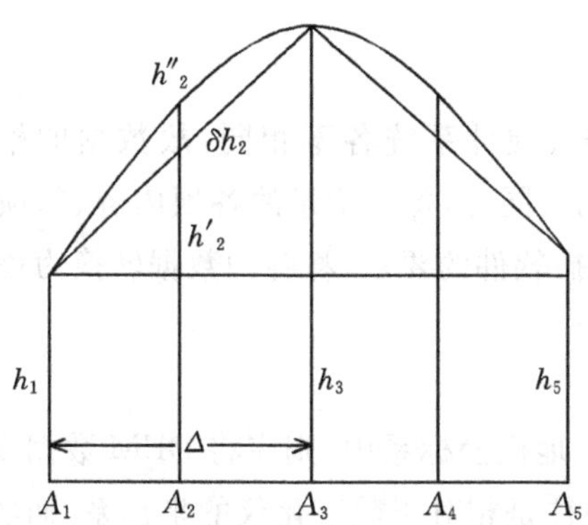

图 7-5　渐进采样二次与一次内插之差

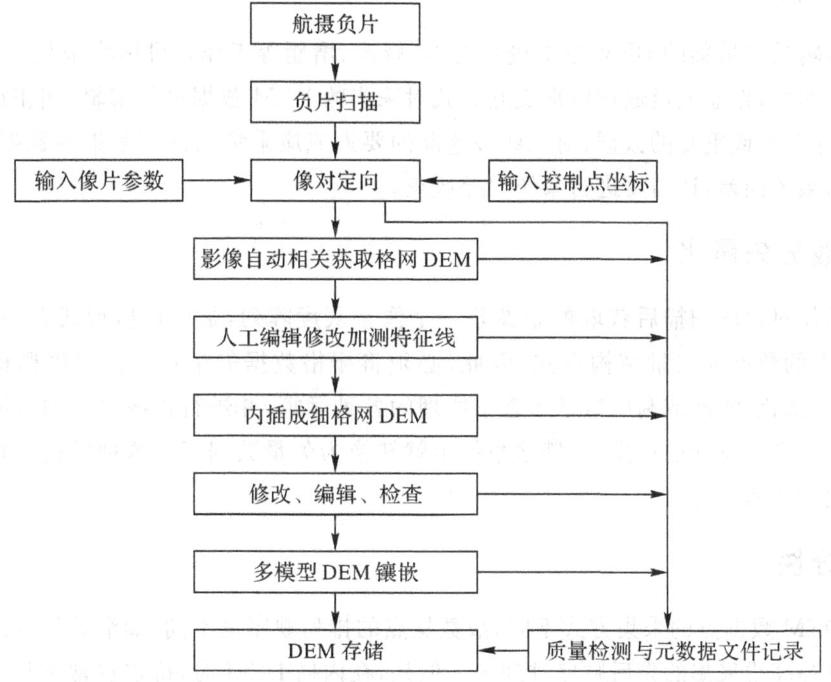

图 7-6　交互式数字摄影测量生产 DEM 的工作流程

第三节　DEM 数据预处理

利用各种采集方法获取的 DEM 数据不能直接用来进行 DEM 数据内插，需要进行 DEM 的数据预处理。DEM 的数据预处理一般包括数据格式转换、坐标系统变换、数据编辑、栅格数据矢量化、数据分块、子区边界的提取等内容。

一、数据格式转换

由于 DEM 数据采集的软、硬件系统各不相同，故数据的格式也可能不同，常用代码有 ASCII 码、BCD 码和二进制码。同时，每一记录的各项内容、每项内容的类型位数也可能各不相同，这就需要根据 DEM 内插软件的要求，将各种数据转换为该软件所要求的数据格式。

二、坐标系统变换

若采集的 DEM 数据不在地面坐标系中，则应将 DEM 数据变换为地面坐标系。如从扫描影像上采集的数据，其坐标往往是相对于数字化仪的坐标系，而实际地形点的坐标是地面坐标系，或是某一工程项目坐标系。地面坐标系一般采用国家坐标系，也可采用局部坐标系。

三、数据编辑

数据编辑是对采集的 DEM 数据进行检查、修改、增删等工作。可以将采集的 DEM 数据绘图显示或输出，作业人员通过图形交互方式对采集的 DEM 数据进行编辑、纠正或剔除错误的数据，删除多余或重复的数据，对一些被遗漏的要素或应采集而没有采集的数据进行补测。若存在扫描系统误差，还需要进行系统误差改正。

四、栅格数据矢量化

由扫描仪对地图扫描后获取的影像是一个像素灰度阵列，是以栅格形式存储的，而建立 DEM 时所需的数据为矢量结构形式，因此，必须将栅格数据矢量化。首先将栅格数据二值化，然后经过细化、滤波或利用数学形态学原理的各种运算，并进行边缘追踪、拓扑化，即可获得等高线上按顺序排列的点坐标，栅格数据也就转换为矢量数据了。这种转换过程也可通过自动矢量化软件实现。

五、数据分块

由于 DEM 数据点的采集方式不同，故数据点的排列顺序也不同，如沿着等高线采样的数据是按各条等高线采集的先后顺序排列的。但是，在内插 DEM 时，待定点常常只与其周围的数据点有关。为了提高数据处理（内插）的速度，避免检索不必要的数据点，必须将数据进行分块。数据分块的方法是先将整个区域分成等间隔的格网（一般比 DEM 格网大），然后将数据点按格网的行、列号顺序排列。例如，首先将落在格网(1,1)内的数据排列在前面，然后是格网(2,1)中的数据点，以此类推。各个分块间具有一定的重叠度，以保持分块的连续性。

六、子区边界的提取

根据离散的数据点内插规则格网 DEM，通常是将地面看作光滑的连续曲面，但地面上存在各式各样的断裂线，如悬崖、绝壁，以及各种人工地物，使地面并不光滑，这就需要将地面分成若干个子区，使每个子区的表面为一个连续的光滑曲面。这些子区的边界由特征线（如断裂线）与区域的边界线组成，应用相应的算法进行提取。

数据预处理虽然是 DEM 建立的一部分工作，但有的内容也可在数据采集时同时进行，这就需要数据采集的软件具有更强的功能。

第四节　DEM 数据内插方法

DEM 数据内插就是根据已知数据点高程估算出其他待定点高程的过程。实际中，往往沿等高线、地形特征线进行数据采集，采样得到的是一系列无规则排列的、离散的数据点。要获得规则格网的 DEM，必须进行 DEM 数据内插。另外，当采用规则格网采样时，采集的 DEM 数据格网往往较稀疏，而要获得反映实际地形的密集格网，必须进行 DEM 数据内插。根据内插点的分布范围，DEM 数据内插的方法分为整体函数内插法、局部（分块）函数内插法和逐点内插法。

一、整体函数内插法

整体函数内插法是将研究的整个区域视为一个光滑、连续的整体，利用区域内所有采样点的观测值，拟合一个多项式函数来描述整个地形特征。

设拟合研究区域地形特征的函数为一个二元多项式，即

$$z(i,j)=\sum_{i=0}^{m}\sum_{j=0}^{m}c_{ij}\,x^{i}y^{j} \tag{7-5}$$

式中，z 代表数据点的高程；待定参数c_{ij}（$i,j=0,1,2,\cdots,m$）的个数为$(m+1)^2$个。

为了解求待定参数c_{ij}，可将研究区域内所有数据点的三维坐标代入式(7－5)，组成线性方程式，求出方程组的唯一解。然后，将每一个待定点的平面坐标代入式(7－5)，可求出待定点的高程。

整体函数内插法适用于地形较简单的研究区域，由于高次多项式函数容易引起振荡，产生解的不稳定性，因此，拟合地形特征的函数一般选用低次多项式函数。

二、局部(分块)函数内插法

由于实际地形的复杂性，整个地形不可能用一个多项式来描述，而且邻域数据点间具有强相关性，因此，DEM 数据内插通常不采用整体函数内插，而是采用局部（分块）函数内插，即将整个区域划分成若干分块，分块大小根据数据点的分布状况和地形的复杂程度确定。并且对各分块采用不同的函数来拟合，但同时应保持相邻分块间平滑、连续的拼接。典型的局部（分块）函数内插法有线性内插、双线性多项式（双曲抛物面）内插、双三次多项式（样条函数）内插、多面函数法等。

（一）线性内插

线性内插是利用最靠近内插点的 3 个已知数据点，求出由这 3 个点确定的平面，即 $z=F(x,y)$，然后根据内插点的平面坐标(x,y)求得其高程值 z。线性内插所采用的函数形式为

$$z=a_0+a_1x+a_2y \tag{7-6}$$

参数a_0、a_1、a_2可由 3 个已知数据点坐标求得，若 3 个已知点为$P_1(x_1,y_1,z_1)$、

$P_2(x_2,y_2,z_2)$、$P_3(x_3,y_3,z_3)$，则a_0、a_1、a_2可由下式求得

$$\begin{bmatrix} a_0 \\ a_1 \\ a_2 \end{bmatrix} = \begin{bmatrix} 1 & x_1 & y_1 \\ 1 & x_2 & y_2 \\ 1 & x_3 & y_3 \end{bmatrix}^{-1} \begin{bmatrix} z_1 \\ z_2 \\ z_3 \end{bmatrix} \tag{7-7}$$

（二）双线性多项式（双曲抛物面）内插

双线性多项式内插就是由最靠近内插点的 4 个已知数据点，确定一个双线性多项式函数 $z=F(x,y)$，将内插点的平面坐标(x,y)代入所求得的双线性多项式函数中，即可求得其高程值 z。双线性多项式的特点是：当坐标 x（或 y）为常数时，高程 z 与坐标 y（或 x）呈线性关系。基于规则格网的内插较广泛地采用这种方法，双线性多项式表达式为

$$z = a_{00} + a_{10}x + a_{01}y + a_{11}xy \tag{7-8}$$

或用矩阵表示，即

$$\boldsymbol{z} = \begin{bmatrix} 1 & x \end{bmatrix} \begin{bmatrix} a_{00} & a_{01} \\ a_{10} & a_{11} \end{bmatrix} \begin{bmatrix} 1 \\ y \end{bmatrix} \tag{7-9}$$

当数据点规则排列组成矩形或正方形时，如图 7-7 所示，4 个数据点形成正方形形式分布，若$x_1-x_0=y_1-y_0=L$，可直接按下式求解待定点的高程

$$z_P = \left(1-\frac{x}{L}\right)\left(1-\frac{y}{L}\right)z_{00} + \frac{x}{L}\left(1-\frac{y}{L}\right)z_{10} + \left(1-\frac{x}{L}\right)\frac{y}{L}z_{01} + \frac{x}{L}\frac{y}{L}z_{11}$$

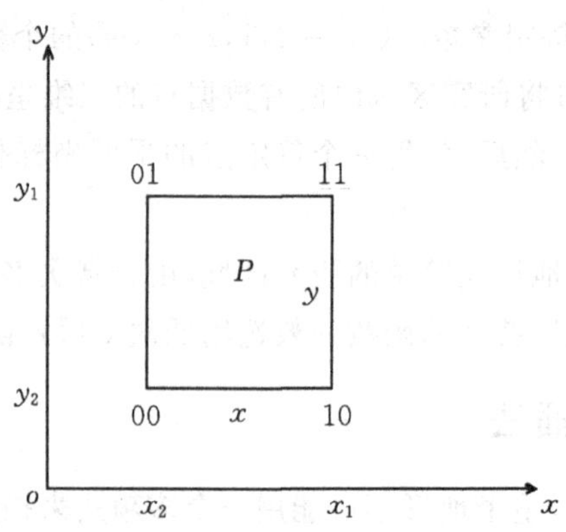

图 7-7　双线性内插

双线性多项式内插只能保证相邻区域接边处的连续，不能保证光滑。

（三）双三次多项式（样条函数——三次曲面）内插

利用双线性函数描述复杂地区各分块的地形特征，虽然能满足相邻分块间的连续性，但不光滑。为了保证各分块间的连续性和光滑性，可利用双三次多项式（样条函数）描述各分块的地形特征。双三次多项式具备以下特征：相邻分块拼接处在 x 和 y 方向的斜率应保持连续（即一阶偏导数存在）；相邻分块拼接处的扭矩连续（二阶混合导数存在）。

双三次多项式表达式为

$$z=\sum_{j=0}^{3}\sum_{i=0}^{3}a_{ij}x^iy^j=a_{00}+a_{10}x+a_{20}x^2+a_{30}x^3+a_{01}y+a_{11}xy+a_{21}x^2y+a_{31}x^3y+a_{02}y^2+a_{12}xy^2+a_{22}x^2y^2+a_{32}x^3y^2+a_{03}y^3+a_{13}xy^3+a_{23}x^2y^3+a_{33}x^3y^3 \quad (7-10)$$

写成矩阵形式为

$$z=\begin{bmatrix}1 & x & x^2 & x^3\end{bmatrix}\begin{bmatrix}a_{00} & a_{01} & a_{02} & a_{03}\\ a_{10} & a_{11} & a_{12} & a_{13}\\ a_{20} & a_{21} & a_{22} & a_{23}\\ a_{30} & a_{31} & a_{32} & a_{33}\end{bmatrix}\begin{bmatrix}1\\ y\\ y^2\\ y^3\end{bmatrix}=\boldsymbol{XAY}^{\mathrm{T}} \quad (7-11)$$

若数据点呈方格网分布，如图 7－8 所示，将坐标原点平移至待定点 P 所在方格网的左下角，则 P 点的坐标(x,y)满足 $0\leqslant x\leqslant L,0\leqslant y\leqslant L$，其中，$L$ 为格网边长。为简单起见，令 $L=1$，则 $0\leqslant x\leqslant 1,0\leqslant y\leqslant 1$。

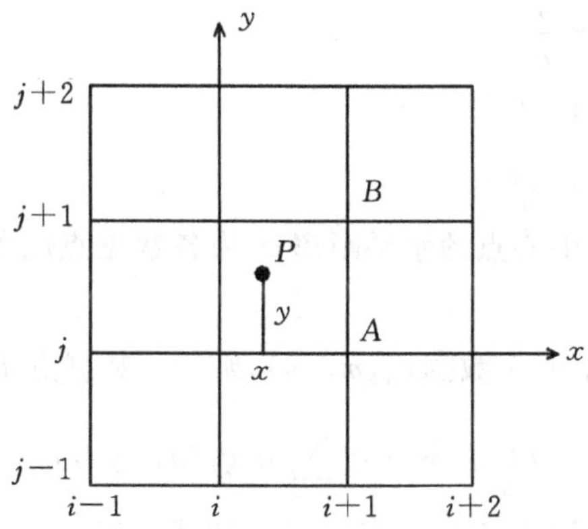

图 7－8　P 点与周围格网

由于待定系数共有 16 个，因此，除了 P 点所在格网 4 个定点高程外，还需要加上 2 个条件，即相邻分块拼接处在 x 和 y 方向的斜率保持连续、相邻分块拼接处的扭矩连续。求已知 4 个定点处的一阶偏导数和二阶混合导数，其值可按下式计算（以(i,j)点为例）：

$$(Z_x)_{i,j}=\frac{\partial Z_{i,j}}{\partial x}=\frac{1}{2}(Z_{i+1,j}-Z_{i-1,j})$$

$$(Z_y)_{i,j}=\frac{\partial Z_{i,j}}{\partial y}=\frac{1}{2}(Z_{i,j+1}-Z_{i,j-1}) \quad (7-12)$$

$$(Z_{xy})_{i,j}=\frac{1}{4}(Z_{i+1,j+1}+Z_{i-1,j-1}-Z_{i-1,j+1}-Z_{i+1,j-1})$$

这样，由 16 个方程求解 16 个待定系数，可得到唯一解。三次多项式内插虽然属于局部内插，即在每个格网内拟合一个三次曲面，但由于考虑了一阶偏导数与二阶混合导数，因此，能够保证相邻曲面之间的连续与光滑。

（四）多面函数法

多面函数法是美国哈迪（Hardy）教授提出的，其理论依据为："任何一个圆滑的数学表面均可以用一系列有规律的数学表面的总和，以任意的精度进行逼近。"多面函数法的实质是将反映地面形态的高次曲面转化为用多个低次曲面叠加，即任意一个数学点的高程可表示为

$$Z=f(x,y)=\sum_{i=1}^{n}a_iq(x,y,x_i,y_i)=a_1q(x,y,x_1,y_1)+a_2q(x,y,x_2,y_2)+\cdots+a_nq(x,y,x_n,y_n) \tag{7-13}$$

式中，(x_i,y_i)为各曲面的对称中心；$q(x,y,x_i,y_i)$为低次曲面核函数；$a_i(i=1,2,\cdots,n)$为待定参数，表示第 i 个核函数对多层叠加的贡献值，即权值。

核函数 q 可有多种形式，常用的有

$$\begin{cases} q=[(x-x_i)^2+(y-y_i)^2+c_1]^{\frac{1}{2}}=(d_2+c_1)^{\frac{1}{2}} \\ q=1-\dfrac{r^2}{d^2} \\ q=1+d^2 \\ q=c_2\,\mathrm{e}^{-b_2d_i^2} \end{cases} \tag{7-14}$$

式中，d 为地面点到曲面对称中心点的水平距离；r 为各数据点间的最大距离；c_1、c_2、b_2 均为选取的常数值。

设选取了 n 个核函数，有 m 个数据点（$m\geqslant n$），则任一数据点 P 的高程可写为

$$z_P=f(x_P,y_P)=\sum_{i=1}^{n}a_i\,q_i(x_P,y_P,x_i,y_i) \tag{7-15}$$

m 个数据点可列出 m 个如式（7－15）所示的方程式。当 $m=n$ 时，联立方程式直接求解系数$a_i(i=1,2,\cdots,n)$的值；当 $m>n$ 时，则按最小二乘法解出系数$a_i(i=1,2,\cdots,n)$的值。各系数求出后，只需将待定点 P 的平面坐标(x_P,y_P)代入式（7－15），即可求解出其高程值。

三、逐点内插法

逐点内插法是以待定点为中心，用一个函数来拟合其附近的数据点，描述附近的地形特征。逐点内插法中的典型方法为移动拟合法。

（一）移动拟合法

移动拟合法是用一个多项式来拟合待定点周围的地形特征。通常以待定点为平面坐标系原点，以待定点为圆心，利用划定半径为 R 的圆内所有数据点来求解所定义的函数待定参数，如图 7－9 所示（图中小黑点为数据点）。

如用一个二次多项式拟合地形，则有

$$z=Ax^2+Bxy+Cy^2+Dx+Ey+F \tag{7-16}$$

将坐标原点平移到待定点处，式（7－16）则变为

$$z=A\bar{x}^2+B\bar{x}\bar{y}+C\bar{y}^2+D\bar{x}+E\bar{y}+F \tag{7-17}$$

式中，$\bar{x}=x-x_P$，$\bar{y}=y-y_P$，对于待定点 P 而言，其$\bar{x}=\bar{y}=0$，所以，F 值即为待定点的内插高程值。

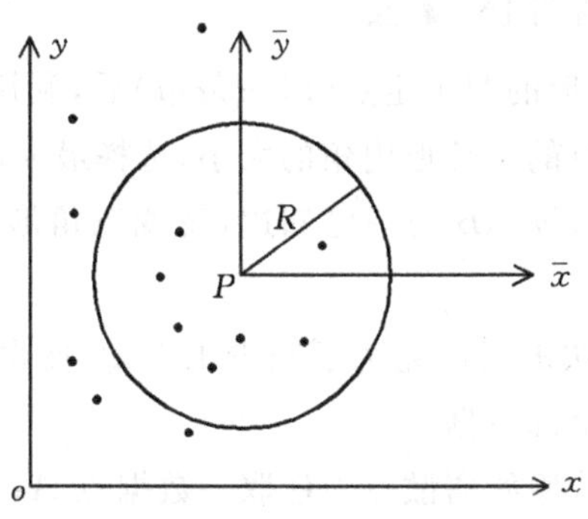

图 7-9 移动拟合法示意图

式(7-17)中有6个待定系数,因此,最少需要6个数据点。当数据点多于6个时,可按最小二乘法解求待定参数。同时,考虑到不同的数据点相对于待插点的距离不同,对待插点的高程插值影响程度也不同,因此,可将不同的数据点赋予不同的权值,权函数一般取

$$P=\frac{1}{d^k}\ \text{或}\ P=\left(\frac{R-d}{d}\right)^2 \tag{7-18}$$

式中,k 为一选定系数;d 为待定点到各数据点的水平距离;R 为所划定的圆半径。

(二)加权平均法

加权平均法是移动拟合法的简化。设根据划定的窗口获得的待定点邻近范围内有 n 个数据点,则待定点的高程为

$$z_P=\sum_{i=1}^{n}P_iz_i/\sum_{i=1}^{n}P_i \tag{7-19}$$

式中,P_i 的选择与移动拟合法相同。

第五节 三角网数字地面模型及其存储

若将按地形特征采集的点根据一定规则连接成覆盖整个区域且互不重叠的许多三角形,则构成不规则三角网。与规则格网相比较,不规则三角网存储数据量较大,数据结构、应用操作较复杂,不便于使用和管理,但其能准确反映地形的结构和细部特征。特别是近年来,对TIN压缩存储方面的研究取得了一定的成果,进一步推动了TIN在实际中的应用。目前,TIN已成为DEM表面建模的主要方法之一。

一、不规则三角网数字地面模型的建立

构建三角网数字地面模型的基本要求为:三角网数字地面模型具有唯一性;力求最佳三角形条件,即在构建中尽可能保证每个三角形是锐角三角形或每个三角形尽量接近等边形态,避免出现过大的钝角或过小的锐角;保证邻近点构成三角形。TIN的构建方法主要有以下几种。

(一)基于角度判读法的 TIN 建立

角度判读法是当已知三角形的两个定点(即一条边)后,利用余弦定理计算以各备选点为第三顶点,并将之定为角顶点时的三角形内角的大小,选择最大内角所对应的点作为该三角形的第三顶点。如图 7-10 所示,设 AB 为一已知边,现找三角形的第三个顶点,则基于角度判读法构建 TIN 的步骤如下:

(1)将原始数据分块。分块的目的是为了减少工作量,使得在构建 TIN 时只检索所处理三角形的邻近点,而不必检索全部数据。

(2)确定第一个三角形。从原始离散点中任取一数据点 A;找到点 A 的最邻近点 B;按余弦定理求三角形的第三点,组成第一个三角形,即对附近的各备选点 C_i 利用余弦定理计算 $\angle C_i$,则

$$\cos\angle C_i = \frac{a_i^2 + b_i^2 - c_i^2}{2a_ib_i} \tag{7-20}$$

式中,$a_i = BC, b_i = AC, c_i = AB$。

若 $\angle C = \max\{\angle C_i\}$,则点 C 为该三角形的第三个顶点。

(3)扩展相邻三角形,并判断其有效性。图 7-11 中,已知三角形①,要扩展三角形②,需检索到 E 点,而 E 点的确定只需在以直线 AB 为分界线的 C 点另一侧寻找。AB 的直线方程为

$$F(x,y) = (y_B - y_A)(x - x_A) - (x_B - x_A)(y - y_A) = 0 \tag{7-21}$$

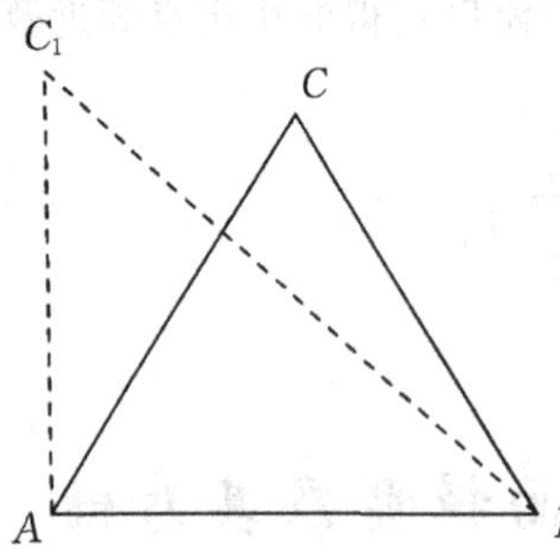

图 7-10 角度判读法建立 TIN

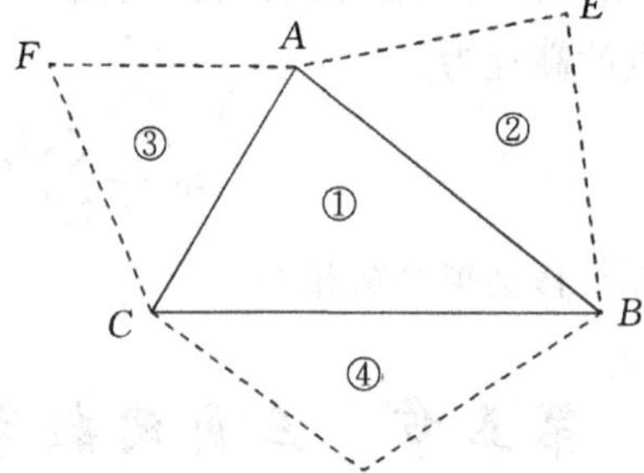

图 7-11 三角形的扩张

对某一点 $P(x,y)$,若 $F(x,y)\cdot F(x_C,y_C)<0$,则 P 点可为备选扩展顶点。判断生成三角形的有效性的方法为:由于任意两个数据点生成的边只能被至多两个三角形共用,因此,只需记录每条边的扩展次数,当该边的扩展次数超过 2,则该扩展无效,否则为有效扩展。

(4)重复步骤(3),直至全部离散点被连接成一个不规则三角网的 DEM。

(二)泰森(Thicssen)多边形与狄洛尼(Delaunay)三角网

如果某一区域 D 上有 n 个离散数据点 $P_i(x_i,y_i)(i=1,2,\cdots,n)$,用直线段将 D 分成若干个相互邻接的多边形,且各多边形满足以下条件:

(1)每个多边形内含且仅含一个点。

(2)任一点 $P'(x',y')$ 若位于点 $P_i(x_i,y_i)$ 所在多边形内,则

$$\sqrt{(x'-x_i)^2+(y'-y_i)^2} < \sqrt{(x'-x_j)^2+(y'-y_j)^2}\ (j\neq i) \tag{7-22}$$

(3)任一点$P'(x',y')$在点P_i、P_j所在多边形的公共边上,则

$$\sqrt{(x'-x_i)^2+(y'-y_i)^2}=\sqrt{(x'-x_j)^2+(y'-y_j)^2}\,(j\neq i) \qquad (7-23)$$

依据以上条件构成的多边形称为泰森多边形,连接每两个相邻多边形内数据点生成的三角形称为狄洛尼三角网。狄洛尼三角网实质上是相互邻接且互不重叠的三角形的集合。泰森多边形和狄洛尼三角网形状如图 7-12 所示。

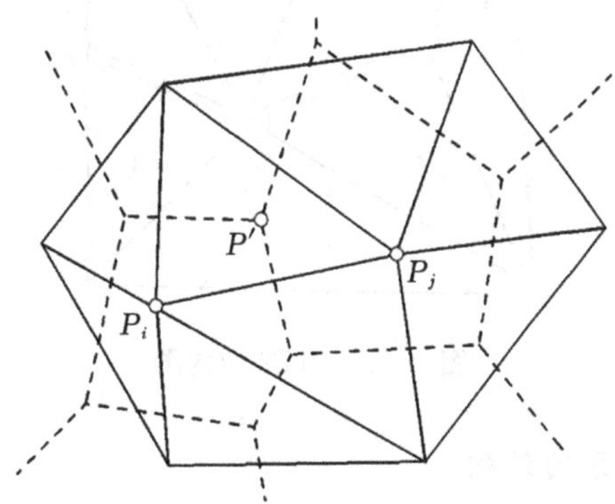

图 7-12　泰森多边形和狄洛尼三角网

由以上定义可知,泰森多边形的分法是唯一的;每个泰森多边形均是凸多边形;任意两个泰森多边形不存在公共区域。尽管狄洛尼三角网不是最理想的三角网,但其在均匀分布点的情况下,可避免产生狭长和过小的锐角三角形。因此,狄洛尼三角网总体上趋于最佳,为最合适的选择。

二、不规则三角网数字地面模型的存储

(一)DEM 数据文件的存储

经过内插得到的 DEM 数据(或直接采集的格网 DEM 数据)需以一定的结构和格式存储,以便于各种应用。通常以图幅为单位建立文件,其文件头(或零号记录)存放有关的基础信息,包括起点(图廓的左下角点)平面坐标、格网间隔、区域范围、图幅编号、原始资料有关信息、数据采集仪器、采集的手段与方法、采集的日期与更新的日期、精度指标,以及数据记录格式等。

文件头后是 DEM 数据的主体——各个格网点的坐标。对于小范围的 DEM,每一记录为一点的高程或一行高程数据。对于较大范围的 DEM,其数据量较大,则采取数据压缩的方法存储数据。

除了格网点高程数据外,文件中还应存储区域的地形特征线、特征点的数据,这些数据可以矢量方式存储,也可以栅格方式存储。

(二)不规则三角网数字地面模型的存储

TIN 模型是一种典型的矢量拓扑结构,通过边与节点的关系,以及三角形面与边的关系式表示地形参考点之间的拓扑关系。因此,与规则格网 DEM 存储方式相比较,不规则三角网数字地面模型存储结构复杂,不仅要存储每个网点的高程值,还要存储网点的位置坐标,描述网点之间的拓扑关系信息。

常用的 TIN 存储结构有三种形式：直接表示网点邻接关系、直接表示三角形及邻接关系、混合表示网点及三角形邻接关系。现结合图 7－13 所示的 TIN 结构图，说明这三种存储方式。

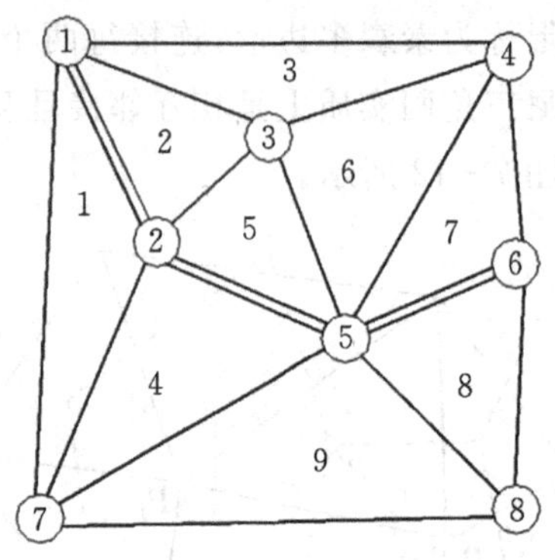

图 7－13　TIN 结构图

1. 直接表示网点邻接关系的结构

这种数据结构是由表示网点三维坐标（平面坐标和高程值）表和表示网点邻接的指针链两组记录构成，如图 7－14 所示。网点邻接的指针链是将每点所有邻接点的编号按顺时针（或逆时针）方向顺序存储构成。图 7－14 的坐标与高程值表中的 P 值代表该编号网点按某种顺序排列的第一邻近点存储的指针链的位置记录。例如，图 7－13 中的点 1 的相邻点有 4 个，按逆时针排列分别为网点 7、2、3、4，并按此顺序存储，则第一点 7 在指针链中的排列编号为 1。网点 2 也有 4 个相邻点，按逆时针排列分别为网点 7、5、3、1，则在指针链中存储第一点 7 的存储编号为 5。以此类推，直至记录完所有网点的邻近点。这种数据结构存储量小，编辑方便。但是，三角形及邻接三角形之间的拓扑关系必须在使用实施时生成，且计算量较大，不便于 TIN 快速检索和显示。

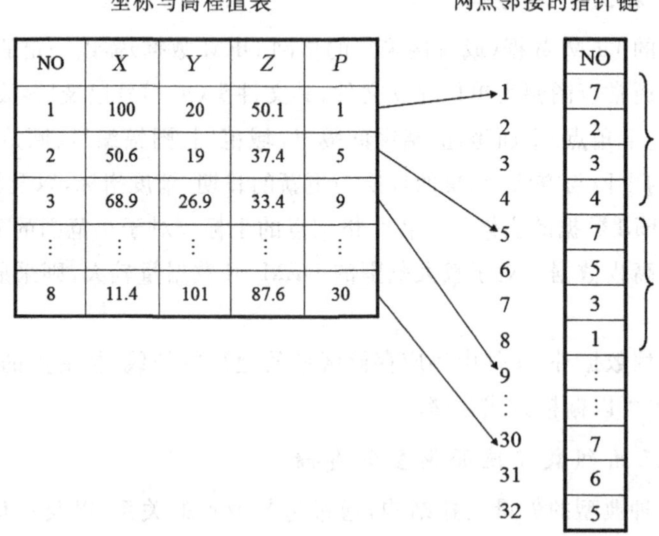

坐标与高程值表

NO	X	Y	Z	P
1	100	20	50.1	1
2	50.6	19	37.4	5
3	68.9	26.9	33.4	9
⋮	⋮	⋮	⋮	⋮
8	11.4	101	87.6	30

网点邻接的指针链

	NO
1	7
2	2
3	3
4	4
5	7
6	5
7	3
8	1
9	⋮
⋮	⋮
30	7
31	6
32	5

图 7－14　直接表示网点邻接关系的结构

2. 直接表示三角形及邻接关系的结构

这种数据结构是由网点坐标(平面坐标和高程值)、三角形及邻接三角形等 3 个数表构成,如图 7-15 所示。与前一种结构形式相比,这种形式的特点是将每一个三角形及邻近的三角形都作为数据记录直接存储,每个三角形用相应的 3 个网点的编号来表示。如编号为 1 的三角形,它是由 3 个网点 1、7、2 组成。邻接三角形是用指向的相应三角形的编号来表示,如编号为 1 的三角形,其邻接的三角形为三角形 2 和三角形 4。这种数据结构检索网点拓扑关系效率高,便于等高线快速插绘、TIN 快速显示与局部结构分析,但需要较大存储量,且不方便编辑。

坐标与高程值表

NO	X	Y	Z	P
1	100	20	50.1	1
2	50.6	19	37.4	5
3	68.9	26.9	33.4	9
⋮	⋮	⋮	⋮	⋮
8	11.4	101	87.6	30

三角形表

NO	$P1$	$P2$	$P3$
1	1	7	2
2	1	2	3
3	1	3	4
⋮	⋮	⋮	⋮
9	7	8	2

邻接三角形表

NO	$\Delta1$	$\Delta2$	$\Delta3$
1	2	4	
2	1	5	3
3	2	6	
⋮	⋮	⋮	⋮
9	4	8	

图 7-15　直接表示三角形及邻接关系的结构

3. 混合表示网点及三角形邻接关系的结构

这种数据结构形式实质上是以上两种方法的综合,它是在直接表示网点邻接关系结构的基础上,增加了一个三角形的数表,如图 7-16 所示。这种数据结构的存储量与前两种结构的存储量相当,但其编辑与快速检索都较为方便。

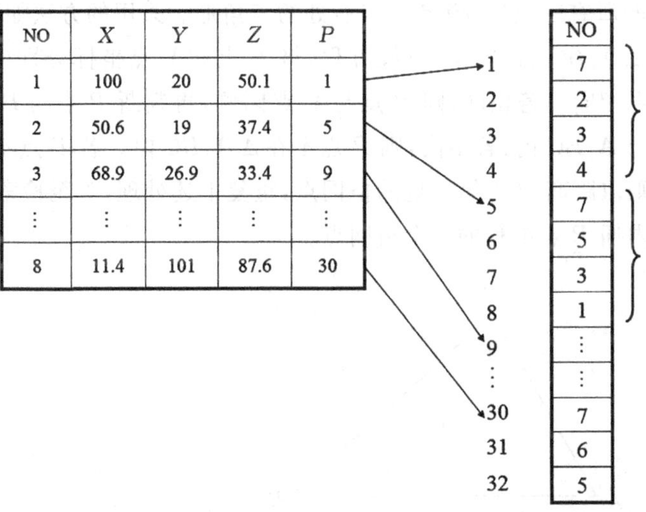

三角形表

NO	$P1$	$P2$	$P3$
1	1	7	2
2	1	2	3
3	1	3	4
⋮	⋮	⋮	⋮
9	7	8	2

图 7-16　混合表示网点及三角形邻接关系的结构

第六节　数字高程模型应用算法

DEM的应用非常广泛。在测绘中，DEM可用于绘制等高线、坡度、坡向图、立体透视图，制作正射影像图、立体景观图、立体地形模型，以及地图的修测等。在各种工程中，DEM可用于计算体积、面积和绘制断面图等。在军事上，DEM可用于导航、通信、作战任务的计划等。在环境与规划中，DEM可用于土地利用现状的分析、各种规划和洪水险情预报等。这里仅介绍DEM在测绘中的应用。

一、DEM的内插

DEM的最基本应用是求解DEM范围内任一点$P(x,y)$的高程。对于规则格网，由于已知该点所在格网各角点的高程，可利用这些格网点的高程拟合一定的曲面，然后计算该点的高程。所拟合的曲面一般应满足连续、光滑的条件。这时，根据前面所讲的DEM内插方法就可以求出DEM范围内任一点$P(x,y)$的高程。对于TIN的内插，其检索比规则格网复杂，但内插方法较简单，一般仅用线性内插法，即将三角形三点确定的斜平面作为地表面，因而，TIN内插仅能保证地面连续，而不能保证地面光滑。

（一）检索格网点

要内插出TIN模型中任一点$P(x,y)$的高程z，首先要确定点P落在TIN中的哪个三角形内，其步骤如下：

（1）若保存有TIN建立前数据分块的检索文件，则可根据内插点P的平面坐标(x,y)确定P所在的数据块，并计算该数据块中每个数据点与点P距离的平方，取距离最小的点设为A_1。若没有数据分块的检索文件，则依次计算点P与各格网点距离的平方，取其最小者。

（2）依次取出以A_1为顶点的所有三角形，确定P点所处的三角形。采用的方法如图7－17所示，设现有一以A_1为顶点的ΔA_1BC，建立BC直线方程，将P点和A_1点坐标分别代入该直线方程，判断所得值的符号是否相同。若相同，则P点与A_1点同侧，再判断P点与B、C点是否同侧。若都成立，则P点在ΔA_1BC内；若不同，则P点不在ΔA_1BC内。若P点不在以A_1为顶点的任意一个三角形中，则取距离P点第二近的格网点，重复上述处理，直至检索出P点所在的三角形，即检索到用于内插P点高程的三个格网点。

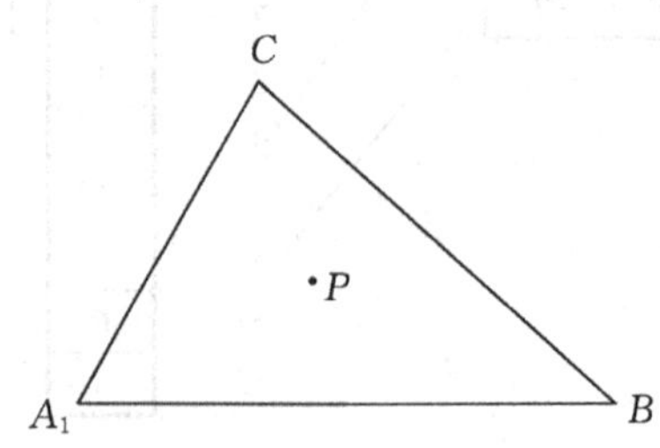

图7－17　确定P点所在三角形

(二)高程内插

已知点 $P(x,y)$ 处于 $\Delta A_1A_2A_3$ 中，三点坐标分别为 (x_1,y_1,z_1)、(x_2,y_2,z_2)、(x_3,y_3,z_3)，则三点确定的平面方程为

$$\begin{vmatrix} x & y & z & 1 \\ x_1 & y_1 & z_1 & 1 \\ x_2 & y_2 & z_2 & 1 \\ x_3 & y_3 & z_3 & 1 \end{vmatrix} = 0 \tag{7-24}$$

令 $x_{21}=x_2-x_1, x_{31}=x_3-x_1; y_{21}=y_2-y_1, y_{31}=y_3-y_1; z_{21}=z_2-z_1, z_{31}=z_3-z_1$。

将 P 点的平面坐标 (x,y) 代入式(7-24)，即可得到 P 点的高程值，即

$$z = z_1 - \frac{(x-x_1)(y_{21}z_{31}-y_{31}z_{21})+(y-y_1)(z_{21}x_{31}-z_{31}x_{21})}{x_{21}y_{31}-x_{31}y_{21}} \tag{7-25}$$

二、基于规则格网 DEM 自动绘制等高线的主要步骤

利用规则格网 DEM 自动绘制等高线主要有两个步骤：一是格网边上等高线点的搜索与跟踪，即利用规则格网 DEM 数据内插出所有穿过格网边的等高线点的平面坐标，并将这些等高线点按其平面坐标顺序排列；二是等高线的内插光滑，即对这些顺序排列的等高线点再进行内插插补，进一步加密等高线点，使得连结成的每一条等高线都是一条光滑的曲线。

(一)格网边上等高线点的搜索与跟踪

确定 DEM 格网边上等高线点的位置并将其排列的方法很多，可以分为两种：一是搜索每条等高线穿过格网边上的点，并将其排列；一是先内插出穿过格网边上的所有等高线点，再将等高线点排序。

1. 按每条等高线的走向顺序内插点排列

这是一种等高线点的内插、排列同时进行的方法，其主要过程如下：

(1)确定穿过 DEM 格网边的每条等高线高程。首先，找出 DEM 格网点中的最低点高程 Z_{min} 和最高点高程 Z_{max}，根据已知的等高距 ΔZ，利用以下公式计算最低等高线高程 z_{min} 与最高等高线高程 z_{max}，并求出穿过整个格网范围内的等高线个数 $(l+1)$。

$$\begin{cases} z_{min} = \mathrm{INT}(\dfrac{Z_{min}}{\Delta Z}+1)\cdot \Delta Z \\ z_{max} = \mathrm{INT}(\dfrac{Z_{max}}{\Delta Z})\cdot \Delta Z \\ l = \dfrac{Z_{max}-Z_{min}}{\Delta Z} \end{cases} \tag{7-26}$$

式中，INT 为取整计算。

当 $z_{max}=Z_{max}$ 时，则 $z_{max}=Z_{max}-\Delta Z$。

任一条(假设是第 K 条)等高线的高程为

$$z_K = z_{min} + K\cdot \Delta Z \quad (K=0,1,2,\cdots,l) \tag{7-27}$$

(2)计算并记录格网水平边和竖直边的状态矩阵。为了清楚记录等高线穿过 DEM 格网

边的状态，先设置两个状态矩阵 $\boldsymbol{H}^{(K)}$ 和 $\boldsymbol{V}^{(K)}$，分别记录等高线穿过 DEM 格网的水平边和竖直边的情况。两个状态矩阵形式为

$$\boldsymbol{H}^{(K)}=\begin{vmatrix} h_{0,0}^{(K)} & h_{0,1}^{(K)} & \cdots & h_{0,n}^{(K)} \\ h_{1,0}^{(K)} & h_{1,1}^{(K)} & \cdots & h_{1,n}^{(K)} \\ \vdots & \vdots & & \vdots \\ h_{m,0}^{(K)} & h_{m,1}^{(K)} & \cdots & h_{m,n}^{(K)} \end{vmatrix} \quad \boldsymbol{V}^{(K)}=\begin{vmatrix} v_{0,0}^{(K)} & v_{0,1}^{(K)} & \cdots & v_{0,n}^{(K)} \\ v_{1,0}^{(K)} & v_{1,1}^{(K)} & \cdots & v_{1,n}^{(K)} \\ \vdots & \vdots & & \vdots \\ v_{m,0}^{(K)} & v_{m,1}^{(K)} & \cdots & v_{m,n}^{(K)} \end{vmatrix} \tag{7-28}$$

现以图 7-18 为例，说明矩阵 $\boldsymbol{H}^{(K)}$ 和 $\boldsymbol{V}^{(K)}$ 的赋值情况。状态矩阵的赋值规则为：如果某条格网边上有等高线穿过，则其对应的状态矩阵赋值为 1，否则赋值为 0。如图 7-18 所示，格网点 (i,j) 的水平边是指点 (i,j) 和点 $(i+1,j)$ 的连线，竖直边是指点 (i,j) 和点 $(i,j+1)$ 的连线。图 7-18 中，显示格网点 (i,j) 的水平边上有第 K 条、高程值为 z_K 的等高线穿过，$H_{i,j}^{(K)}$ 则赋值 1。第 K 条等高线并没有穿过格网点 $(i,j+1)$ 的水平边，所以，$H_{i,j+1}^{(K)}=0$。矩阵 $\boldsymbol{V}^{(K)}$ 的赋值也是如此。

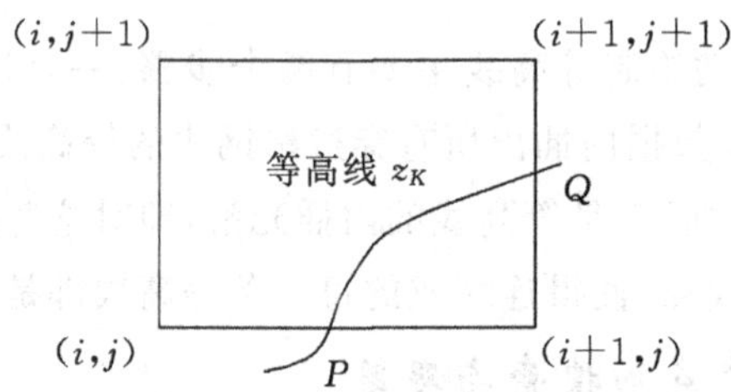

图 7-18　等高线穿过格网边

再以图 7-18 为例，说明判断格网边上是否有等高线穿过的条件。如图 7-18 所示，在格网点 (i,j) 的水平边上有一条高程值为 z_K 的等高线穿过，那么高程必定介于此水平边两端高程之间，即

$$Z_{i,j}<z_K<Z_{i+1,j} \text{ 或 } Z_{i,j}>z_K>Z_{i+1,j} \tag{7-29}$$

上式等价于

$$(Z_{i,j}-z_K)(Z_{i+1,j}-z_K)<0$$

同理，判断格网点 (i,j) 的竖直边的高程为 z_K 的等高线穿过的条件为

$$(Z_{i,j}-z_K)(Z_{i,j+1}-z_K)<0 \tag{7-30}$$

用状态矩阵 $\boldsymbol{H}^{(K)}$ 和 $\boldsymbol{V}^{(K)}$ 值描述判断条件，则

$$h_{ij}^{(K)}=\begin{cases}1 & (Z_{i,j}-z_K)(Z_{i+1,j}-z_K)<0 \\ 0 & (Z_{i,j}-z_K)(Z_{i+1,j}-z_K)>0\end{cases} \tag{7-31}$$

$$v_{ij}^{(K)}=\begin{cases}1 & (Z_{i,j}-z_K)(Z_{i,j+1}-z_K)<0 \\ 0 & (Z_{i,j}-z_K)(Z_{i,j+1}-z_K)>0\end{cases} \tag{7-32}$$

为了避免判别式出现零的情况，可将所有等于等高线高程的格网点上高程加（减）上一个微小值 ε，$\varepsilon>0$。

(3)等高线起点的搜索。与边界相交的等高线为开曲线，不与边界相交的等高线为闭曲线。由于开曲线的起点总是位于 DEM 格网的外围边上，为了保证开曲线的完整性，往往先沿 DEM 的四边边界搜索开曲线。

$$\begin{aligned} h_{i,0}^{(K)} &= 1, \quad h_{i,m}^{(K)} = 1 \\ v_{0,j}^{(K)} &= 1, \quad v_{n,j}^{(K)} = 1 \end{aligned} \tag{7-33}$$

所有的元素都对应着一条高程值为 z_K 的开曲线的起点(或终点)。搜索到一个开曲线的起点后，要将其相应的状态矩阵元素赋值为 0，以免重复搜索。处理闭曲线时，可按先列后行(或先行后列)的次序搜索内部格网的竖直边(或水平边)，搜索到的第一个等高线通过的边即为闭曲线的起点边，也是终点边，因此，对应的状态元素不能赋值为 0，应仍保留原值 1，否则等高线就不能闭合。

(4)等高线点平面位置确定。如果某格网点的水平边(或竖直边)有一条高程为 z_K 的等高线通过，则该等高线的点的平面坐标很容易得出，一般采用线性内插法确定。图 7－18 中，格网点(i,j)水平边上有高程值为 z_K 的等高线穿过，则格网边等高线点 P 的平面坐标(x_P,y_P)为

$$\begin{cases} x_P = x_{i,j} + \dfrac{z_K - Z_{i,j}}{Z_{i+1,j} - z_{i,j}} \cdot \Delta x \\ y_P = y_{i,j} \end{cases} \tag{7-34}$$

式中，$x_{i,j}=x_{0+i}\cdot\Delta x$，$y_{i,j}=y_{0+i}\cdot\Delta y$，$(x_0,y_0)$为 DEM 的起点坐标，$\Delta x$、$\Delta y$ 为 DEM 的 x 方向和 y 方向的格网间隔。格网点(i,j)竖直边上有高程值为 z_K 的等高线穿过，则格网边上等高线点 Q 的平面坐标(x_q,y_q)为

$$\begin{cases} x_q = x_{i,j} \\ y_q = y_{i,j} + \dfrac{z_K - Z_{i,j}}{Z_{i,j+1} - z_{i,j}} \cdot \Delta y \end{cases} \tag{7-35}$$

(5)等高线点的继续搜索跟踪。等高线起点找到后，可继续搜索该等高线与格网边的下一个交点。为此，可将每一个格网的 4 个边分别编号为 1、2、3、4(如图 7－19 所示)，则等高线的进入编号 IN 有 4 种可能。IN＝1 表示等高线从 1 号边进入。依次可类推 IN＝2，IN＝3，IN＝4 的情况。进入边判断后，可按一定方向(如逆时针)搜索等高线的离去编号 OUT。

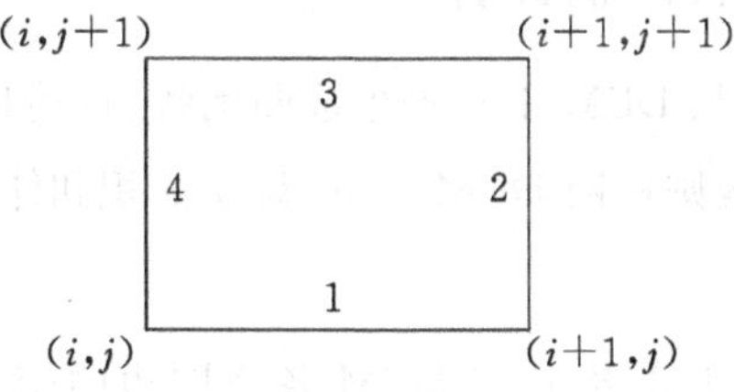

图 7－19　格网边编号

先按逆时针方向从 2 号边开始，然后依次为 3 号边、4 号边搜索。

当 $v_{i+1,j}=1$ 时，则 OUT＝2，并令 $v_{i+1,j}=0$；

否则，当$h_{i,j+1}=1$时，则 OUT=3，并令$h_{i,j+1}=0$；

否则，当 $v_{i,j}=1$ 时，则 OUT=4，并令 $v_{i,j}=0$。

同理可分析 IN=2，IN=3，IN=4 的情况。

搜索到每一个等高线点后，即可按式(7-34)或式(7-35)计算该点的平面坐标。如此搜索，直到状态矩阵 $\boldsymbol{H}^{(K)}$ 和 $\boldsymbol{V}^{(K)}$ 的元素全部为零，即此时高程为 z_K 的等高线就全部被搜索出来了。注意，本书只介绍了格网中仅有一条等高线通过的情况。

(6)等高线终点的搜索。对于开曲线，当搜索到的某一点为 DEM 格网边界上的点时，该点即为这条等高线的终点；反之，对于闭曲线，当搜索到的某一点也是该等高线的第一点时，则该点即为搜索的这条等高线的终点。

2. 整体内插出整个 DEM 所有等高线点并逐条排列与存储

这种方法是按格网边的顺序(如先按行、后按列)，将格网范围内全部等高线穿越格网交点的坐标(x,y)内插出来，然后按等高线的顺序将属于每一条等高线的点找出来，并按等高线的走向将它们的顺序排列并存储起来。

将离散的等高线点按顺序排列起来，可按以下两个条件进行：

(1)方向条件。要求已经排好的两个等高线上的点到下一个等高线点的方向变化最小。

(2)距离条件。要求已经排好的等高线上的点到下一个等高线点之间的距离最小。

(二)等高线的内插光滑

由以上两种方法得到的等高线点只是一系列离散的点，当相邻点间间距较大时，若直接将这些点依次相连，只能得到一系列不光滑的折线。要获得光滑曲线，还必须对这些离散的等高线点进一步插补(加密)。插补的方法较多，可通过多项式内插或用折线逼近曲线公式等方法插补等高线点。无论采用何种插补方法，均具有如下要求：

(1)曲线应通过已知的等高线点；

(2)曲线在等高线点处应保持光滑(节点)，即一阶导数连续；

(3)相邻两个节点间的曲线没有多余的摆动；

(4)同一条等高线自身不能相交。

三、基于规则格网的面积、体积计算

在实际工程应用中，如何从 DEM 上自动生成断面线、自动计算工程中的填方量和挖方量等是经常遇到的问题。现以规则格网 DEM 为例，说明面积和体积计算的方法。

(一)剖面积计算

根据工程设计的线路，可计算出其与 DEM 各格网边的交点$P_i(X_i,Y_i,Z_i)$，则线路剖面积为

$$S=\sum_{i=1}^{n-1}\frac{Z_i+Z_{i+1}}{2}\cdot D_{i,i+1} \tag{7-36}$$

式中，n 为交点点数；$D_{i,i+1}=\sqrt{(x_{i+1}-x_i)^2+(y_{i+1}-y_i)^2}$。

(二)体积计算

DEM 体积由四棱柱(无特征的网络)或三棱柱体积累加得到,四棱柱体上表面用双曲抛物面拟合,三棱柱体上表面用斜平面拟合,下表面均为水平面或参考平面,计算公式分别为

$$V_3 = \frac{Z_1 + Z_2 + Z_3}{3} \cdot S_3$$
$$V_4 = \frac{Z_1 + Z_2 + Z_3 + Z_4}{4} \cdot S_4 \tag{7-37}$$

式中,S_3、S_4分别是三棱柱、四棱柱的底面积。因此,根据新、旧 DEM 可以计算工程中的填方量和挖方量。

(三)表面积计算

对于含有特征的格网,将其分解成三角形;对于无特征的格网,可用 4 个角点的高程取平均,即为中心点高程,然后将格网分成 4 个三角形。由每个三角形的 3 个顶点坐标计算出通过该 3 个顶点的斜三角形面积,最后累加就得到了实地的表面积。

思考题

1. 数字高程模型与数字地面模型有何区别和联系？说明 DEM 的几种常用的表示形式及特点。

2. 建立数字地面模型的主要数据源有哪几类？

3. 简述一种构建不规则三角网(TIN)的方法。

4. 简述基于规则格网 DEM 自动绘制等高线的主要步骤。

5. 说明交互式数字摄影测量生成 DEM 的工作流程。

第八章 数字摄影测量基础

第一节 概述

摄影测量的基本任务是从影像中提取几何信息和物理信息。传统的模拟摄影测量和解析摄影测量方法，都是由人工作业完成这两项工作。在模拟立体测图仪或解析测图仪上进行相对定向、绝对定向、测绘地物与地貌，都通过作业员在双眼立体观察的情况下完成。

数字摄影测量是利用影像相关技术来代替人眼的目视观测，自动识别同名点，实现几何信息的自动提取。通过计算机与相应的数字摄影测量软件构成的数字摄影测量工作站，将全部的摄影测量功能用软件实现，可替代传统的各种精密光学、机械（＋计算机）的摄影测量仪器。也正是由于数字摄影测量利用计算机替代“人眼”，使得其无论在理论上还是实践上都得到了迅速的发展。目前，数字摄影测量在三维可视化、地理信息数据更新、数字近景摄影测量等方面已得到了广泛的应用和发展。同时，数字摄影测量在国家基本比例尺地形图更新及其现势性方面也显得愈来愈重要。

一、数字摄影测量的定义和分类

数字摄影测量是基于摄影测量的基本原理，应用计算机技术、数字图像处理、计算机视觉、模式识别等多学科的理论与方法，从影像提取所摄对象用数字方式表达的几何和物理信息的摄影测量的分支学科。数字摄影测量是在传统摄影测量（特别是解析摄影测量）基础上发展而来的，它的初衷就是利用计算机屏幕显示数字影像，代替由光学系统观测“胶片影像”，再由计算机运算，并通过数字高程模型（DEM）测制线划等高线及正射影像地图。数字摄影测量利用数字图像处理、模式识别、影像匹配理论为摄影测量赋予了许多自动化技术。

数字摄影测量包括计算机辅助测图和影像数字化测图。

（一）计算机辅助测图

计算机辅助测图又称为数字测图，是利用解析测图仪或具有机助系统的模拟测图仪进行数据采集、数据处理，形成 DEM 与数字地图，最后输入相应的测量数据库。如果需要，也可以用数控测绘仪输出线划图，或用数控正射投影仪输出正射影像图，或用打印机打印各种图形。计算机辅助测图系统所处理的依然是传统的像片，对影像的处理仍然需要人眼的立体测量，计算机起数据记录与辅助处理的作用，是一种半自动化的方式。计算机辅助测图是摄影测量从解析向数字的过渡阶段所采用的技术。

(二)影像数字化测图

影像数字化测图是利用计算机对数字影像或数字化影像进行处理,由计算机视觉代替人眼进行立体测量与识别,完成影像几何与物理信息的自动提取。此时,不再需要传统的光学和机械仪器,不再采用传统的人工操作方式,而是自动化的方式。若处理的原始资料是传统的模拟像片,则需要用高精度的影像数字化仪对其数字化,获得数字化影像。按对影像进行数字化的程度,影像数字化测图又可分为混合数字摄影测量和全数字摄影测量。

混合数字摄影测量系统是早期的一种数字摄影测量方式,是在解析测图仪上安装一对CCD数字相机,对要进行测量的局部影像进行数字化,然后由数字相关(匹配)方式获得空间点坐标。

全数字摄影测量(也称为软拷贝摄影测量)处理的是完整的数字影像或数字化影像。若原始资料是模拟像片,则首先利用影像数字化仪对影像进行完全数字化。而利用数字相机获得的数字影像可直接输入计算机。由于自动影像解译仍然处于研究阶段,目前全数字摄影测量主要用于测绘数字线划图、生成数字地面模型、制作正射影像图等。全数字摄影测量的主要内容包括方位参数的解算、核线影像的建立、影像匹配、空间坐标解算、数字表面模型的建立、等高线自动绘制、数字纠正生产正射影像,以及生成带等值线的正射影像图。通常所说的数字摄影测量系统就是指全数字摄影测量系统,也是当前测绘部门普遍采用的摄影测量设备。

当影像获取与处理几乎同步进行并在一个视频周期内完成,就是实时摄影测量。实时摄影测量是全数字摄影测量的一个分支。在实时摄影测量系统中,数字相机必须与计算机联机使用,实时地获取与处理数字影像。实时摄影测量系统需要高性能硬件的支持,并运用快速适用的算法。当前,实时摄影测量被应用于视觉科学,如计算机视觉、机器视觉、机器人视觉等。实时摄影测量在工业上的典型应用是流水生产线上移动零件或产品的检测,还可用于制造工业、运输、导航,以及各种需要实时监视与识别物体的情况。对于摄影测量来说,实时摄影测量也是近景摄影测量数字化、自动化的进一步发展。

二、数字摄影测量要解决的主要问题

(一)影像匹配

影像匹配的目的是从两幅影像中识别同名点(共轭点),这一过程是一个摄影测量视觉的过程,也是一个计算机视觉的过程,是实现自动立体测量的关键,是数字摄影测量的重要研究课题之一。影像匹配的精确性和可靠性、算法的适应性和运算的速度均是数字摄影测量重要的研究内容,特别是影像匹配的可靠性一直是数字摄影测量的关键问题之一。

随着计算机技术和计算机视觉技术的发展,在摄影测量与计算机视觉领域发展了多种影像匹配方法。特别是为了提高匹配精度,摄影测量工作者将测量中最常用的数据处理方法(最小二乘法)应用到影像匹配,将影像匹配变为一般的平差问题,使影像匹配达到 1/10～1/100像素的精度。这无疑是摄影测量工作者对影像匹配的独特贡献。

(二)影像解译

当前,全数字摄影测量主要用于测绘数字地图、自动生产数字地面模型与正射影像图。事实上,数字摄影测量还有另一项基本任务,即利用影像信息确定被摄对象的物理属性,也即对影像进行自动解译。常规摄影测量采用人工目视判读识别影像对应的物体,而遥感技术则利用多光谱信息和其他信息实现自动分类。数字摄影测量中居民地、道路、河流等地面目标的自动识别与提取,主要是依赖于对影像结构与纹理的分析,需要提取各种影像特征,包括点特征、线特征与面特征。影像特征提取是影像匹配和三维信息提取的基础,也是影像分析与单幅影像处理的最重要的任务。

数字摄影测量的基本任务仍然是确定被摄对象的几何与物理属性,实现影像测量与理解的自动化。前者虽然有很多问题有待解决,需要继续不断研究,但已达到实用阶段,已经取代了模拟法和解析法,成为当前主流的摄影测量方法;后者则离实际应用还有很大距离,还处于研究阶段,但其中某些专题信息(如道路和房屋)的自动提取可能会首先进入实用阶段。

第二节 数字影像及数字影像重采样

数字摄影测量处理的原始资料是数字影像,因此,关于数字影像、影像灰度、影像采样及重采样等都是数字摄影测量最基本的概念。

一、光学影像与数字影像

传统的摄影机用光学影像记录景物的几何与物理信息,景物的辐射度(亮度)在光学影像上反映为影像的黑白程度,称为影像的灰度或光学密度。在透明像片(正片或负片)上,灰度表现为影像的透明程度,即透光的能力。设投射在透明像片上的光通量为F_0,透过透明像片后的光通量为F,透过率T与不透过率O分别定义为

$$T=\frac{F}{F_0},\quad O=\frac{F_0}{F} \tag{8-1}$$

因此,影像愈黑,则透过的光量愈小,不透过率愈大。虽然透过率和不透过率都可以说明影像明暗的程度,但人眼对明暗程度的感觉是按对数关系变化的。为了适应人眼的视觉,在分析影像的性能时,不直接用透过率或不透过率表示其明暗程度,而用不透过率的对数值表示,即

$$D=\lg O=\lg\frac{1}{T} \tag{8-2}$$

式中,D为影像的灰度值,当光线全部透过时,即透过率等于1,其影像的灰度等于0;当光线通量为1/100时,其影像灰度是2。实际的航空或航天遥感的灰度一般为0.3~2。

光学影像在像幅的几何空间和灰度空间上都是连续的。

数字摄影测量系统处理的原始资料是数字影像或数字化影像,它是一个灰度矩阵$\boldsymbol{g}$,即

$$g = \begin{bmatrix} g_{0,0} & g_{0,1} & \cdots & g_{0,n-1} \\ g_{1,0} & g_{1,1} & \cdots & g_{1,n-1} \\ \vdots & \vdots & & \vdots \\ g_{m-1,0} & g_{m-1,1} & \cdots & g_{m-1,n-1} \end{bmatrix} \tag{8-3}$$

矩阵中的每个元素对应于被摄物体或光学影像的一个微小区域，称为像元或像素，像元是数字影像的最小基本单元。各像素的值$g_{i,j}$就是数字影像的灰度值，它反映了对应物体的辐射强度或光学影像的黑白程度。$g_{i,j}$一般是 0 至 255 之间的某个整数。矩阵的每一行对应于一个扫描行，像素的点位坐标用行列号表示，称为扫描坐标。

二、影像的数字化

数字影像可由（航空）数码相机摄影直接获得，但目前更多的是将光学影像（传统航空摄像机所摄取）的底片进行扫描获得。但是在进行摄影测量处理时，前者无须进行内定向，后者需要进行内定向。

影像扫描数字化过程中不可能将每一个连续的像点全部数字化，而是只能将实际的灰度离散化，每一个间隔（Δ）获取一个微小区域的灰度值，这个过程称为采样，Δ 称为采样间隔，也等于像素的尺寸。

采样过程会给影像的灰度带来误差，影像的细部将受到损失。若要减少误差，则采样的间隔越小越好。但是采样间隔越小，数据量越大，增加了运算工作量和提高了对设备的要求。究竟如何确定采样间隔，应综合考虑精度要求、影像分解力、数据量和存储设备的容量，根据具体情况可选择 50 μm、25 μm、12.5 μm，甚至更小的采样间隔。

通过上述采样过程得到的每个区域的灰度值通常不是整数，不便于实际计算。为此，应将各区域的灰度值取为整数，这一过程称为影像灰度的量化。影像的量化过程就是灰度的离散化，即将影像矩阵中的每一个像素的灰度转化为相应的灰度等级。由于计算机中的数字均用二进制表示，因此，灰度等级一般都以 2 的整数幂（2^m，m 是正整数）来表示，即

$$L = 2^m \quad m = 1,2,\cdots,8$$

若 $m=1$，则表示一幅黑白二值影像，灰度级为 0 或 1；若 $m=8$，则表示一幅 256 级的黑白影像，灰度级为 0～255，0 为黑，255 为白，每个像素元素的灰度值占 8 bit，即一个字节。这时，一个像素的灰度级l_{ij}所对应的灰度值为

$$d_{ij} = \frac{l_{ij}D}{255} \quad l_{ij} = 0,1,\cdots,255$$

在实际的影像处理中，处理的对象是影像的灰度等级，而不是灰度，但为了简化起见，一般将灰度等级当作“灰度”，而将式（8-3）所表示的影像称为灰度影像。

三、数字影像重采样

对数字影像进行几何处理，如旋转、核线排列、特征提取、影像匹配，以及影像纠正时，经常会出现变换后影像的灰度取值问题。当变换后影像对应的原始影像位置正好位于采样点（矩阵节点）上时，直接取原始影像的灰度（像素）值为变换后的灰度值。但是，当计算的原始影像

不位于采样点(矩阵节点)上时,并无现成的灰度值存在,此时就必须采用适当的方法,把该点周围整数点位上灰度值对该点的灰度贡献积累起来,构成该点位新的灰度值,这个过程称为数字影像灰度的重采样。重采样是数字摄影测量的重要工具,常用的重采样方法有双线性插值法、双三次卷积法、最邻近像元法。

(一)双线性插值法

双线性插值法的卷积核(权函数)是一个三角形函数,即

$$W(x)=1-|x| \quad 0\leqslant|x|\leqslant 1 \tag{8-4}$$

此时,需要待重采样点 P 附近的 4 个原始影像灰度值参加计算。如图 8-1 所示,11、12、21、22 为相邻像元中心,像元间隔为 1 个单位,它们的灰度值分别为 I_{11}、I_{12}、I_{21}、I_{22},P 为待重采样点的位置。图 8-1 中右侧表示式(8-4)的卷积核图形沿 x 方向进行重采样时所在的位置。

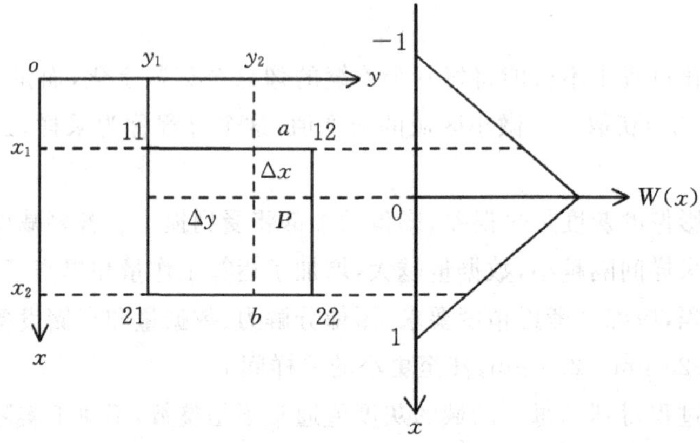

图 8-1 双线性插值法

计算可沿 x 方向和 y 方向分别进行。先沿 y 方向分别对 a、b 的灰度值进行重采样,再利用这两点沿 x 方向对 P 点重采样。在任一方向作重采样时,可使卷积核(权函数)的零点与 P 点对齐,以读取其各原始像元处的相应函数值。实际上,将上述运算过程整理归纳后,可以把两个方向的计算合为一个,直接计算出 4 个原始点对点 P 所作贡献的权值,以构成一个 2×2 的二维卷积核 $\boldsymbol{W}$(权矩阵),把它与 4 个原始像元灰度值构成的 2×2 灰度矩阵 $\boldsymbol{I}$ 做哈马达(Hadmard)积运算得出一个新的矩阵,然后把这些新的矩阵元素累加,即可得到重采样点 P 的灰度值 I_P,有

$$I_P=\sum_{i=1}^{2}\sum_{j=1}^{2}\boldsymbol{I}(i,j)\cdot\boldsymbol{W}(i,j)=I_{11}\cdot W_{11}+I_{12}\cdot W_{12}+I_{21}\cdot W_{21}+I_{22}\cdot W_{22} \tag{8-5}$$

式中

$$\boldsymbol{I}=\begin{bmatrix} I_{11} & I_{12} \\ I_{21} & I_{22} \end{bmatrix}$$

$$\boldsymbol{W}=\begin{bmatrix} W_{11} & W_{12} \\ W_{21} & W_{22} \end{bmatrix}$$

$$W_{11}=W(x_1)W(y_1),W_{12}=W(x_1)W(y_2)$$
$$W_{21}=W(x_2)W(y_1),W_{22}=W(x_2)W(y_2)$$

式中，$\boldsymbol{I}(i,j)\cdot\boldsymbol{W}(i,j)$为两个矩阵的哈马达积，它的定义是这两个矩阵中各对应元素的乘积所构成的矩阵。

根据图 8-1 和式(8-4)有

$$W(x_1)=1-\Delta x,\quad W(x_2)=\Delta x$$
$$W(y_1)=1-\Delta y,\quad W(y_2)=\Delta y$$
$$\Delta x=x-\mathrm{INT}(x)$$
$$\Delta y=y-\mathrm{INT}(y)$$

其中，INT 为取整部分。

代入式(8-5)，得 P 点的重采样灰度值I_P为

$$I_P=(1-\Delta x)(1-\Delta y)I_{11}+(1-\Delta x)\Delta y I_{12}+\Delta x(1-\Delta y)I_{21}+\Delta x\Delta y I_{22} \tag{8-6}$$

(二)双三次卷积法

双三次卷积法是以三次样条函数为卷积核，其函数表达式为

$$\begin{cases} W_1(X)=1-2X^2+|X|^3 & 0\leqslant|X|\leqslant1 \\ W_2(X)=4-8|X|+5X^2-|X|^3 & 1\leqslant|X|\leqslant2 \\ W_3(X)=0 & 2\leqslant|X| \end{cases} \tag{8-7}$$

用式(8-7)作为权函数对任一点重采样时，需要该点周围 16 个原始像元参与计算。与双线性插值法相同，重采样可以沿 x 方向和 y 方向分别进行运算，如图 8-2 所示，图中右侧表示式(8-7)的卷积核图形在沿 x 方向进行重采样时所在的位置。重采样也可以用 16 个邻近像元灰度矩阵与对应权阵的哈马达积来计算。此时，重采样点 P 的灰度值I_P为

$$I_P=\sum_{i=1}^{4}\sum_{j=1}^{4}\boldsymbol{I}(i,j)\cdot\boldsymbol{W}(i,j) \tag{8-8}$$

式中

$$\boldsymbol{I}=\begin{bmatrix} I_{11} & I_{12} & I_{13} & I_{14} \\ I_{21} & I_{22} & I_{23} & I_{24} \\ I_{31} & I_{32} & I_{33} & I_{34} \\ I_{41} & I_{42} & I_{43} & I_{44} \end{bmatrix}$$

$$\boldsymbol{W}=\begin{bmatrix} W_{11} & W_{12} & W_{13} & W_{14} \\ W_{21} & W_{22} & W_{23} & W_{24} \\ W_{31} & W_{32} & W_{33} & W_{34} \\ W_{41} & W_{42} & W_{43} & W_{44} \end{bmatrix}$$

$$W_{11}=W(x_1)W(y_1),W_{12}=W(x_1)W(y_2)$$
$$\vdots$$
$$W_{ij}=W(x_i)W(y_j)$$

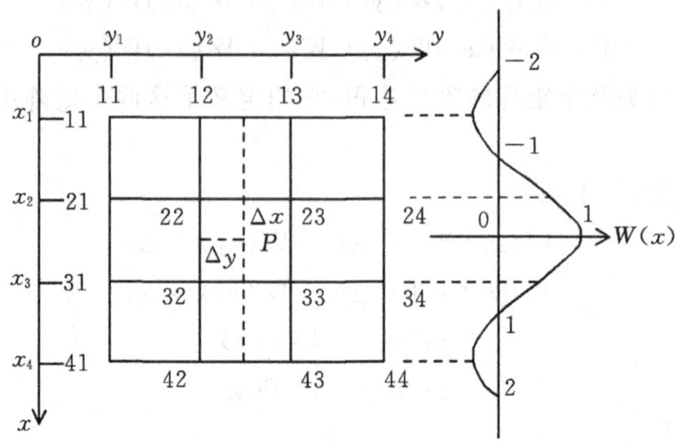

图 8 - 2　双三次卷积法

根据图 8 - 2 和式(8 - 7)有

$$W(x_1)=W(-1-\Delta x)=-\Delta x+2\Delta x^2-\Delta x^3$$
$$W(x_2)=W(-\Delta x)=1-2\Delta x^2+\Delta x^3$$
$$W(x_3)=W(1-\Delta x)=\Delta x+\Delta x^2+\Delta x^3$$
$$W(x_4)=W(2-\Delta x)=-\Delta x^2+\Delta x^3$$
$$W(y_1)=W(-1-\Delta y)=-\Delta y+\Delta y^2-\Delta y^3$$
$$W(y_2)=W(-\Delta y)=1-2\Delta y^2+\Delta y^3$$
$$W(y_3)=W(1-\Delta y)=\Delta y+\Delta y^2+\Delta y^3$$
$$W(y_4)=W(2-\Delta y)=-\Delta y^2-\Delta y^3$$
$$\Delta x=x-\mathrm{INT}(x)$$
$$\Delta y=y-\mathrm{INT}(y)$$

(三)最邻近像元法

最邻近像元法是取距离重采样点位置最近的像元(N)的灰度值作为重采样点的灰度值,即

$$I_P=I_N \tag{8-9}$$

式中,N 为最邻近点,其影像坐标值为

$$\begin{cases}X_N=\mathrm{INT}(x+0.5)\\Y_N=\mathrm{INT}(y+0.5)\end{cases} \tag{8-10}$$

以上三种方法中,最邻近像元法计算最简单、速度快,且不会破坏原始影像的灰度信息,但其几何精度较差,最大误差可达 0.5 个像素;双三次卷积法精度最高,但计算量大;双线性插值法既能获得较好的精度,也能达到较快的速度,是一种普遍被采用的方法。

第三节 数字影像匹配原理

立体像对的测量是提取物体空间信息的基础。在数字摄影测量中，是以影像匹配代替人眼观测来自动确定同名点的。最初的影像匹配是利用相关技术实现的，所以影像匹配也称为影像相关。由于原始像片中的灰度信息可以转化为电子信息、光学信息或数字信息，因此，可构成电子相关，且其理论基础是相同的，都是根据两个信号的相关函数，评价它们的相似性，以确定同名点。

一、数字影像相关原理

数字影像相关是利用计算机对数字影像进行数字计算的方式完成影像相关，识别出两幅(或多幅)影像的同名点。计算时，通常先取出一张像片(左片)中以待定点为中心的小区域中的影像信号，然后搜索该待定点在另一影像中的相应区域中的一些信号，计算二者的相关函数，以相关函数最大值对应的相关区域中心为同名点，即以影像信号分布最相似的区域为同名区域，同名区域的中心为同名点，这是自动化立体量测的基本原理。

一般在影像上搜索同名点是一个二维搜索，即二维相关的过程，但当完成相对定向后，就可以利用同名核线，将二维搜索转化为一维搜索，从而极大地提高运算速度。

(一)二维影像相关

二维影像相关时，先在左影像上确定一个待定点(目标点)，以此待定点为中心选取 $m\times n$(通常取 $m=n$)个像素的灰度阵列作为目标区域，如图 8-3 所示。为了在右影像上搜索同名点，必须估计出该同名点可能存在的范围，建立一个 $k\times l(k>m,l>n)$个像素灰度阵列作为搜

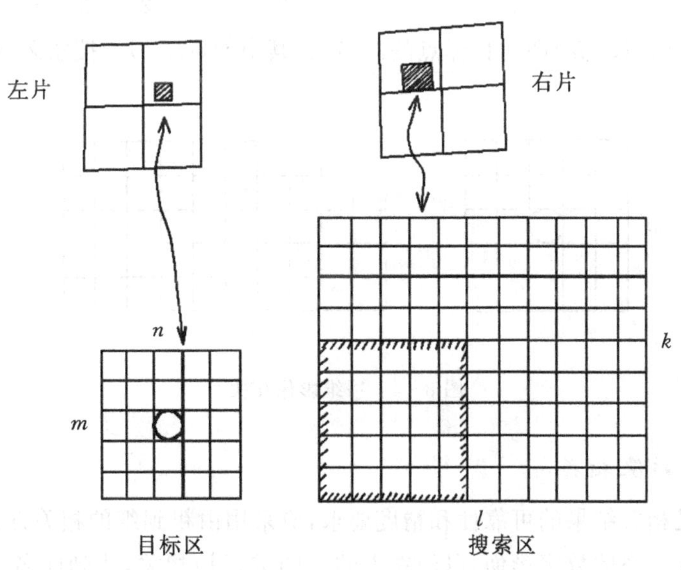

图 8-3 二维影像相关

索区域，依次在搜索区域的不同位置取出 $m\times n$ 个像素灰度阵列作为搜索窗口，计算与目标区域的相似性测度，即

$$\rho_{ij}\left(i=i_0-\frac{l}{2}+\frac{n}{2},\cdots,i_0+\frac{l}{2}-\frac{n}{2};j=j_0-\frac{k}{2}+\frac{m}{2},\cdots,j_0+\frac{k}{2}-\frac{m}{2}\right)$$

式中，(i_0,j_0)为搜索区中心。

当 ρ 取最大值时，该搜索窗口的中心像素被认为是目标点的同名点，即

$$\rho_{cr}=\max\left\{\rho_{ij}\left|\begin{matrix}i=i_0-\frac{l}{2}+\frac{n}{2},\cdots,i_0+\frac{l}{2}-\frac{n}{2}\\ j=j_0-\frac{k}{2}+\frac{m}{2},\cdots,j_0+\frac{k}{2}-\frac{m}{2}\end{matrix}\right.\right\}\tag{8-11}$$

式中，(c,r)即为目标点的同名点。

(二)一维影像相关

一维影像相关也称为核线相关。立体像对经过相对定向后，建立了核线影像。由于同名像点必然位于同名核线上，此时，同名点只需在一个方向上搜索，只进行一维影像相关。理论上，目标区和搜索区都可以是一维窗口。但是，为了保证相关结果的可靠性并提高精度，通常使用较多的像素参与计算。因此，目标区应与二维影像相关时相同，取以待定点为中心的 $m\times n$(通常取 $m=n$)个像素的灰度阵列作为目标区，如图 8-4 所示。搜索区为 $m\times l(l>n)$个像素的灰度阵列，搜索只在一个方向进行，计算相似性测度，得

$$\rho_i\left(i=i_0-\frac{l}{2}+\frac{n}{2},\cdots,i_0+\frac{l}{2}-\frac{n}{2}\right)$$

当

$$\rho_c=\max\left\{\rho_i\ \middle|\ i=i_0-\frac{l}{2}+\frac{n}{2},\cdots,i_0+\frac{l}{2}-\frac{n}{2}\right\}\tag{8-12}$$

当 ρ 取最大值时，(c,j_0)即为目标点的同名点，其中的(i_0,j_0)为搜索区中心。

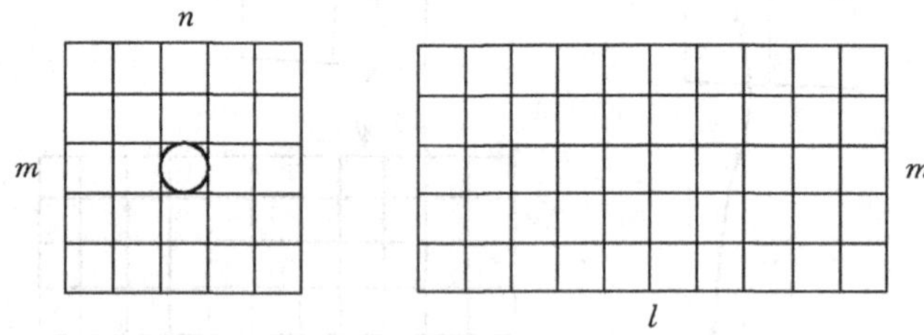

图 8-4　一维影像相关

(三)分频道影像相关

为了同时满足相关结果的可靠性和精度要求，应采用由粗到细的相关方式，即先通过低通滤波得到降低了分辨率的数字影像，以便在大的范围进行初相关，找到同名点的粗略位置，作为预测值；然后逐渐采用较高分辨率的影像，在逐渐变小的搜索区中进行相关；最后用原始分辨率影像进行相关，以得到最好的精度，这就是分频道影像相关的方法。

在分频道相关时，需要获得不同等级的数字影像，这些影像采用逐次低通滤波，并增大采样间隔方式得到，形成一个像元总数逐渐变少的影像序列。若将这些影像叠置起来，恰似一座金字塔，称为金字塔影像结构。

对于一维相关，分频道可采用两像元平均、三像元平均和四像元平均等方法。对于实际的二维影像相关，通过每 2×2=4(或 3×3=9)个像元平均为一个像元构成第二级影像，再在第二级影像基础上构成第三级影像，依次类推，构成金字塔影像。图 8－5 为金字塔影像的示意图。

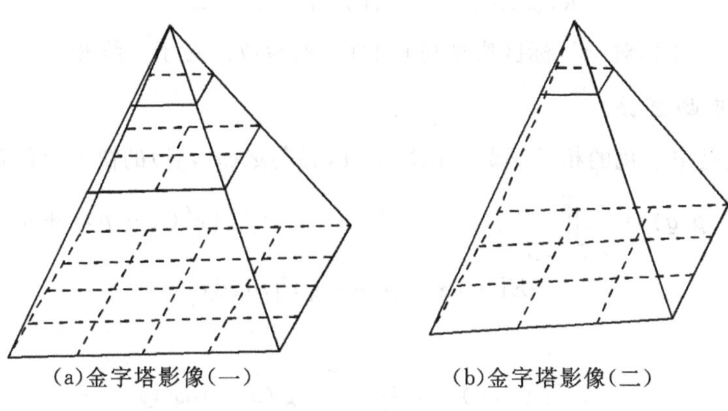
(a)金字塔影像(一)　(b)金字塔影像(二)

图 8－5　金字塔影像

二、数字影像匹配基本算法

数字影像匹配就是在两幅(多幅)影像之间识别同名点，数字影像匹配是计算机视觉和数字摄影测量的核心问题。数字影像匹配有多种算法，都是根据一定的准则，比较左、右影像的相似性来确定同名点影像，从而确定相应的同名像点。

若影像匹配的目标窗口的灰度矩阵为 $\boldsymbol{G}=(g_{ij})(i=1,2,\cdots,m;j=1,2,\cdots,n)$，$m$ 和 n 分别是矩阵 $\boldsymbol{G}$ 的行、列数，通常 m 和 n 为奇数且 $m=n$，与 $\boldsymbol{G}$ 相对应的灰度函数为 $g(x,y)$，$(x,y)\in D$。搜索区的灰度矩阵为 $\boldsymbol{G}'=(g'_{ij})(i=1,2,\cdots,k;j=1,2,\cdots,l)$，$k$ 和 l 分别是矩阵 $\boldsymbol{G}'$ 的行、列数，通常 k 和 l 为奇数，与 $\boldsymbol{G}'$ 相对应的灰度函数为 $g'(x',y')$，$(x',y')\in D'$，相应的灰度函数中任意一个 m 行 n 列的搜索窗口记为

$$\boldsymbol{G}'_{\gamma,c}=(g'_{i+r,j+c})\quad i=1,2,\cdots,m;j=1,2,\cdots,n$$
$$r=\mathrm{INT}(m/2)+1,\cdots,k-\mathrm{INT}(m/2)$$
$$c=\mathrm{INT}(n/2)+1,\cdots,l-\mathrm{INT}(n/2)$$

(一)相关函数法

灰度函数 $g(x,y)$ 与 $g'(x',y')$ 的相关函数定义为

$$R(p,q)=\iint_{(x,y)\in D} g(x,y)g'(x+p,y+q)\,\mathrm{d}x\mathrm{d}y \tag{8-13}$$

若

$$R(p_0,q_0)>R(p,q) \quad p\neq p_0,q\neq q_0$$

则p_0、q_0为搜索区影像相对于目标区影像的位移参数，即左右视差值和上下视差值，也就是确定了同名像点。对于一维相关，应有$q\equiv 0$。

由于数字影像是离散的灰度数据，其相关函数用估计公式表示为

$$R(c,r)=\sum_{i=1}^{m}\sum_{j=1}^{n}g_{i,j}\cdot g'_{i+r,j+c} \tag{8-14}$$

若

$$R(c_0,r_0)>R(c,r) \quad c\neq c_0,r\neq r_0$$

则c_0、r_0为搜索区影像相对于目标区影像位移的行、列参数。对于一维相关，应有$r\equiv 0$。

（二）协方差函数法

协方差函数是中心化的相关函数。函数$g(x,y)$与$g'(x',y')$的协方差函数定义为

$$C(p,q)=\iint_{(x,y)\in D}\{g(x,y)-E[g(x,y)]\}\{g'(x+p,y+q)-E[g'(x+p,y+q)]\}\mathrm{d}x\mathrm{d}y \tag{8-15}$$

其中

$$E[g(x,y)]=\frac{1}{D}\iint_{(x,y)\in D}g(x,y)\mathrm{d}x\mathrm{d}y$$

若

$$C(p_0,q_0)>C(p,q) \quad p\neq p_0,q\neq q_0$$

则p_0、q_0为搜索区影像相对于目标区影像的位移参数。对于一维相关，应有$q\equiv 0$。

对于离散灰度数据，协方差函数的估计公式为

$$C(c,r)=\sum_{i=1}^{m}\sum_{j=1}^{n}(g_{i,j}-\bar{g})\cdot(g'_{i+r,j+c}-\bar{g}') \tag{8-16}$$

其中

$$\bar{g}=\frac{1}{m\cdot n}\sum_{i=1}^{m}\sum_{j=1}^{n}g_{i,j}, \quad \bar{g}'=\frac{1}{m\cdot n}\sum_{i=1}^{m}\sum_{j=1}^{n}g'_{i+r,j+c}$$

若

$$C(c_0,r_0)>C(c,r) \quad c\neq c_0,r\neq 0$$

则c_0、r_0为搜索区影像相对于目标区影像的位移参数。对于一维相关，应有$r\equiv 0$。

1. 相关系数法

相关系数是标准化的协方差函数，协方差函数除以两信号的方差即为相关系数。函数$g(x,y)$与$g'(x',y')$的相关系数为

$$\rho(p,q)=\frac{C(p,q)}{\sqrt{C_{gg}\,C_{g'g'}(p,q)}} \tag{8-17}$$

其中

$$C_{gg}=\iint_{(x,y)\in D}\{g(x,y)-E[g(x,y)]\}^2\mathrm{d}x\mathrm{d}y$$

$$C_{g'g'}=\iint_{(x+p,y+q)\in D}\{g'(x+p,y+q)-E[g'(x+p,y+q)]\}^2\mathrm{d}x\mathrm{d}y$$

若

$$\rho(p_0,q_0)>\rho(p,q)\quad p\neq p_0,q\neq q_0$$

则p_0、q_0为搜索区影像相对于目标区影像位移的行、列参数。对于一维相关，应有$q\equiv0$。

对于离散灰度数据，相关系数的估计公式为

$$\rho(c,r)=\sum_{i=1}^{m}\sum_{j=1}^{n}(g_{i,j}-\bar{g})(g'_{i+r,j+c}-\bar{g}')/\sqrt{\sum_{i=1}^{m}\sum_{j=1}^{n}(g_{i,j}-\bar{g})^2\cdot\sum_{i=1}^{m}\sum_{j=1}^{n}(g'_{i+r,j+c}-\bar{g}')^2}$$

其中

$$\bar{g}=\frac{1}{m\cdot n}\sum_{i=1}^{m}\sum_{g=1}^{n}g_{i,j},\quad \bar{g}'=\frac{1}{m\cdot n}\sum_{i=1}^{m}\sum_{j=1}^{n}g'_{i+r,j+c}$$

若

$$\rho(c_0,r_0)>\rho(c,r)\quad c\neq c_0,r\neq r_0$$

则c_0、r_0为搜索区影像相对于目标区影像位移的行、列参数。对于一维相关，应有$r\equiv0$。

2. *差平方和法*

函数$g(x,y)$与$g'(x',y')$的差平方和为

$$S^2(p,q)=\iint_{(x,y)\in D}[g(x,y)-g'(x+p,y+q)]^2\mathrm{d}x\mathrm{d}y \tag{8-18}$$

若

$$S^2(p_0,q_0)<S^2(p,q)\quad p\neq p_0,q\neq q_0$$

则p_0、q_0为搜索区影像相对于目标区影像位移的行、列参数。对于一维相关，应有$q\equiv0$。

离散灰度数据差平方和的计算公式为

$$S^2(c,r)=\sum_{i=1}^{m}\sum_{j=1}^{n}(g_{i,j}-g'_{i+r,j+c})^2 \tag{8-19}$$

若

$$S^2(c_0,r_0)<S^2(c,r)\quad c\neq c_0,r\neq r_0$$

则c_0、r_0为搜索区影像相对于目标区影像位移的行、列参数。对于一维相关，应有$r\equiv0$。

3. *差绝对值和法*

函数$g(x,y)$与$g'(x',y')$的差绝对值和为

$$S(p,q)=\iint_{(x,y)\in D}|g(x,y)-g'(x+p,y+q)|\mathrm{d}x\mathrm{d}y \tag{8-20}$$

若

$$S(p_0,q_0)<S(p,q)\quad p\neq p_0,q\neq q_0$$

则p_0、q_0为搜索区影像相对于目标区影像位移的行、列参数。对于一维相关，应有$q\equiv0$。

离散灰度数据差绝对值和的计算公式为

$$S(c,r)=\sum_{i=1}^{m}\sum_{j=1}^{n}|g_{i,j}-g'_{i+r,j+c}| \tag{8-21}$$

若

$$S(c_0,r_0) < S(c,r) \quad c \neq c_0, r \neq r_0$$

则c_0、r_0为搜索区影像相对于目标区影像位移的行、列参数。对于一维相关，应有 $r \equiv 0$。

三、最小二乘影像匹配原理

影像匹配中判断影像匹配的度量很多，其中有一种是"灰度差的平方和最小"。若将灰度差记为余差 v，则上述判断可写为 $\sum vv = \min$ 。

因此，它与最小二乘法的原则是一致的。但在一般情况下，它没有考虑影像灰度中存在的系统误差，仅仅认为影像灰度只存在偶然误差（随机噪声），即

$$n_1 + g_1(x,y) = n_2 + g_2(x,y)$$

式中，n_1、n_2为左、右影像灰度g_1、g_2中存在的偶然误差。把上式写成一般的误差方程式形式为

$$v = g_1(x,y) - g_2(x,y) \tag{8-22}$$

这就是按一般的 $\sum vv = \min$ 原则进行影像匹配的数学模型。若在此系统中引入系统变形的参数，再根据最小二乘法原则解求变形参数，就构成了最小二乘影像匹配系统。

影像灰度的系统变形有辐射畸变和几何畸变两大类，由此产生左、右影像灰度分布之间的差异。产生辐射变形的原因有：照明及被摄影物体辐射面的方向、大气与摄影机物镜所产生的衰减、摄影处理条件的差异，以及影像数字化过程中所产生的误差等。产生几何畸变的主要因素有：摄影机方位不同所产生的影像透视畸变、影像的各种畸变，以及由于地形坡度所产生的影像畸变等。竖直航空摄影时，地形高差的影响则是几何畸变的主要因素。因此，在陡峭山区的影像匹配要比平坦地区的影像匹配困难。

在影像匹配中引入这些变形参数，同时按最小二乘法原则解求这些参数，就是最小二乘影像匹配的基本思想。

（一）仅考虑辐射线性畸变的最小二乘影像匹配

假定灰度分布相对于另一个灰度分布存在着线性畸变，因此

$$n_1 + g_1 = n_2 + h_0 + h_1 g_2 + g_2$$

式中，h_0、h_1为线性畸变参数，$h_0 + h_1 g_2$为线性畸变改正值。按上式可写出仅考虑辐射线性畸变的最小二乘影像匹配的数学模型

$$v = h_0 + h_1 g_2 - (g_1 - g_2) \tag{8-23}$$

按 $\sum vv = \min$ 原则，可求得辐射线性畸变参数h_0和h_1，即

$$\begin{cases} h_1 = \dfrac{\sum g_1 \sum g_2 - n\sum g_1 g_2}{\left(\sum g_2\right)^2 - n\sum g_2^2} - 1 \\ h_0 = \dfrac{1}{n}\left[\sum g_1 - \sum g_2 - \left(\sum g_2\right) h_1\right] \end{cases} \tag{8-24}$$

假定对g_1、g_2已作过中心化处理，就有

$$\sum g_1 = 0, \sum g_2 = 0, h_0 = 0$$

则

$$h_1=\frac{\sum g_1g_2}{\sum g_2^2}-1$$

因此，在消除了灰度分布g_2相对于另一个灰度分布g_1的线性辐射畸变后，考虑到式(8－23)，其残余灰度差的平方和为

$$\sum vv=\sum\left[g_2\cdot\frac{\sum g_1g_2}{\sum g_2^2}-g_1\right]^2$$

整理后得

$$\sum vv=\sum g_1^2-\frac{\left(\sum g_1g_2\right)^2}{\sum g_2^2} \tag{8-25}$$

由相关系数

$$\rho^2=\frac{\left(\sum g_1g_2\right)^2}{\sum g_1^2\sum g_2^2}$$

可知，相关系数与$\sum vv$的关系为

$$\sum vv=\sum g_1^2(1-\rho^2)$$

或写成

$$\frac{\sum g_1^2}{\sum vv}=\frac{1}{1-\rho^2}$$

式中，$\sum g_1^2$为信号的功率，$\sum vv$为噪声的功率，它们的比值称为信噪比，即

$$(\mathrm{SNR})^2=\frac{\sum g_1^2}{\sum vv}$$

由此可得相关系数与信噪比的关系为

$$\rho=\sqrt{1-\frac{1}{(\mathrm{SNR})^2}} \tag{8-26}$$

或写成

$$(\mathrm{SNR})^2=\frac{1}{1-\rho^2}$$

这是相关系数的另一种表达形式。由此式可知，以“相关系数最大”作为影像匹配搜索同名点的准则，其实质就是搜索“信噪比最大”的灰度序列。

（二）仅考虑影像相对位移的一维最小二乘影像匹配

在上述算法中，只考虑了辐射畸变，没有引入几何变形参数。最小二乘影像匹配算法可引入几何变形参数，直接解算影像位移，这是此算法的特点。

假设两一维灰度函数$g_1(x)$、$g_2(x)$，除随机噪声$\eta_1(x)$、$\eta_2(x)$外，$g_2(x)$相对于$g_1(x)$只存在零次几何变形——左右视差Δx，则

$$g_1(x)+\eta_1(x)=g_2(x+\Delta x)+\eta_2(x)$$

或写成

$$v(x) = g_2(x+\Delta x) - g_1(x) \tag{8-27}$$

为解求相对位移量 Δx(左右视差值),对式(8-27)进行线性化,得

$$v(x) = g'_2(x)\Delta x - [g_1(x) - g_2(x)]$$

对于离散的数字影像而言,灰度函数的导数$g'_2(x)$常用一阶差分$\dot{g}(x)$代替,即

$$\dot{g}(x) = \frac{g_2(x+\Delta) - g_2(x-\Delta)}{2\Delta} \tag{8-28}$$

式中,Δ 为采样间隔。因此,误差方程式可写为

$$v(x) = \dot{g}_2\Delta x - \Delta g \tag{8-29}$$

根据最小二乘原理,求得影像的相对位移为

$$\Delta x = \frac{\sum \dot{g}_2 \Delta g}{\sum \dot{g}_2^2} \tag{8-30}$$

由于最小二乘影像匹配是非线性系统,因此,必须用迭代方法进行解算。

最小二乘影像匹配方法是由德国阿克曼(Ackermann)教授提出的一种高精度的影像匹配方法,该方法根据相关影像灰度差的平方和为最小的原理进行平差计算,使影像匹配可以达到1/10 甚至 1/100 像素的高精度,即子像素等级。该方法不仅可以用于建立数字地面模型,生产和制作正射影像图,而且可以用于空中三角测量及工业摄影测量中的高精度量测。在最小二乘影像匹配中,可以非常灵活地引入各种已知参数和条件(如共线方程等几何条件、已知的控制点坐标等)进行整体平差。此外,在最小二乘影像匹配系统中,可以很方便地引入"粗差检测",从而大大提高影像匹配的可靠性。由于最小二乘影像匹配方法具有灵活、可靠和高精度的特点,因此,它受到了广泛的重视,得到了很快的发展。当然,这个系统也有某些缺点,如系统的收敛性等问题有待解决。

第四节 数字影像的自动定向方法

一、数字影像的内定向

数字摄影测量的主要任务是从数字影像中提取几何信息。在双像解析摄影测量中,已经建立了以像主点为原点的像平面直角坐标计算地面点坐标的一系列数学关系,如相对定向、绝对定向、共线条件方程等,这些关系式在数字摄影测量中完全适用。由于数字影像的像素坐标系(扫描坐标系)是建立在像素矩阵上的,其坐标原点在矩阵的左上角,坐标轴系也与像素平面直角坐标轴系不平行,而且可能产生某种变形。内定向的目的就是要建立影像的像素坐标和像平面直角坐标系之间的关系,并改正扫描过程所引起的变形影响,以保证摄影过程中摄影中心、像点及对应物点共线的关系能够被利用,从而完成数字摄影测量的后续处理。同时,也能够根据摄影测量处理的结果,求出相应像点在数字影像中的位置并获取其灰度值。内定向只对那些用扫描仪数字化得到的数字化影像才有必要。对于由数字相机摄取的数字影像来说,内定向参数是个常数,经相机鉴定获得。

在图 8－6 中，$O\text{-}cr$ 为影像扫描坐标系，$e\text{-}xy$ 为框标坐标系，$o\text{-}xy$ 为像平面坐标系，o 为影像的像主点（主光轴与像平面的交点），$S\text{-}xyz$ 为像空间坐标系。内定向过程如图8－7所示，内定向是数字摄影测量的一个基本环节。

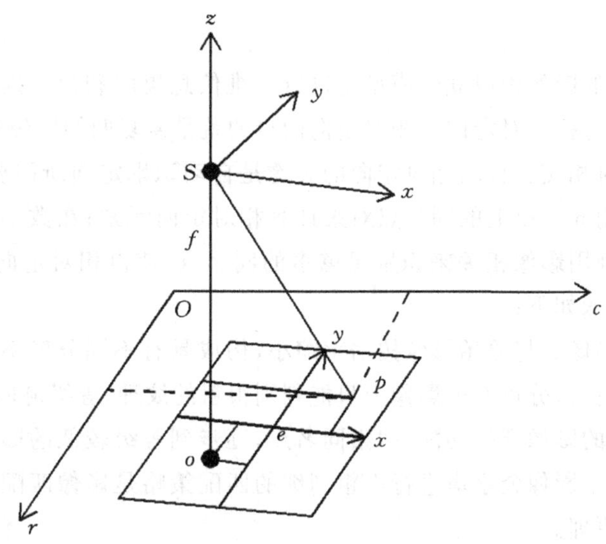

图 8－6 像平面坐标与扫描坐标

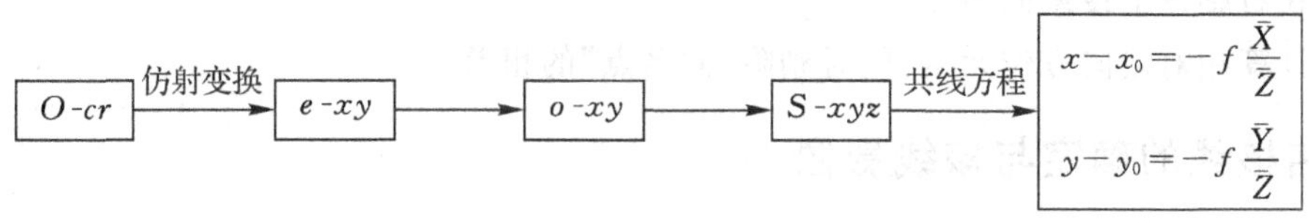

图 8－7 内定向过程

如图 8－6 所示，4 个框标点重心与影像的像主点是不重合的，摄影机经检校后都会提供像主点在框标坐标系中的位置(x_0,y_0)，因此，由关系式

$$\begin{bmatrix} c \\ r \end{bmatrix}=\begin{bmatrix} h_1 & h_2 \\ k_1 & k_2 \end{bmatrix}\begin{bmatrix} x-x_0 \\ y-y_0 \end{bmatrix}-\begin{bmatrix} c_0 \\ r_0 \end{bmatrix} \tag{8-31}$$

可求得 6 个参数。在使用时，可以直接按式(8－31)，根据影像的像平面坐标来确定它在扫描影像中的位置，并求出相应的像素。同样，也可以根据像点的扫描坐标求得它的像平面坐标。当已知外方位元素时，通过共线方程可以由影像扫描坐标（行号 r、列号 c）得到对应的地面坐标。

内定向所需的已知数据包括影像数据和相机参数文件（含有相机类型、框标点的理论坐标、物镜畸变差等信息）。内定向的成果包括框标的像素坐标、内定向参数和内定向精度报告。

在数字摄影测量系统中进行内定向通常有两种方法，即人工内定向和自动内定向。人工内定向就是由作业员用目视方式识别和定位影像框标；自动内定向的核心是如何利用计算机自动识别影像的框标，每一种航空摄影机都有它固定的框标。在数字摄影测量工作站(DPW)

中，多是将不同摄影机的框标图像制成“模板”，用模板匹配自动识别和定位数字图像上的框标，实现内定向的自动化。自动内定向效率较高，但是当影像质量不佳时，难以保证内定向的精度。

二、自动相对定向

用两幅相互重叠的影像构成立体模型是进行三维信息提取和数字摄影测量的基础，而立体模型的建立则必须进行相对定向。相对定向的目的就是恢复两幅影像在空中成像时的相对方位，使同名光线对对相交。自动相对定向的关键是自动识别定向所需要的同名点对。在解析摄影测量中，一般用 6 个以上的同名点对来计算相对定向元素；在数字摄影测量中，则具有很大的灵活性，可以利用影像相关来识别足够多的同名点，使得相对定向达到高精度。DPW 的相对定向的基本步骤如下：

(1)生成金字塔影像。将原始影像按倍率缩小，构成具有不同分辨率的影像等级，等级愈高，分辨率愈低(粗)，在粗分辨率的影像上只能判别很粗的纹理；等级愈低，纹理愈细。影像匹配的过程是由等级高的影像开始匹配，搜索同名点，逐步到等级较低的影像，最后到原始影像上进行匹配。这种利用影像金字塔进行由粗到细的匹配策略是影像匹配中最常用、最重要的策略，它也符合视觉原理。

(2)在左影像上用特征算子提取特征点(影像具有明显纹理结构的点)，作为待匹配的目标点。

(3)在右影像上搜索同名点。

(4)计算相对定向方位元素，同时剔除“同名点”的粗差。

三、同名核线的确定与核线影像

如前所述，在影像相对定向的讨论中，涉及影像区域相关的算法，这是一个二维相关的问题。如果能够利用空间成像的某些性质将二维相关转化为一维相关，就会使问题变得简单，效率与可靠性得到提高。

由双像解析摄影测量知识可知：通过基线 B 的平面(称为核面)与影像的交线称为核线，不同的核面与影像有不同的交线，同一核面与左、右影像的交线称为同名核线。任意一个地面点 A 一定位于通过该点的核面与影像的交线——同名核线上，如图 8－8 中的a_1、a_2。由此得到一个重要的结论：在已知同名核线的条件下，影像匹配(搜索同名点)的问题就由二维(平面)匹配转化为一维(直线)匹配。但是，在影像数字化过程中，像元是按矩阵形式规则排列的，扫描行不是核线方向。因此，要进行核线相关，必须先找到核线，建立核线影像。

此外，核线还具有以下性质：

(1)基线 B 的延长线与左、右影像的交点分别称为左、右核点(极点)，如图 8－8 中的 v_2。左、右影像上所有的核线分别交于左、右核点。

(2)在倾斜影像上的所有核线相互不平行，且交于核点。

(3)在理想影像平面上，所有核线相互平行，上下视差为零。这一特性对于立体观测是十分有用的。

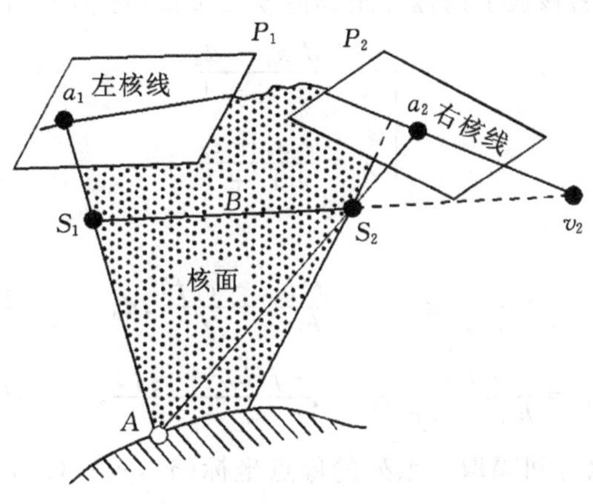

图 8-8 核面、核线与核点

(4)左(右)影像上的某一点,其同名点(共轭点)必定在其右(左)影像上的同名核线(共轭核线)上,这一特性是实现核线相关的基本依据。

(一)基于数字影像几何纠正的核线关系

根据核线的基本性质可知,核线在倾斜像片上是相互不平行的,它们相交于核点;只有当像片平行于摄影基线时,像片与摄影基线相交在无穷远处,所有核线才相互平行,且平行于像片 x 轴,如图 8-9 中的(a)和(b)所示。图 8-9(a)为通过摄影基线和某构像光线构成的核面,P 为倾斜像片,P_t 代表平行于基线 B 的“水平”像片。

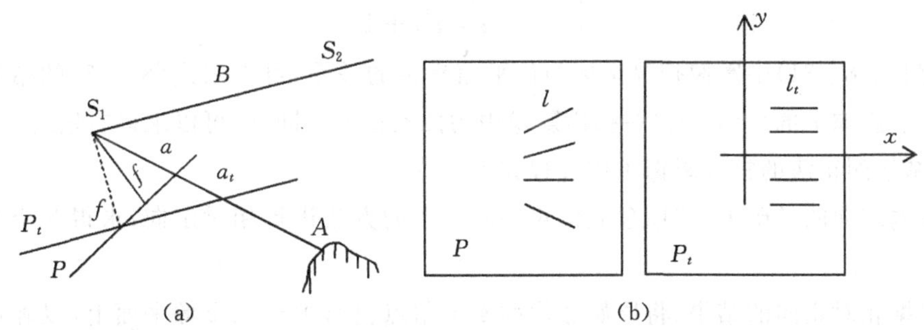

图 8-9 基于数字影像的几何纠正的核线关系

设倾斜像片上的像点坐标为(x,y),“水平”像片上对应像点坐标为(x_t,y_t),由图 8-9(a)可得

$$\begin{cases} x = -f\dfrac{a_1x_t+b_1y_t-c_1f}{a_3x_t+b_3y_t-c_3f} \\ y = -f\dfrac{a_2x_t+b_2y_t-c_2f}{a_3x_t+b_3y_t-c_3f} \end{cases} \tag{8-32}$$

式中,a_i、b_i、c_i9 个方向余弦是倾斜像片相对于摄影基线的方位元素的函数,由解析相对定向计算得到。

在“水平”像片上，同名核线上的像点坐标值 y_t 为常数，将 $y_t=c$ 代入式(8－32)得

$$\begin{cases} x = \dfrac{d_1 x_t + d_2}{d_3 x_t + 1} \\ y = \dfrac{e_1 x_t + e_2}{e_3 x_t + 1} \end{cases} \tag{8-33}$$

其中

$$d_1 = \frac{-fa_1}{b_3 c - c_3 f}, d_2 = \frac{-f(b_1 c - c_1 f)}{b_3 c - c_3 f}, d_3 = \frac{a_3}{b_3 c - c_3 f}$$

$$e_1 = \frac{-fa_2}{b_3 c - c_3 f}, e_2 = \frac{-f(b_2 c - c_2 f)}{b_3 c - c_3 f}, e_3 = d_3$$

若在“水平”像片上以等间隔取一系列的像点坐标(x_1, y_1)、(x_2, y_2)……这些点都在倾斜像片 P 的核线上。

由于在“水平”像片上，同名核线的 y_t 坐标相等，将 $y'_t=y_t=c$ 代入右片的“水平”像片与倾斜像片的像点坐标关系式，得

$$\begin{cases} x' = -f\dfrac{a'_1 x'_t + b'_1 y'_t - c'_1 f}{a'_3 x'_t + b'_3 y'_t - c'_3 f} \\ y' = -f\dfrac{a'_2 x'_t + b'_2 y'_t - c'_2 f}{a'_3 x'_t + b'_3 y'_t - c'_3 f} \end{cases} \tag{8-34}$$

同样可得

$$\begin{cases} x' = \dfrac{d'_1 x'_t + d'_2}{d'_3 x'_t + 1} \\ y' = \dfrac{e'_1 x'_1 + e'_2}{e'_3 x'_t + 1} \end{cases} \tag{8-35}$$

考虑到式(8－31)中影像扫描坐标与像平面坐标的关系，可以用式(8－33)的结果代入该式，得到核线影像上的点(x_t, y_t)在扫描影像中的像素位置。同理，可以求得右核线影像。

上述基于纠正法的核线影像生成过程如下：

(1)在内定向的基础上，按照独立像对相对定向的方法进行相对定向，求得 5 个相对定向元素。

(2)根据相对定向的结果，将原始影像的 4 个角点投影到核线影像平面上，以确定核线影像的范围。

(3)在确定某行核线影像的 y_t 值后，以等间隔 Δ 取一系列的 x_t 值 Δ、2Δ、3Δ……按式(8－32)解求一系列的像点坐标(x_1, y_1)、(x_2, y_2)、(x_3, y_3)……并按式(8－31)求得这些点位于原始影像的坐标(c_1, r_1)、(c_2, r_2)、(c_3, r_3)……

(4)得到的原始影像坐标并不一定处于某一个像素的整数位置上，需要进行重采样，将这些像点经重采样后的灰度值 $g(x_1, y_1)$、$g(x_2, y_2)$……直接赋予核线影像。

$$g'(\Delta, y_t) = g(c_1, r_1), g'(2\Delta, y_t) = g(c_2, r_2), \cdots\cdots, g'(n\Delta, y_t) = g(c_n, r_n)$$

(二)基于共面条件的核线几何关系

这个方法从核线的定义出发，直接在倾斜像片上获得同名核线。如图 8－10 所示，先在左

片目标区选定一个像点 $a(x_a, y_a)$，再根据共面条件确定过 a 点的核线 l 和右片搜索区内同名核线。要确定核线 l，需要确定 l 上另一点 $b(x_b, y_b)$；要确定 l 的同名核线 l'，需要确定两个点 $a'(x'_a, y'_a)$ 和 $b'(x'_b, y'_b)$。这里，点 a 和点 a'、点 b 和点 b' 不要求是同名点，只要在同一核线即可。

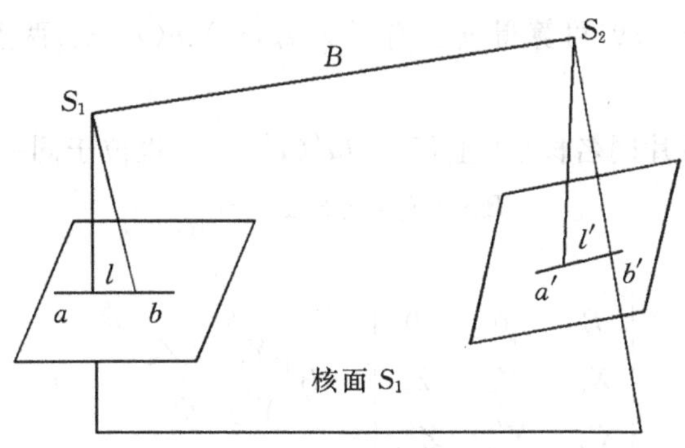

图 8-10 基于共面条件的核线关系

由于同一核线上的点均位于同一核面内，因此，基线 B、S_1a 和 S_1b 满足共面条件，即

$$B\cdot(S_1a\times S_1b)=0$$

若采用独立像对相对定向系统，可得

$$\begin{vmatrix} B & 0 & 0 \\ X_a & Y_a & Z_a \\ X_b & Y_b & Z_b \end{vmatrix} = B\begin{vmatrix} Y_a & Z_a \\ Y_b & Z_b \end{vmatrix} \tag{8-36}$$

式中，(X_a, Y_a, Z_a) 和 (X_b, Y_b, Z_b) 为像点 a 和 b 在以基线为 X 轴的像空间辅助坐标系中的坐标。根据像点坐标变换公式可得

$$\begin{bmatrix} X \\ Y \\ Z \end{bmatrix}_{a,b} = \begin{bmatrix} a_1 & a_2 & a_3 \\ b_1 & b_2 & b_3 \\ c_1 & c_2 & c_3 \end{bmatrix}\begin{bmatrix} x \\ y \\ -f \end{bmatrix}_{a,b} \tag{8-37}$$

式中，a_i、b_i、c_i 为由左片独立像对相对定向元素构成的方向余弦；(x, y) 为左片某核线 l 上像点 a 或 b 的像点坐标。

将式(8-36)展开得

$$\frac{Y_a}{Z_a}=\frac{Y_b}{Z_b}$$

而

$$Y_b=b_1x_b+b_2y_b-b_3f, Z_b=c_1x_b+c_2y_b-c_3f$$

所以

$$\frac{Y_a}{Z_a}=\frac{b_1x_b+b_2y_b-b_3f}{c_1x_b+c_2y_b-c_3f}$$

整理后得

$$y_b=\frac{Y_ac_1-Z_ab_1}{Z_ab_2-Y_ac_2}x_b+\frac{Z_ab_3-Y_ac_3}{Z_ab_2-Y_ac_2}f \tag{8-38}$$

或写成

$$y_b = \frac{A}{B}x_b + \frac{C}{B}f \tag{8-39}$$

式中，$A=Y_a c_1 - Z_a b_1$，$B=Z_a b_2 - Y_a c_2$，$C=Z_a b_3 - Y_a c_3$。

当给定x_b时，由式(8－39)可算得 y_b。有了 $a(x_a,y_a)$、$b(x_b,y_b)$两点，就确定了过 a 点的左核线 l。

同理，左像点 a 和右片同名核线l'上任一点$a'(x'_a,y'_a)$也位于同一核面上，因此

$$B \cdot (S_1 a \times S_1 a') = 0$$

或写成

$$\begin{vmatrix} B & 0 & 0 \\ X_a & Y_a & Z_a \\ X'_{a'} & Y'_{a'} & Z'_{a'} \end{vmatrix} = B\begin{vmatrix} Y_a & Z_a \\ Y'_{a'} & Z'_{a'} \end{vmatrix} = 0$$

根据类似的方法可得

$$y'_{a'} = \frac{Y_a c'_1 - Z_a b'_1}{Z_a b'_2 - Y_a c'_2} x'_{a'} + \frac{Z_a b'_3 - Y_a c'_3}{Z_a b'_2 - Y_a c'_2} f \tag{8-40}$$

式中，a'_i、b'_i、c'_i为由右片独立像对相对定向元素构成的方向余弦。当给定 $x'_{a'}$ 时，可由式(8－40)算得 $y'_{a'}$，再根据左像点 b 和右片同名核线l'上另一像点b'也位于同一核面的条件，算得 b'点的像点坐标$(x'_{b'},y'_{b'})$，这样就确定了右片的同名核线 l'。

第五节 DEM 的自动生成

建立 DEM 必须有非常密集匹配的同名点，一般可采用以下两种不同的途径进行 DEM 的自动生成。

一、在核线影像上进行一维匹配

在核线影像上进行匹配也有两种方式。

(1)在核线影像进行待征点匹配，即首先在核线影像上提取特征点，再对特征点进行匹配，搜索同名点。

(2)在核线影像上按一定的间隔生成格网，并以格网交点作为目标进行匹配，搜索同名点。

获得密集的同名点后，还需要对同名点进行空中前方交会、内插，才能得到所需的 DEM。

二、基于物方的影像匹配算法

在上述影像匹配所讨论的方法中，均是以目标影像为基准，在搜索影像上通过匹配准则确定其相应的同名点，这一匹配过程是在影像空间进行的，称为像方匹配。用基于像方影像匹配法获取左、右影像的视差值后，如需对应点的物方空间坐标，还得通过空间前方交会解算。基于物方的影像匹配方法，是在给定物方点的平面坐标时，在一定的约束条件下，通过匹配确定影像间的同名点，同时也就确定了物方点的高程。

这里介绍垂直线轨迹法(VLL)直接解求物方高程点获取DEM的原理。

如图8-11所示，当物方空间的DEM中的点A的平面位置(X,Y)确定时，可以在A的铅垂线上，在$Z_{\min}\sim Z_{\max}$的范围内，按一定的间隔ΔZ给定高程Z，即

$$Z_i = Z_{\min} + i\Delta Z \quad i = 0,1,\cdots,n; Z_{\min} \leqslant Z \leqslant Z_{\max} \tag{8-41}$$

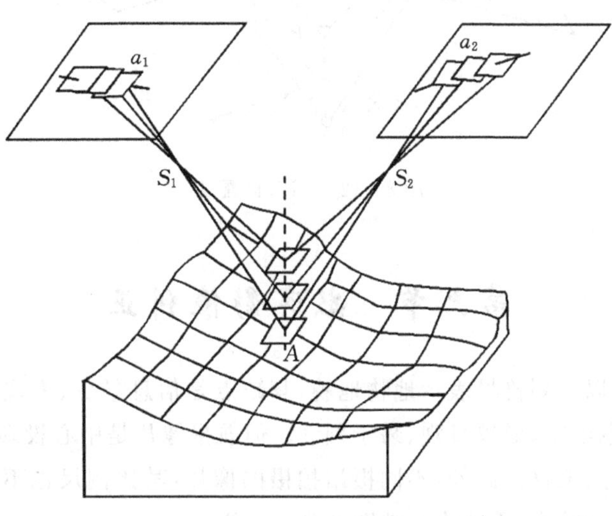

图8-11　VLL影像匹配

利用已知的方位元素，根据共线方程计算左、右像点坐标(x_1,y_1)、(x_2,y_2)。

$$\begin{aligned}
x_1 &= -f\frac{a_1(X-X_S)+b_1(Y-Y_S)+c_1(Z-Z_S)}{a_3(X-X_S)+b_3(Y-Y_S)+c_3(Z-Z_S)} \\
y_1 &= -f\frac{a_2(X-X_S)+b_2(Y-Y_S)+c_2(Z-Z_S)}{a_3(X-X_S)+b_3(Y-Y_S)+c_3(Z-Z_S)} \\
x_2 &= -f\frac{a'_1(X-X_S)+b'_1(Y-Y_S)+c'_1(Z-Z_S)}{a'_3(X-X_S)+b'_3(Y-Y_S)+c'_3(Z-Z_S)} \\
y_2 &= -f\frac{a'_2(X-X_S)+b'_2(Y-Y_S)+c'_2(Z-Z_S)}{a'_3(X-X_S)+b'_3(Y-Y_S)+c'_3(Z-Z_S)}
\end{aligned} \tag{8-42}$$

由图8-11可知，在这些点对中，只有一对点是真正的同名点，它是左、右光线在物方表面的共同交点，其他称为伪同名点。同名点是由像观测度来确定的，每当求得一对同名点(x_i,y_i)、(x_{i+1},y_{i+1})，就以它们为中心，分别在左、右影像上构成目标窗口和搜索窗口，计算相关系数，于是得到一个相关系数序列$\{\rho_0,\rho_1,\rho_2,\cdots,\rho_n\}$，确定相关系数最大者，即$\rho_k=\{\rho_0,\rho_1,\rho_2,\cdots,\rho_n\}$所对应的点对$(x_k,y_k)$、$(x_{k+1},y_{k+1})$就是真正的同名点，而$Z_k$就是物方空间$(X,Y)$所对应的高程。在数字摄影测量工作站作业时，它是模拟作业员用立体测标切准地面的过程，作业员固定手轮(X,Y)不动，只转动脚盘变化Z，空间点由$A\rightarrow B\rightarrow C$运动过程中，由作业员目视确定同名点。在数字摄影测量中，是对地面垂直线ABC等分，并将等分点投影到影像上，分别构成匹配窗口(如图8-12所示)，计算其相关系数，确定同名点，它可以直接获得地面点高程。当物方的地面垂直线不断地变换间隔ΔX、ΔY时，即能获得DEM。

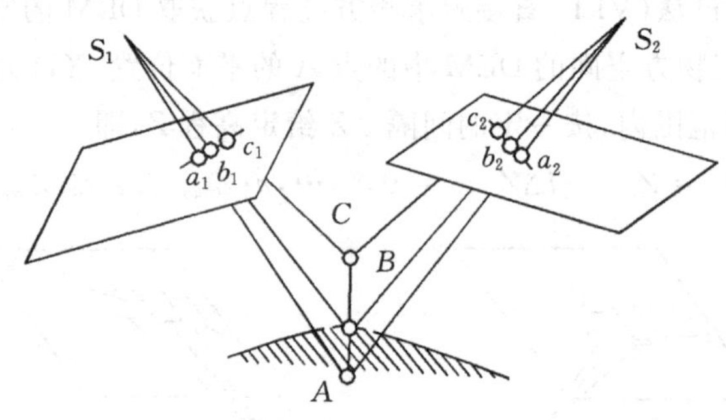

图 8-12 VLL 匹配法

第六节 数字影像纠正

传统的地形图是以线划符号表示地物地貌，其缺点是信息量少、表现方式比较抽象、不易判读，而航摄像片信息丰富、形象直观、易于判读。但航摄像片是中心投影，存在着因像片倾斜和地面起伏引起的像点位移。此外，不同摄站拍摄的像片，其比例尺也不一致。因此，航摄像片不具备地形图的数学精度，不能作为地图产品来使用。

若能将中心投影的航摄像片通过处理，消除像片倾斜引起的像点位移，消除或限制地形起伏引起的投影差，归化不同摄站所摄像片的比例尺，就可形成既有航摄像片的优点，又有地形图的数学精度的正射影像，这一过程称为像片纠正。若在正射影像上添加必要的地图符号，就成为一种新的地图产品——正射影像地图。正射影像或正射影像地图因其信息丰富、形象直观、成图快速和现势性强而在地理信息系统、智慧城市建设等领域得到了广泛应用。

一、像片纠正的基本思想

像片纠正的实质是将像片的中心投影变换为成图比例尺的正射投影，实现这一变化的关键是要建立像点与相应图点的对应关系。

传统的像片纠正是在纠正仪上用投影变换方法实现的，像片纠正原理如图 8-13 所示。图 8-13 中，S 为投影中心，T 为水平的地面，P 为负片面，水平地面上地物 $ABCD$ 在负片上的构像为 $abcd$。若恢复像片的内方位元素，同时保持像片摄影时的空间方位，建立起与摄影光线束相似的投影光线束，然后用一个投影距为 H/M 的水平面 E 与之相截，在 E 面上就得到影像 $a_0b_0c_0d_0$，$a_0b_0c_0d_0$ 与 P 面上的 $abcd$ 互为透视关系，且 $a_0b_0c_0d_0$ 就是比例尺为 $1/M$ 的纠正影像。

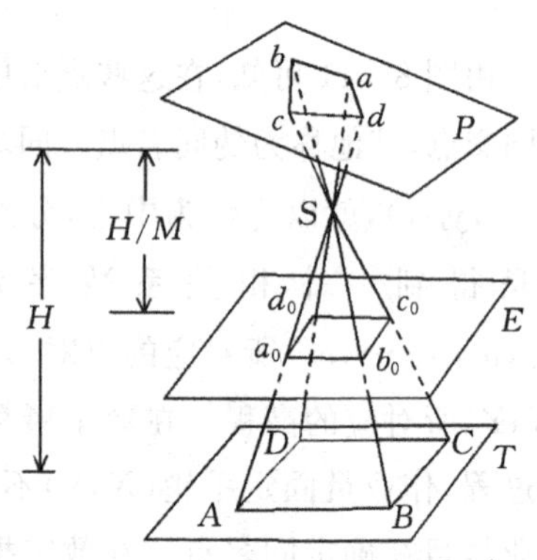

图 8-13 像片纠正原理图

实际上，地面总是有起伏的，凡高于(或低于)水平面上的点，在纠正像片上都存在投影差。这一误差是由中心投影与正射投影两种投影方法不同而产生的，它不因将倾斜像片变换成纠正像片（水平像片）而消除。测图规范规定这种误差不得超过图上 0.4 mm，如果在一张纠正像片的作业面积内，任何像点的投影差都不超过 0.4 mm，这样的地区通常称为平坦地区。对于投影差超过上述数值不太多的丘陵地区，可以采用分带纠正方法将像片按地面高程分为若干带，每一带的投影差都在视差范围内，每一带都按平坦地区进行像片纠正，再将各带的纠正影像拼接镶嵌起来，就取得了整张纠正像片。

起伏较大的丘陵地区和山地，难以用分带纠正方法实现像片纠正，通常是在正射投影仪上采用正射投影技术进行像片纠正。该方法是以一条缝（如 0.2 mm×1.0 mm）作为纠正的基本单元，根据倾斜的缝隙影像与对应的正射影像存在的共线条件关系进行纠正，制作正射影像。

但是，这些传统的光线纠正仪和正射投影仪在数学关系上受到很大的限制，只能处理一般的中心投影的航摄像片，不能处理以扫描方式或其他方式获取的非中心投影的卫星影像，而且这些影像通常都是数字影像，不便使用这些光学纠正仪器。

在数字摄影测量系统中，以数字影像纠正技术制作正射影像是当前普遍采用的作业方法。数字纠正也称为数字微分纠正，是以像素为单元，通过数字影像变换完成像片纠正。数字影像纠正前，必须已知原始影像的内、外方位元素和对应地面的数字高程模型。纠正时，首先要建立原始影像与对应正射影像之间的坐标关系，然后进行变换后影像灰度值的重采样，获得正射影像图上各点的灰度值。数字纠正属于高精度的逐点纠正，它除了可以处理常规的航摄像片外，还适用于处理以扫描方式或其他方式获取的非中心投影的卫星影像。

二、中心投影影像的数字影像纠正

数字影像纠正的基本任务是实现原始影像与纠正后影像之间的几何变换，在数字影像纠正时，首先要建立原始影像与纠正后影像之间的几何关系。设任一像元在原始影像和纠正后影像中的坐标分别为(x,y)和(X,Y)，它们之间存在的映射关系为

$$x = f_x(X,Y),\ y = f_y(X,Y) \tag{8-43}$$

或

$$X = \varphi_X(x,y),\ Y = \varphi_Y(x,y) \tag{8-44}$$

式(8-43)是由纠正后的像点坐标(X,Y)反算该点在原始影像上的像点坐标(x,y)，这种方法称为间接法（或反解法）数字纠正，而式(8-44)则是由原始影像上像点坐标(x,y)解求纠正后影像上相应坐标(X,Y)，这种方法称为直接法（或正解法）数字纠正。

（一）间接法数字影像纠正

间接法数字影像纠正的过程如下。

1. 计算地面点坐标

设正射影像上任一像素中心 P 的坐标为(X',Y')，由正射影像左下角图廓点地面坐标(X_0,Y_0)与正射影像比例尺分母 M 计算 P 点对应的地面坐标(X,Y)，如图 8-14 所示。

$$\begin{cases} X = X_0 + M \cdot X' \\ Y = Y_0 + M \cdot Y' \end{cases} \tag{8-45}$$

2. 计算像点坐标

间接法数字影像纠正的基本公式是共线条件方程式，即

$$\begin{cases} x - x_0 = -f\dfrac{a_1(X-X_S)+b_1(Y-Y_S)+c_1(Z-Z_S)}{a_3(X-X_S)+b_3(Y-Y_S)+c_3(Z-Z_S)} \\ y - y_0 = -f\dfrac{a_2(X-X_S)+b_2(Y-Y_S)+c_2(Z-Z_S)}{a_3(X-X_S)+b_3(Y-Y_S)+c_3(Z-Z_S)} \end{cases}$$

根据正射影像某像素的地面坐标(X,Y)，在已知的数字高程模型上内插出该点的高程Z，再利用共线条件方程式计算出该点在对应原始影像中的像点坐标(x,y)。

3. 灰度重采样

由于计算得到的原始影像点坐标不一定正好落在像元中心，因此，必须进行灰度重采样。一般采用双线性内插方法求得像点p的灰度值$g(x,y)$。

4. 灰度赋值

将像点p的灰度值$g(x,y)$赋给纠正后的像素P，即

$$G(X,Y)=g(x,y)$$

依次对每个像元进行上述运算，即可得到纠正后的正射影像。

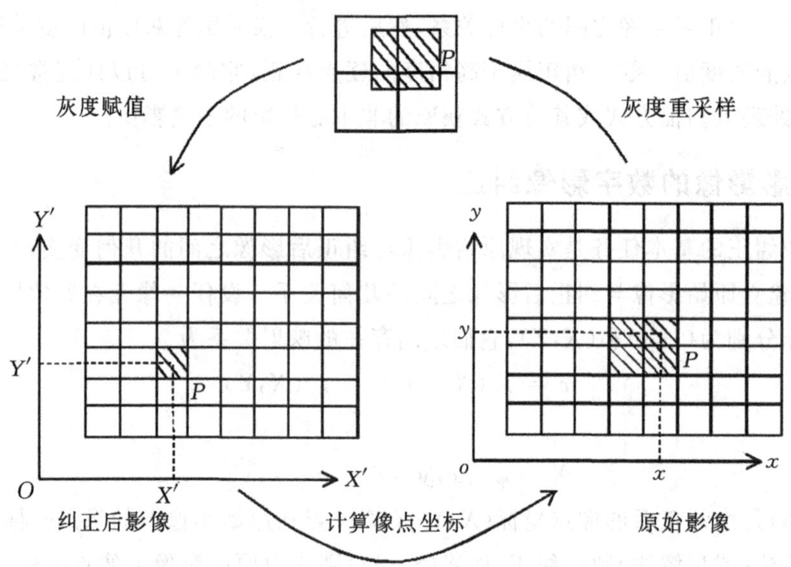

图 8-14 间接法数字影像纠正原理

(二)直接法数字影像纠正

直接法数字影像纠正的原理如图 8-15 所示，它是由原始影像逐个像素解算其纠正后影像的像点坐标。直接法数字影像纠正的公式为

$$
\begin{cases}
X = (Z - Z_S)\dfrac{a_1 x + a_2 y - a_3 f}{c_1 x + c_2 y + c_3 f} + X_S \\
Y = (Z - Z_S)\dfrac{b_1 x + b_2 y - b_3 f}{c_1 x + c_2 y + c_3 f} + Y_S
\end{cases}
\tag{8-46}
$$

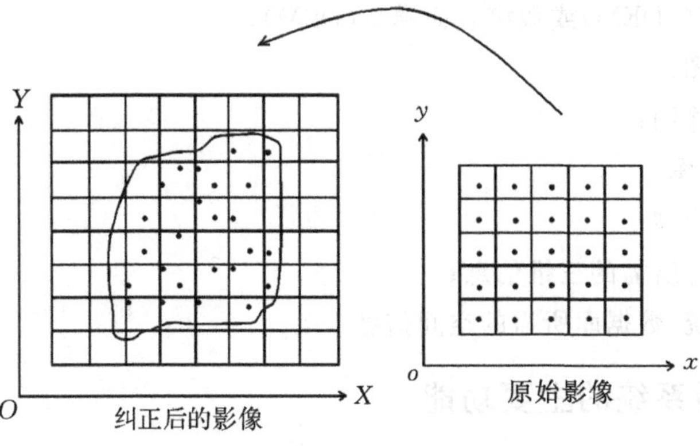

图 8-15 直接法数字影像纠正原理

直接法数字影像纠正实际上是由二维影像坐标变换到三维空间坐标的迭代解算过程。利用上述直接法公式进行解算时，必须事先知道地面点高程 Z，但 Z 又是地面平面坐标(X,Y)的函数。因此，由原始像点坐标(x,y)解算(X,Y)，必须先假定近似高程 Z。第一次求得地面坐标(X,Y)，再由数字高程模型内插出该点的高程 Z_1。重复上述步骤，直到满足精度为止。此外，由于纠正后影像上所得的像点不是规则排列，可能出现"空白"或重复像素，因此，难以实现灰度内插，获得规则排列的正射数字影像。

由于直接解法的上述缺点，数字影像纠正一般采用间接方法。

第七节 数字摄影测量系统

数字摄影测量系统的任务是根据数字影像或数字化影像完成摄影测量作业。原则上，数字摄影测量系统是对影像进行自动量测与识别的系统。但数字摄影测量技术目前仍处于发展时期，对影像物理信息的自动提取、自动识别方面的研究还很肤浅，无法满足生产实践的需要。即使是对影像几何信息的自动提取、自动量测，也还存在很多有待研究与解决的问题。因此，现阶段只可能是人工与计算机自动化并存。

当前，数字摄影测量技术发展迅速，数字摄影测量系统品种繁多，国际上著名的产品有 Leica 公司的 Leica Photogrammetry Suite(LPS)、BAE Systems 公司的 Socet Set、Intergraph 公司的 ImageStation 等。我国测绘部门、高校和科研院所使用较多的国产软件有武汉适普软件有限公司的 Virtuo-Zo 和北京四维远见信息技术有限公司的 JX-4 等。

一、数字摄影测量系统的主要产品

数字摄影测量系统的主要产品包括：

(1)摄影测量加密坐标和定向参数；

(2)数字高程模型(DEM)或数字表面模型(DSM)；

(3)数字线划地图；

(4)数字正射影像图；

(5)透视图、景观图；

(6)可视化立体模型；

(7)各种工程设计所需的三维信息；

(8)各种信息系统、数据库所需的空间信息。

二、数字摄影测量系统的主要功能

数字摄影测量系统主要有以下功能：

(1)数据输入、输出：多种格式的影像数据、等高线矢量数据和DEM数据的输入与输出。

(2)影像处理：包括影像增强和几何变换等基本的处理功能。

(3)数字空中三角测量：人工或全自动内定向、选点、相对定向、转点，半自动量测地面控制点，航带法区域网平差和光束法区域网平差，自动整理成果，建立各模型的参数文件。

(4)定向建模：框标的自动识别与定位。利用相机检校参数，计算扫描坐标系与像平面坐标系之间的变换参数，自动进行内定向。提取影像中的特征点，利用二维相关寻找同名点，计算相对定向参数，自动进行相对定向。由人工方式在左(右)影像上定位控制点点位，采用影像匹配技术确定同名点，计算绝对定向参数，完成绝对定向。

(5)构成核线影像：将原始影像中用户选定的区域，按同名核线重新采样，形成按核线方向排列的立体影像。

(6)影像匹配：在核线影像上进行一维影像匹配，确定同名点，对匹配结果进行交互式编辑。

(7)建立DEM：由密集的影像匹配结果与定向元素计算同名点的地面坐标，内插生成不规则的数字高程模型TIN结构，再进行插值计算，建立精确的矩形格网的数字高程模型(DEM)。

(8)制作正射影像：基于矩形格网的DEM与数字影像纠正原理，自动生成正射影像。

(9)自动生成等高线：由DEM自动生成等高线图。

(10)正射影像和等高线叠合：正射影像和等高线生成后，将等高线叠合到正射影像上，获得带有等高线的正射影像图。

(11)数字测图：基于数字影像的机助量测、矢量编辑、符号化表达与注记。

(12)DEM拼接与正射影像镶嵌：对多个立体模型进行DEM拼接，对正射影像、等高线或等高线叠合正射影像进行镶嵌。

(13)制作透视图和景观图：根据透视变换原理与DEM制作透视图，将正射影像叠加到DEM透视图上制作景观图。

三、数字摄影测量系统的工作流程

数字摄影测量系统的工作流程如图 8－16 所示。

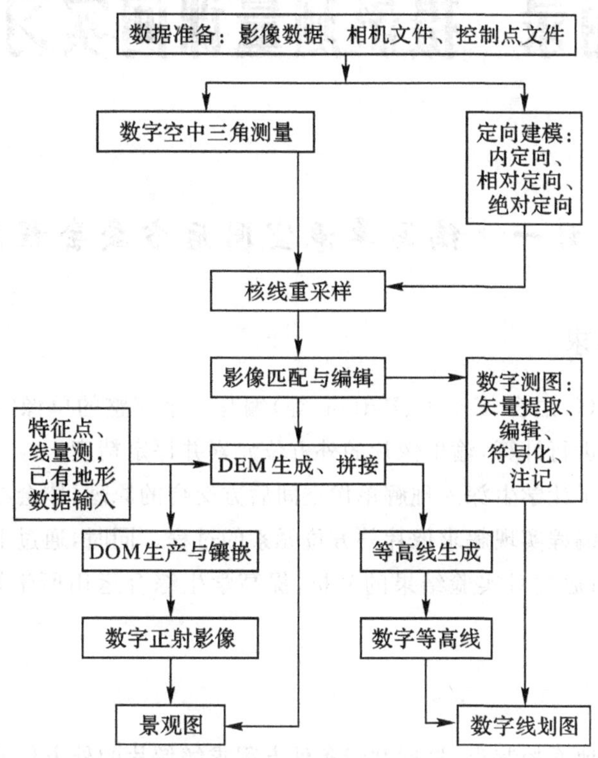

图 8－16　数字摄影测量系统的工作流程

思考题

1. 什么是数字影像？如何获取数字影像？

2. 为什么要进行数字影像重采样？

3. 什么是基于灰度的数字影像相关？以相关系数法为例，写出一维影像相关与二维影像相关的关系式。

4. 什么是核线相关？为什么要进行核线相关？采用独立像对相对方位元素系统，推导由左影像上一点 $p'(x',y')$ 与其同名右核线上另一点 p'' 的横坐标 x''，计算其纵坐标 y'' 的公式。

5. 什么是高精度的最小二乘影像相关？

6. 数字摄影测量系统的主要功能有哪些？

7. 什么是数字影像纠正？

8. 简述数字影像纠正中的直接、间接纠正原理。

9. 给出间接法数字影像纠正的程序框图。

附录　摄影测量课间实习

实习一　编写单像空间后方交会程序

一、实习目的与要求

用程序设计语言(C 语言、C＋＋、Python 等)编写一个完整的单像空间后方交会程序，通过对提供的实验数据进行计算，输出像片的外方位元素并评定精度。

本实验的目的在于让学生深入理解单像空间后方交会的原理，体会在有多余观测情况下，用最小二乘平差方法编程实现解求像片外方位元素的过程。同时，通过上机调试程序，加强对学生动手能力的培养；通过对实验结果的分析，提高学生综合运用所学知识解决实际问题的能力。

二、实习内容

利用一定数量的地面控制点，根据共线条件方程求解像片的外方位元素。

$$x - x_0 = -f\frac{a_1(X - X_S) + b_1(Y - Y_S) + c_1(Z - Z_S)}{a_3(X - X_S) + b_3(Y - Y_S) + c_3(Z - Z_S)}$$

$$y - y_0 = -f\frac{a_2(X - X_S) + b_2(Y - Y_S) + c_2(Z - Z_S)}{a_3(X - X_S) + b_3(Y - Y_S) + c_3(Z - Z_S)}$$

三、数据准备

(1)已知航摄仪的内方位元素为$x_0 = y_0 = 0$ mm、f＝153.24 mm，摄影比例尺为 1∶50000。

(2)4 个地面控制点的地面坐标及其对应的像点坐标见附表 1。

附表 1　已知数据

点号	像片坐标/mm		地面控制点坐标/m		
	x	y	X	Y	Z
1	−86.15	−68.99	36589.41	25273.32	2195.17
2	−53.40	82.21	37631.08	31324.51	728.69
3	−14.78	−76.63	39100.97	24934.98	2386.50
4	10.46	64.43	40426.54	30319.81	757.31

四、操作步骤

上机调试程序并打印结果。

五、提交成果

单像空间后方交会程序清单(含输出像片的外方位元素及精度评定)。

实习二　编写数字高程模型(DEM)内插程序

一、实习目的与要求

掌握移动曲面法数字高程模型内插原理及其内插子程序的设计方法，了解其他逐点高程内插方法的基本原理。

二、实习内容

根据提供的10个数据点的坐标(X_i，Y_i，Z_i)和待求点的平面坐标(X_P，Y_P)，要求利用移动二次曲面拟合法，由格网点$P(X_P，Y_P)$周围的10个已知点内插出待求格网点P的高程，编写相应的程序并进行调试，解算出格网点P的高程。

三、数据准备

编程计算点P(110，110)的高程，已知数据点坐标见附表2。

附表2　已知数据点坐标

点号	X/m	Y/m	Z/m
1	102	110	15
2	109	113	18
3	105	115	19
4	103	103	17
5	108	105	21
6	105	108	15
7	115	104	20
8	118	108	15
9	116	113	17
10	113	118	22

四、操作步骤

(1)读入已知点的坐标，建立以待定点P为原点的局部坐标系。

(2)建立误差方程式。

选择二次曲面作为拟合曲面：

$$z = AX_i^2 + BX_iY_i + CY_i^2 + DX_i + EY + F$$

列立误差方程式：

$$V_i = \bar{X}_i^2A + \bar{X}_i\bar{Y}_iB + \bar{Y}_i^2C + \bar{X}_iD + \bar{Y}E + F$$

由 10 个数据点列出的误差方程式为

$$\boldsymbol{V} = \boldsymbol{M}\boldsymbol{X} - \boldsymbol{Z}$$

其中

$$\boldsymbol{X} = \begin{bmatrix} A \\ B \\ C \\ \vdots \\ F \end{bmatrix} \quad \boldsymbol{Z} = \begin{bmatrix} Z_1 \\ Z_2 \\ Z_3 \\ \vdots \\ Z_{10} \end{bmatrix} \quad \boldsymbol{V} = \begin{bmatrix} V_1 \\ V_2 \\ V_3 \\ \vdots \\ V_{10} \end{bmatrix} \quad \boldsymbol{M} = \begin{bmatrix} \bar{X}_1^2 & \bar{X}_1\bar{Y}_1 & \bar{Y}_1^2 & \bar{X}_1 & \bar{Y}_1 & 1 \\ \bar{X}_2^2 & \bar{X}_2\bar{Y}_2 & \bar{Y}_2^2 & \bar{X}_2 & \bar{Y}_2 & 1 \\ \vdots & \vdots & \vdots & \vdots & \vdots & \vdots \\ \bar{X}_{10}^2 & \bar{X}_{10}\bar{Y}_{10} & \bar{Y}_{10}^2 & \bar{X}_{10} & \bar{Y}_{10} & 1 \end{bmatrix}$$

(3)计算每一数据点的权。

$$P = \frac{1}{d^k} \quad 或 \quad P = \left(\frac{R-d}{d}\right)^2$$

式中，k 为一选定系数；d 为待定点 P 到各数据点的水平距离；R 为所划定的圆半径。

(4)组成法方程，解算 6 个系数。

$$\boldsymbol{X} = (\boldsymbol{M}^{\mathrm{T}}P\boldsymbol{M})^{-1}\boldsymbol{M}^{\mathrm{T}}P\boldsymbol{Z}$$

系数 F 是 P 点的内插高程值。

五、提交成果

整理计算结果，以实习报告形式提交数据成果，并提交源程序代码。

实习三　全数字摄影测量系统 Virtuo-Zo 使用

Virtuo-Zo 全数字摄影测量工作站是由武汉大学张祖勋院士主持研发的数字摄影测量系统。Virtuo-Zo 是一个功能齐全、高度自动化的现代数字摄影测量系统，能够完成从自动空中三角测量(AAT)到各种比例尺 4D 产品的测绘生产。Virtuo-Zo 采用最先进的快速匹配算法确定同名点，匹配速度高达 500～1000 点/秒，可处理航空影像、SPOT 影像、IKONOS 影像和近景影像等。Virtuo-Zo 不但能够制作各种比例尺的多种测绘产品，也是 GNSS、RS 与 GIS 集成、三维景观、城市建模和 GIS 空间数据采集等最强有力的操作平台之一。

一、基于 Virtuo-Zo 的 DEM 数据制作

利用 Virtuo-Zo 进行 DEM 生产的工作流程主要包括：资料准备，定向建模，特征点、线采集，构 TIN 内插 DEM，DEM 数据编辑，DEM 数据接边，DEM 数据镶嵌与裁切，DEM 质量检查，成果整理与提交等九个环节。

(一)DEM 生产的具体工作流程

基于数字摄影测量系统的 DEM 生产的具体工作流程如附图 1 所示，其中(a)图为利用特征点、线生产 DEM 数据的工作流程；(b)图为利用影像匹配生产 DEM 数据的工作流程。

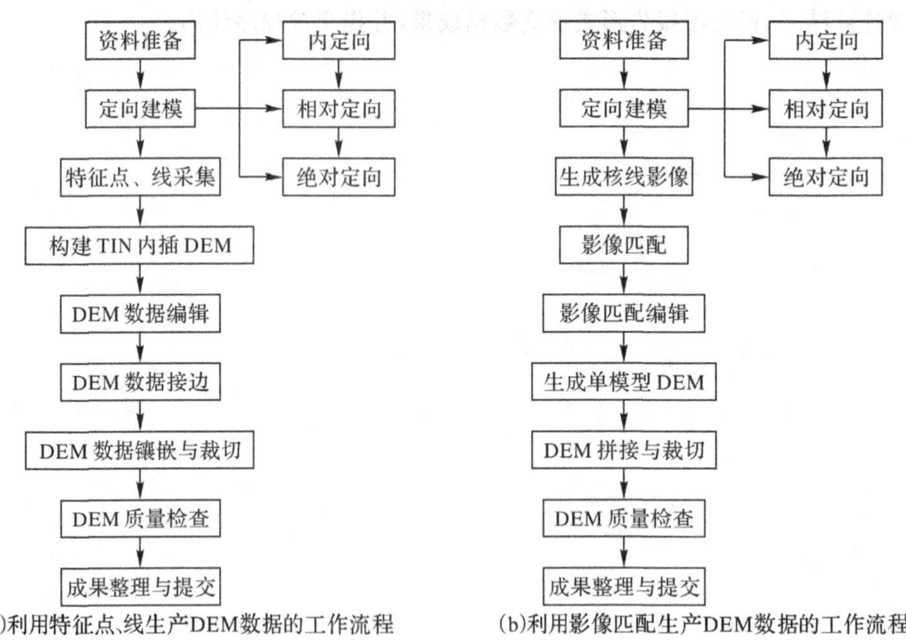

附图 1　DEM 生产的具体工作流程

1. 资料准备

DEM 数据生产的资料准备主要包括原始数字航空影像或数字化航空影像、解析空中三角测量成果、其他的外业控制成果和技术设计书等所需的其他技术资料。

2. 定向建模

DEM 生产的定向建模的要求应参照相同比例尺解析测图定向的技术和精度要求执行(以 1∶10000DEM 为例)。

(1)对于内定向,框标坐标量测误差不应大于 0.01 mm。

(2)对于相对定向,标准点位残余上下视差不应大于 0.005 mm,个别不得大于 0.008 mm。

(3)对于绝对定向平面坐标误差,平地、丘陵地一般不应大于 0.002M m(M 为成图比例尺分母),个别不得大于 0.003M m;山地、高山地一般不应大于 0.003M m,个别不得大于 0.004M m。对于高程定向误差,平地不应大于 0.3 m,丘陵、山地、高山地不应大于相应地形类别加密点高程中误差的 0.75 倍。

3. 特征点、线采集

采用放大观测,测标精确切准地面,对模型中所有地形特征点、线进行三维坐标量测,在量测地形特征点、线的基础上,应适当增加部分地形点,以提高内插 DEM 的精度。除地形特征线外,还需要特别注意以下与高程有关的要素的三维量测:

(1)各种水岸线;

(2)森林区域线;

(3)影像质量差,影响正常观测的范围线。

4. 构 TIN 内插 DEM

根据量测的地形特征点、地形特征线、地形点以及高程要素,构 TIN 内插生成 DEM 格网高程。

5. DEM 数据编辑

DEM 数据编辑的技术要求如下:

(1)重建立体模型,像控点平面和高程的定向残差应符合定向建模的要求;

(2)DEM 格网点高程应贴近影像立体模型地表,最大不得超过 2 倍高程中误差;

(3)相邻单模型 DEM 之间接边,至少要有 2 个格网的重叠带,DEM 同名格网点的高程较差不大于 2 倍 DEM 高程中误差。

根据上述要求,针对 DEM 格网高程的修改必须在影像立体模型上,通过立体观测的方式对内插形成的 DEM 格网点逐个进行检查、修改,使每个 DEM 点切准地面。

6. DEM 数据接边

选取相邻模型所生成的 DEM 数据,检查接边重叠带内同名(相同平面坐标)格网点的高程。若出现高程较差大于 2 倍 DEM 高程中误差的格网点,则视为超限,将其认定为粗差点,并重建立体模型;对出现粗差点的 DEM 数据进行接边修测后重新进行接边。按以上方法依次完成测区内所有单模型 DEM 数据之间的接边。

7. DEM 数据镶嵌与裁切

(1)若测区范围内所有单模型 DEM 数据的接边较差都符合规定要求,则可进行 DEM 镶嵌;镶嵌时对参与接边的所有同名格网点的高程取其平均值作为各自格网点的高程值,同时形成各条边的接边精度报告。

(2)DEM 镶嵌完成后,按照相关规范或技术要求规定的起止网格点坐标进行矩形裁切时,根据具体技术要求可以外扩一排或多排 DEM 格网。

(3)当采用栅格文件格式存储 DEM 数据时，应确定定位参考点的栅格坐标和大地坐标，以及格网间距、行列数等信息。

8. DEM 质量检查

DEM 质量检查主要包括空间参考系、高程精度、逻辑一致性和附件质量等四个方面。

(1)空间参考系检查。空间参考系主要涉及大地基准、高程基准和地图投影等三个方面。大地基准检查的主要内容是采用的平面坐标系统是否符合要求。高程基准检查的主要内容是采用的高程基准是否符合要求。地图投影检查的主要内容是所采用的地图投影各参数是否符合要求，DEM 分幅是否正确。

(2)高程精度检查。DEM 高程精度检查主要包括格网点高程中误差检查和相邻 DEM 数据文件的同名格网高程接边检查两项内容。

(3)逻辑一致性检查。逻辑一致性检查主要包括数据的组织存储、数据格式、数据文件完整和数据文件命名等四项内容。

9. 成果整理与提交

DEM 数据生产需要提交的主要成果包括：

(1)DEM 数据文件；

(2)原始特征点、线数据文件；

(3)元数据文件；

(4)DEM 数据文件接合表；

(5)质量检查记录；

(6)质量检查(验收)报告；

(7)技术总结报告。

(二)DEM 的基本要求(以 1∶10000DEM 为例)

1. 技术指标

1∶10000DEM 技术指标见附表 3。

附表 3　1∶10000DEM 技术指标

项目	参数
格网尺寸/m	12.5
高程数据取位/m	0.1
山地高程中误差/m	±2.5
丘陵地高程中误差/m	±1.2
平地高程中误差/m	±0.5

2. 精度要求

DEM 格网点的高程中误差应符合附表 3 的要求，森林等隐蔽地区的高程中误差可按附表 3 规定的高程中误差的 1.5 倍记。高程中误差的 2 倍为格网点数据最大误差的限差(在一般情况

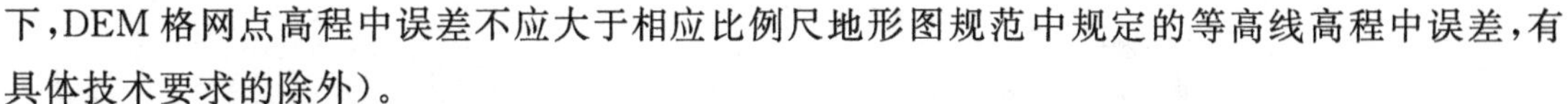

下，DEM 格网点高程中误差不应大于相应比例尺地形图规范中规定的等高线高程中误差，有具体技术要求的除外）。

3. 对航空摄影的技术要求

采用航空摄影测量的方法生产 DEM，对航空摄影成果除了要求其航摄比例尺应满足平面精度的需求外，还应重点考虑航摄成果是否能满足航测内业高程测量精度的要求。

航空摄影测量内业高程测量可以达到的量测精度的估算公式为

$$\text{估算高程精度}=0.04\times\frac{F\times M_{\text{像片}}}{\text{像幅}\times(1-\text{航向重叠度})}\times0.001$$

其中，F 为航摄机焦距，以毫米为单位；像幅为像片坐标系 x 方向的像幅长度，以毫米为单位；M 为像片比例尺分母。

计算出的高程精度估算值单位为米。

4. 其他要求

有关 DEM 的其他技术要求主要包括 DEM 分幅、数据裁切、文件命名、数据存储、元数据等技术要求，应按有关规范和项目的具体技术要求执行。

（三）基于 Virtuo-Zo 的 1∶10000DEM 数据制作的具体过程

本次实验在 Virtuo-Zo 教育版全数字摄影测量系统上进行 1∶10000DEM 数据制作，采用系统的例子数据，包括 2 条航线、4 个像对。

1. Virtuo-Zo 教育版数据介绍

（1）数据介绍。数据主要包括：数字化航空影像、相机文件、外业控制点，数据文件名称如附图 2 所示。

附图 2 数据文件名称

其中，images 目录为 6 个 JPG 格式的数字化航空影像（2 条航线、4 个像对）；rc30. cmr 为相机文件；hammer. ctl 为控制点文件（15 个点）；HammerIndex 目录为 hammer 测区的索引文件；hammerIndex. html 为 hammer 测区的数据情况。

（2）测区介绍。测区为 Hammer 测区，摄影比例尺、摄影主距等如附图 3 所示。

控制点有 15 个，具体数据见附表 4。

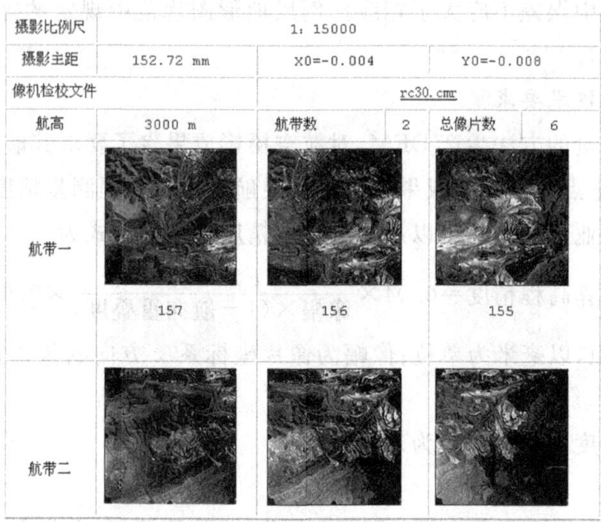

附图 3　Hammer 测区

附表 4　控制点坐标

点号	X/m	Y/m	Z/m
1155	16311.749	12631.929	770.666
1156	14936.858	12482.769	762.349
1157	13561.393	12644.357	791.479
2155	16246.429	11481.730	811.794
2156	14885.665	11308.226	1016.443
2157	13535.400	11444.393	895.260
2264	13503.396	9190.630	839.260
2265	14787.371	9101.982	786.751
2266	16327.646	9002.483	748.470
3264	13491.930	7700.217	755.624
6155	16340.235	10314.228	751.178
6156	14947.986	10435.860	765.182
6157	13515.624	10360.523	944.991
6265	14888.312	7769.835	707.615
6266	16232.309	7741.696	703.121

控制点分布如附图 4 所示，其中(a)图为第一条航线的控制点分布，(b)图为第二条航线的控制点分布。

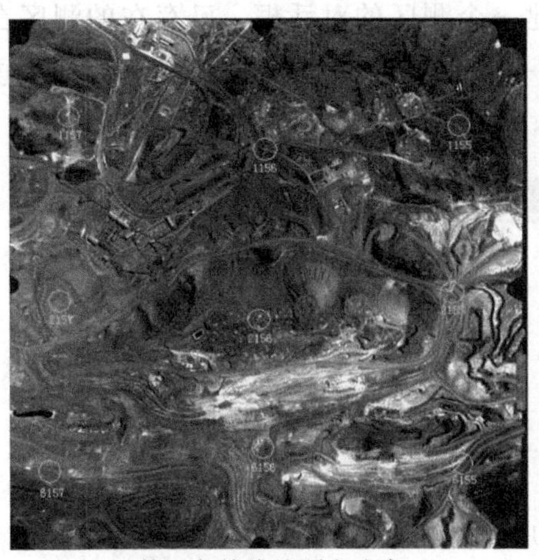

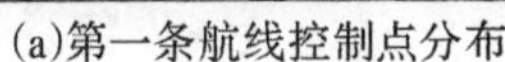
(a)第一条航线控制点分布

(b)第二条航线控制点分布

附图 4 控制点分布图

2. 系统目录和测区目录

(1)系统目录。

①Bin 目录：执行程序目录，存放系统的所有可执行程序及框标模板文件；

②Virlog 目录：测区的路径文件(c:\Virlog\Blocks\＜测区名＞.blk)。

(2)测区目录。

每一测区都应建立测区用户目录(在创建一个新 Block 时，系统以用户所给的测区名自动产生该测区目录)，存放该测区所有参数文件、中间结果和成果。

①Images 目录：影像目录，存放 Virtuo-Zo 影像文件、影像参数文件、内定向文件、影像外方位元素文件。

②模型目录：系统以所给的模型目录名自动建立(如 156-155)，存放该模型所有信息。

③Product 目录：产品目录，存放当前模型所有已生成的产品及输出文件。

④TMP 目录：核线影像目录，存放当前单模型的核线影像文件。

3. 建立测区和模型

(1)建立测区。

①新建或打开一个测区。测区是待处理的航空影像对应的地面范围(或区域)。Virtuo-Zo 主界面中的文件菜单下将新建和打开合并为打开测区，Virtuo-Zo 的主界面如附图 5 所示。

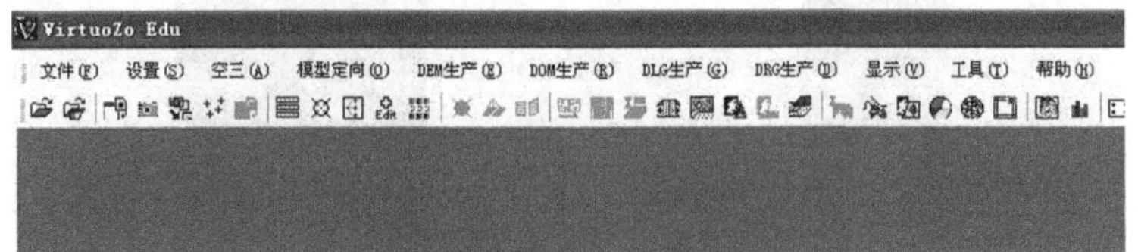

附图 5 Virtuo-Zo 主界面

单击打开测区菜单项，系统弹出打开或创建一个测区的对话框。已存在的测区在列表框中被列出，若需要新建一个测区时，需在文件名一栏中输入一个测区名(如 hammer)，如附图 6 所示。系统会自动将 *.blk 文件保存在 Blocks 文件夹下。

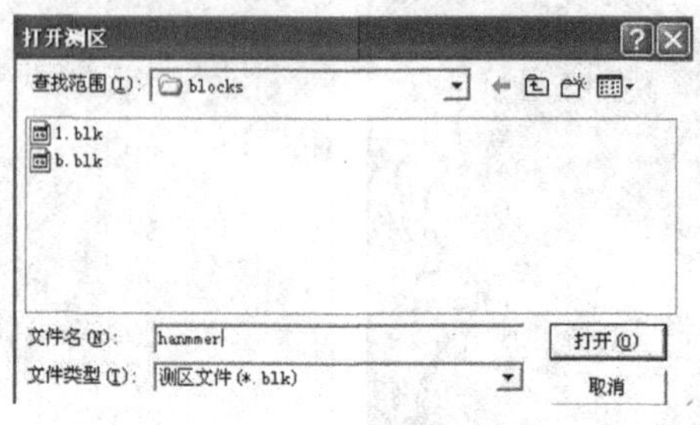

附图 6　打开测区界面

②设置测区参数。测区参数设置界面如附图 7 所示。

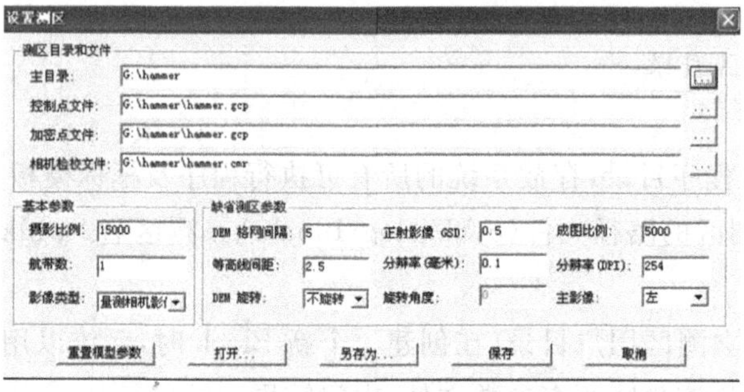

附图 7　设置测区参数界面

(2)数据准备。

①将 *.JPG 格式的航空影像转换为 Virtuo-Zo 的 *.vz 影像格式。启动引入影像功能，如附图 8 所示。

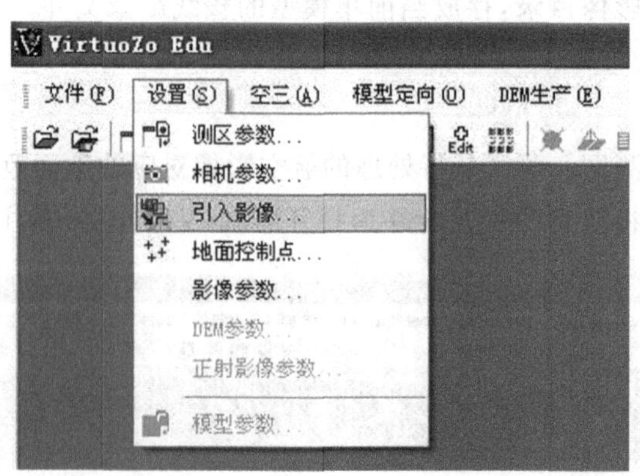

附图 8　引入影像界面

系统弹出输入影像对话框，输入要转换的影像文件，并注意像素大小为 0.045 mm，像机文件为 hammer.cmr，影像类型为量测等，如附图 9 所示，并单击处理按钮，进行影像格式的转换。

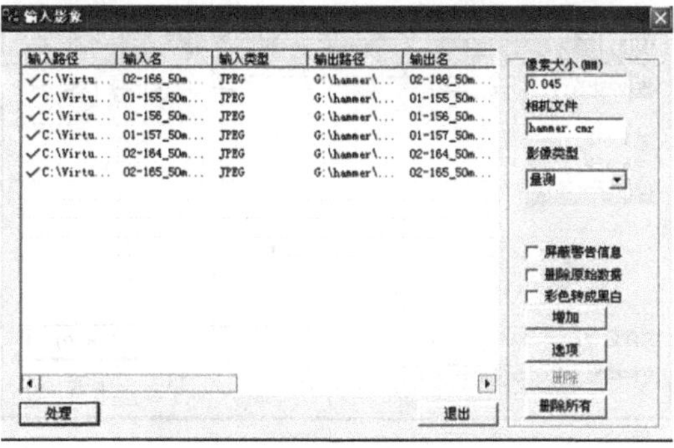

附图 9　输入影像对话框

②设置相机参数。在设置菜单下点击相机参数，进入相机检校参数界面，如附图 10 所示。将 hammer.cmr 的各项参数设置好(利用 cmr.rc30_ham2 文件)。

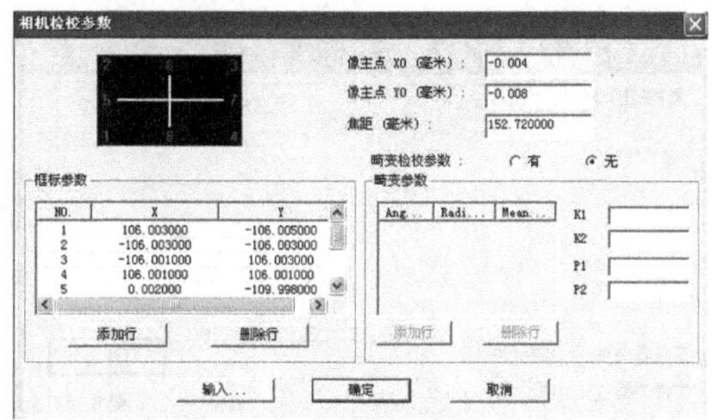

附图 10　相机检校参数界面

③设置地面控制点。在设置菜单下点击地面控制点，进入控制点数据界面，如附图 11 所示。

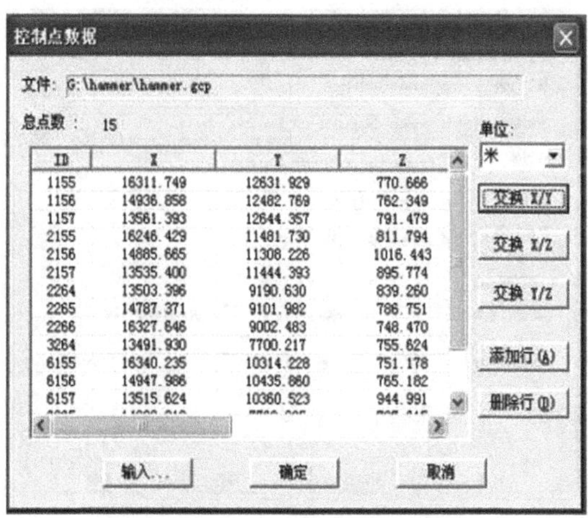

附图 11　控制点数据界面

(3)打开测区和新建模型。

① 打开测区。打开已建好的测区 hammer,如附图 12 所示。

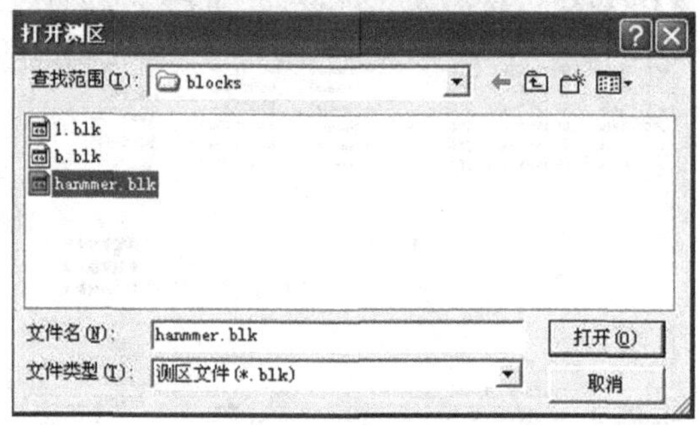

附图 12　打开测区界面

②新建模型。单击打开模型菜单项,系统弹出打开或创建一个模型的对话框,如附图 13 所示,新建立体模型(如 157-156,注意建立立体模型时,一般为“左影像-右影像”)。

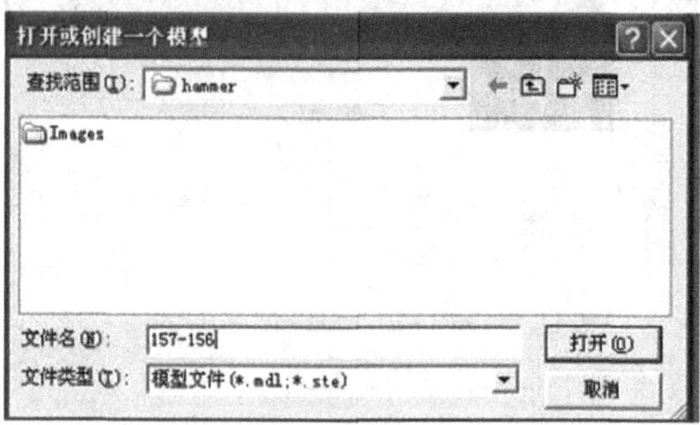

附图 13　打开或创建一个模型对话框

立体模型建好后,要进行模型参数设置,分别输入左、右影像,如附图 14 所示。

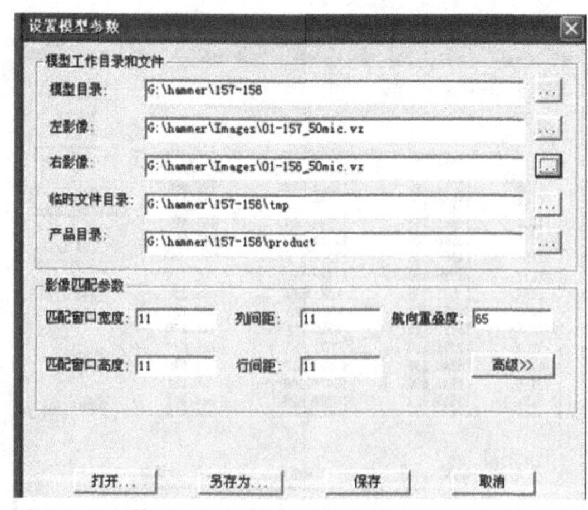

附图 14　设置模型参数对话框

4. 模型定向

打开测区和模型后，就可以进行模型定向。模型定向包括内定向、相对定向和绝对定向。其中，内定向是将影像的扫描坐标转换为像平面坐标，相对定向是重建影像的相对立体模型，绝对定向是将相对定向建立的相对立体模型纠正到实地模型大小，并处于地图坐标系中。

(1)内定向。

①启动内定向模块。启动内定向模块，如附图 15 所示。

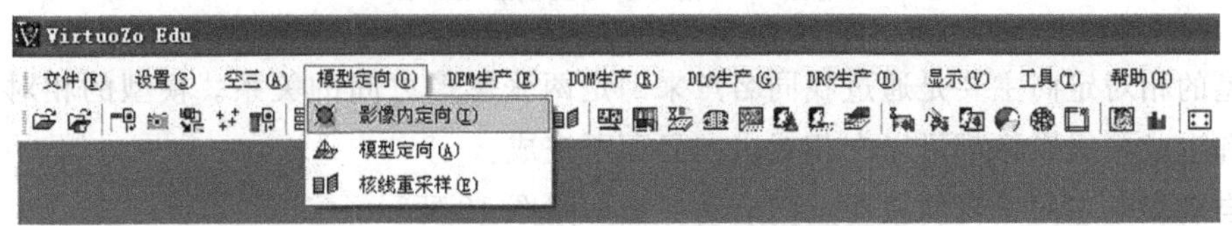

附图 15 启动内定向模块

②像片内定向。内定向中，左、右像片要分别进行内定向。附图 16 中，左边窗口的中心是按钮面板，每个方块按钮对应于一个框标。单击其中一个按钮，则右边微调窗口中将放大显示其对应的框标影像。左边窗口的四周是框标影像窗口，每个小窗口显示一个框标。

右边窗口的上边是 IO 参数显示/修改窗口，可在此微调框标坐标。上半部的参数显示窗口用来显示各框标的像片坐标、残差、内定向变换矩阵和中误差，下半部显示当前框标的放大影像。

为了使内定向的精度满足作业要求，应尽量使白色的十字丝对准框标的中心。这时，要使用框标的放大影像。具体操作是：通过方块按钮选择第一个框标，然后利用右边窗口中的按钮，进行微调，直到框标放大影像中的白色十字丝对准相机的框标中心。对其他框标采用同样的方法进行调整，并保存、退出，完成左、右像片的内定向。

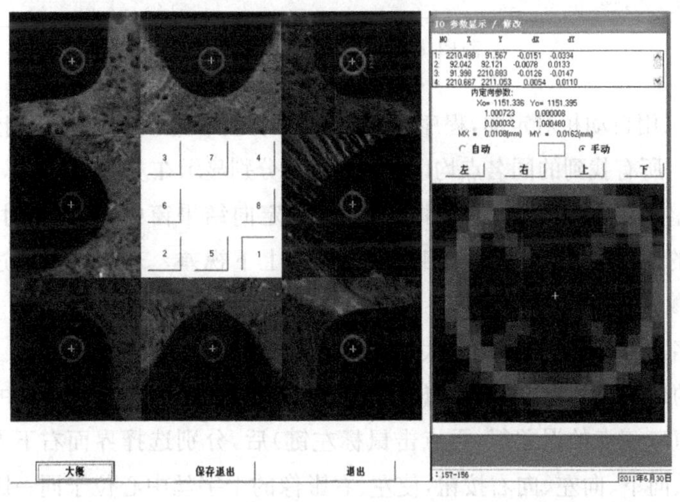

附图 16 内定向界面

(2)相对定向。像片的内定向完成后,就要进行相对定向。

①启动相对定向模块。相对定向模块启动界面如附图 17 所示。

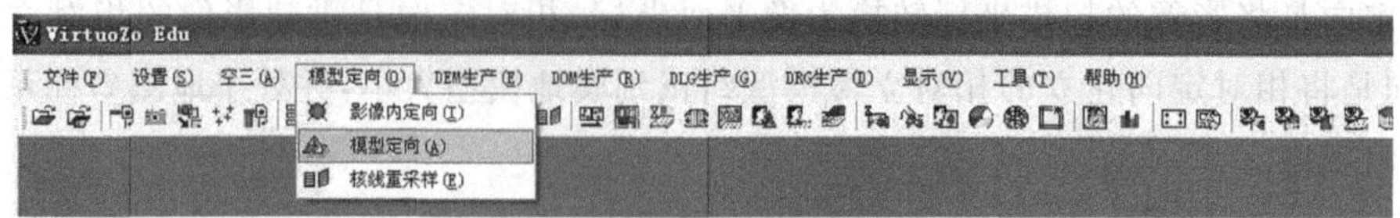

附图 17　相对定向模块启动界面

模型的相对定向主要是通过找同名点来确定两张影像之间的关系。模型的相对定向、绝对定向和生成核线影像都可以在相对定向界面下完成。

②自动相对定向。自动相对定向启动界面如附图 18 所示。

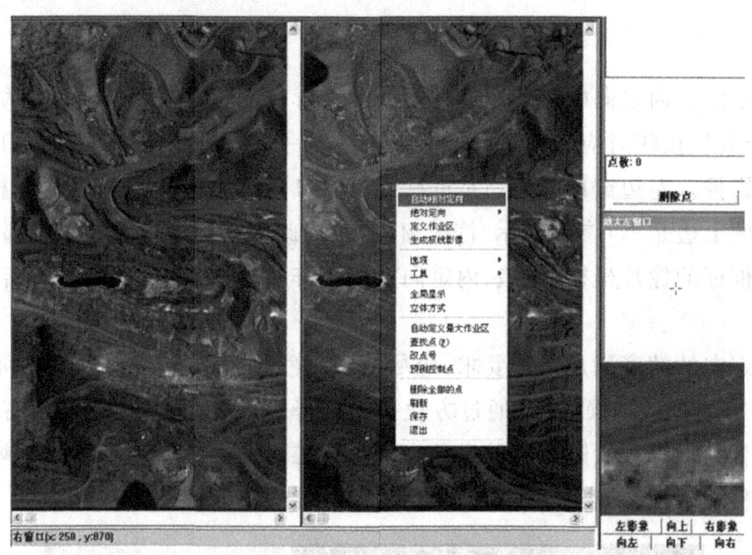

附图 18　自动相对定向启动

相对定向时,采用自动相对定向,程序自动进行相对定向,寻找左、右影像上合适的同名点,自动相对定向完成后,所有找到的同名点均以红色的"+"分别显示在左、右影像上,如附图 19 所示。

③检查和调整同名点。在自动相对定向界面的定向结果窗中,显示相对定向的中误差等。拉动定向结果窗的滚动条可看到所有相对定向点的上下视差。若某点误差过大,可进行调整,或将该点删除或微调。

选中某对同名点时,下面的点位放大窗口会显示出该同名点在左、右影像上的图像。如果点位没有对准相同的地面位置,可以通过点位放大窗口下的按钮进行调整。选中要微调的点(将光标置于定向结果窗口该点的误差行,再点击鼠标左键)后,分别选择界面右下方的左影像或右影像按钮,点击向上、向下、向左、向右按钮,使左、右影像的十字丝中心位于同一影像点上。

自动相对定向完成后,在自动相对定向结果窗口检查同名点的上下视差,若上下视差较大,就把该点删除。具体操作是用鼠标左键将该点选中,然后再用鼠标左键单击窗口中的删除点按钮,即可删除该点。

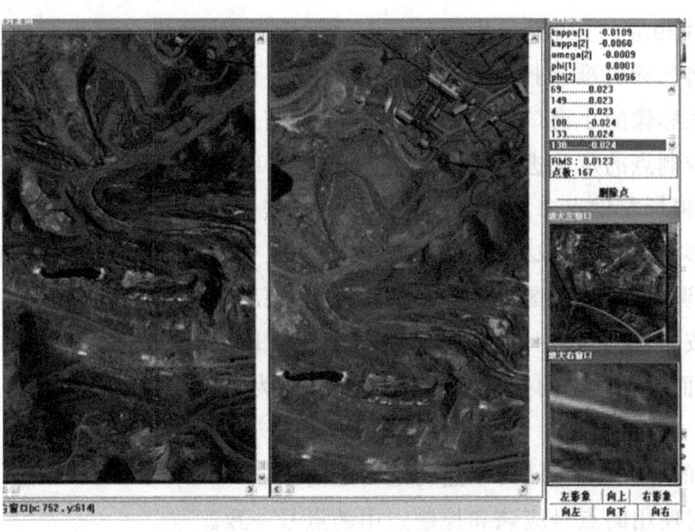

附图 19　自动相对定向界面

编辑完成后，在影像显示窗口中的任意位置单击鼠标右键，选择弹出的右键菜单中的保存，再选择退出。

至此，模型相对定向完成。

(3)绝对定向。绝对定向前，以手工的方式在当前立体模型的左、右影像上准确地定位一定数量的控制点(单模型至少需要 4 个或 4 个以上的控制点)。

①量测控制点。打开 hammerIndex.html 文件，查看测区的控制点分布情况，在影像上点击控制点，会出现放大图像，这是量测控制点的依据。

量测控制点是在相对定向的界面下进行的。在相对定向界面上按右键，在弹出的菜单上选"全局显示"，在相对定向的界面中会出现整张的左/右影像。如附图 20 所示，参照给出的控

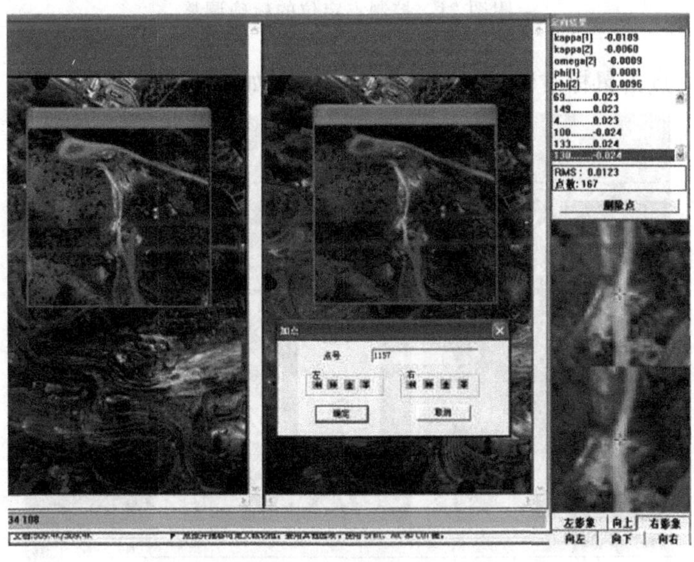

附图 20　量测控制点界面

制点点位图，寻找相应的控制点，找到后在点位附近点击，系统会弹出一放大影像的小窗口。在该小窗口中，将光标对准该控制点，单击鼠标左键，程序将自动匹配出左/右影像上的同名点，且也以一放大影像的小窗口显示，同时有一个调整点位的对话框出现。

接着，需对控制点的定位进行精确调整，如附图 21 所示。具体方法是：先选择左影像（或右影像），然后用鼠标左键点击加点对话框中的方向按钮，直到红色十字丝准确对准控制点时为止，再调整右影像（或左影像）；输入控制点相应的点号，点击确定保存；保存后还可通过界面右下方的按钮来调整坐标，用鼠标左键点击左影像按钮，然后不断地用鼠标左键点击向上、向下、向左或向右按钮，直到红色十字丝准确对准控制点时为止。

相对定向界面上已确定的控制点为黄色，当前点为青色。当找到 3 个点后，其他点点位用蓝色圆圈给出。

添加完所有的控制点后，就可以进行绝对定向了。

注意：加点时使用的点号应该和控制点中的点号一致。

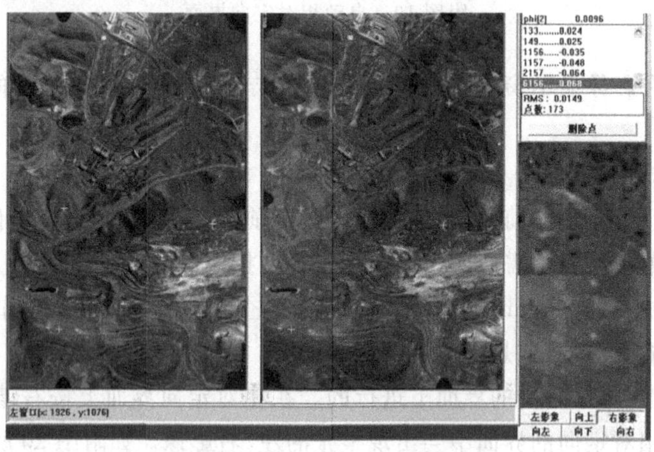

附图 21　控制点定位的精确调整

②绝对定向。点击鼠标右键，选择开始绝对定向，如附图 22 所示。

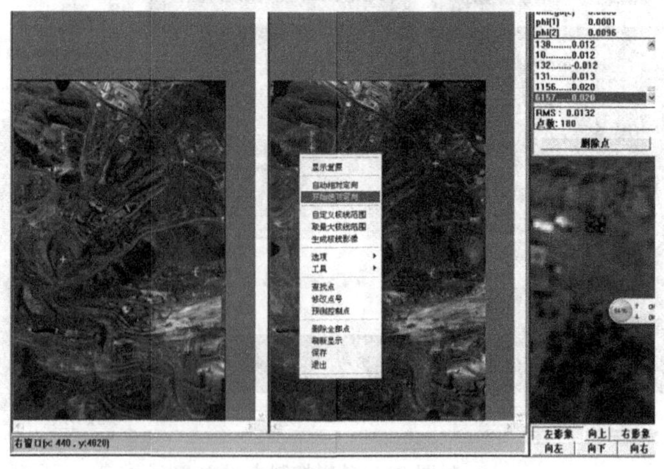

附图 22　选择开始绝对定向界面

绝对定向完成后，系统会弹出一个对话框，显示定向结果，如附图 23 所示。

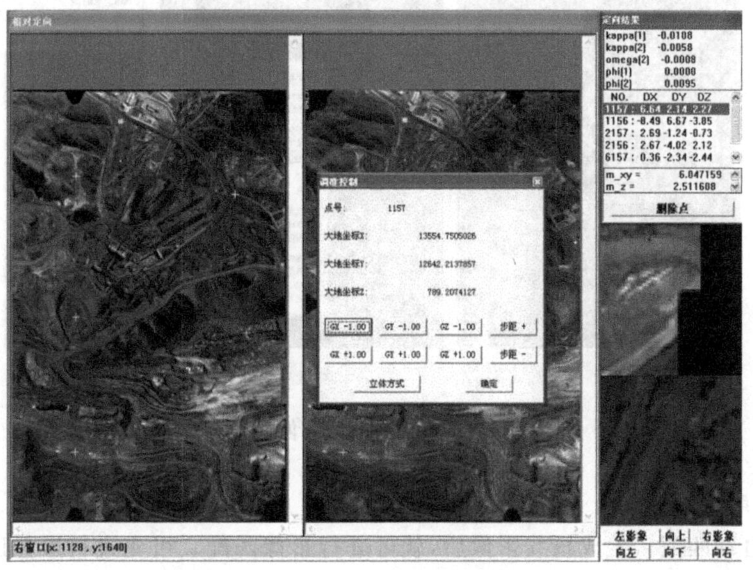

附图 23　绝对定向结果

③取最大核线范围。绝对定向完成后，点击鼠标右键，选择取最大核线范围，如附图 24 所示。

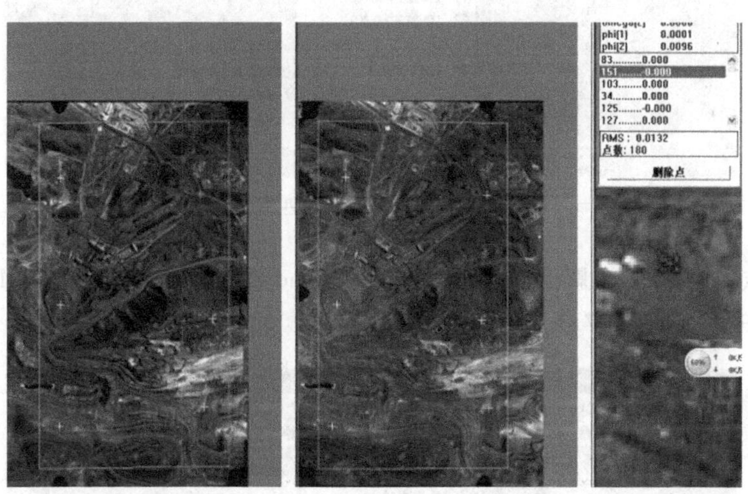

附图 24　最大核线范围

④生成核线影像。绝对定向完成后，需要生成核线影像，以便后续的影像匹配。点击鼠标右键，选择生成核线影像，如附图 25 所示。

核线影像生成后，点击保存并退出。

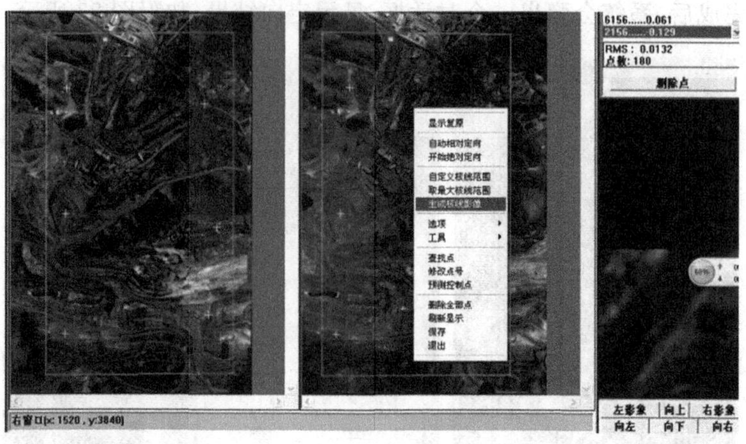

附图 25　生成核线影像界面

5. 影像匹配生成 DEM

(1)影像自动匹配。生成核线影像后，就可进行影像匹配。可先进行影像匹配预处理，即在 Virtuo-Zo 主界面中点击 DEM 生产菜单下的影像自动匹配，如附图 26 所示。

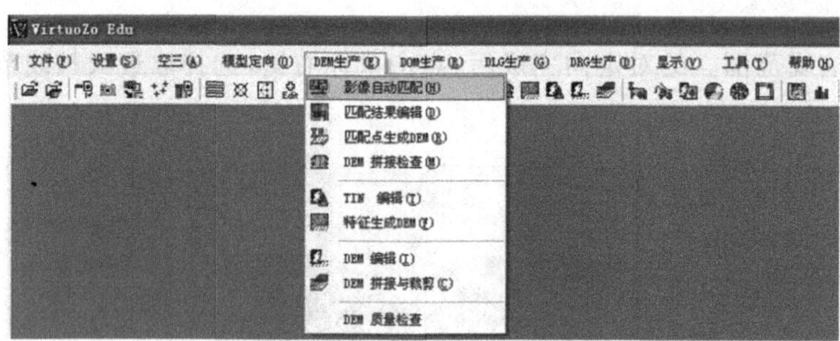

附图 26　影像自动匹配

(2)匹配点生成 DEM。影像自动匹配后，在 Virtuo-Zo 主界面中点击 DEM 生产菜单下的匹配点生成 DEM，如附图 27 所示。

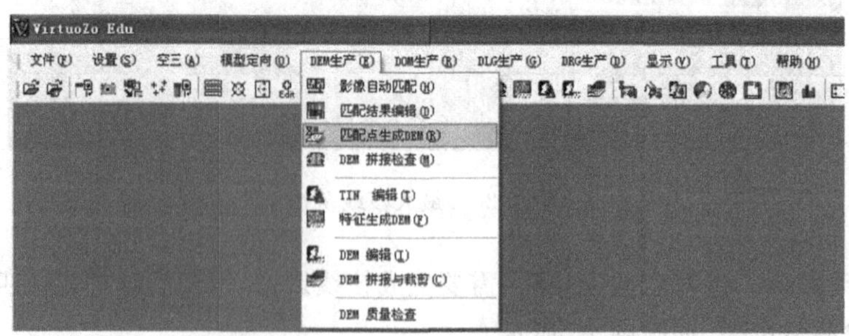

附图 27　匹配点生成 DEM

(3)DEM 编辑。匹配点生成 DEM 后，进行 DEM 编辑，即在 Virtuo-Zo 主界面中点击 DEM 生产菜单下的 DEM 编辑，如附图 28 所示。

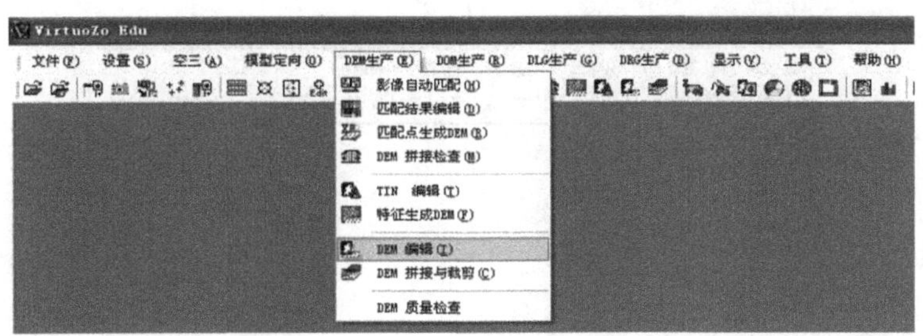

附图 28　DEM 编辑

打开 DEM 文件,并添加模型,可以利用软件相关功能编辑 DEM。DEM 显示如附图 29 所示。

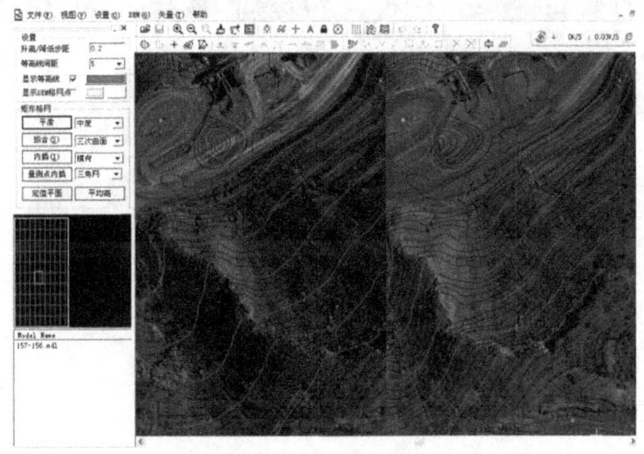

附图 29　DEM 显示

6. DEM 拼接

可将两个像对以上的 DEM 数据进行拼接。在 Virtuo-Zo 主界面中点击 DEM 生产菜单下的 DEM 拼接与裁剪,如附图 30 所示。

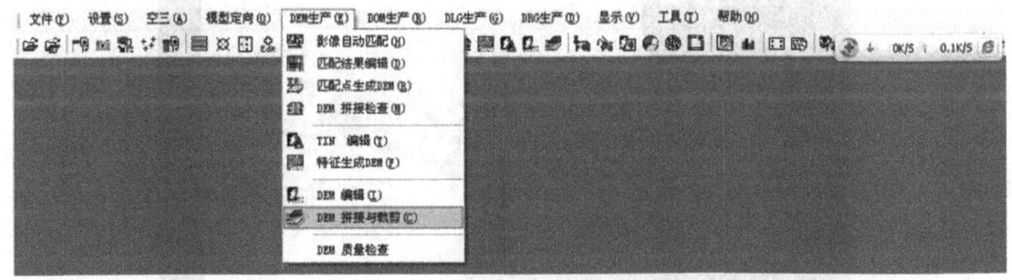

附图 30　DEM 拼接与裁剪

在 DEM 拼接分幅界面,点击文件菜单下的添加 DEM,将需要拼接的 DEM 添加,如附图 31 所示。

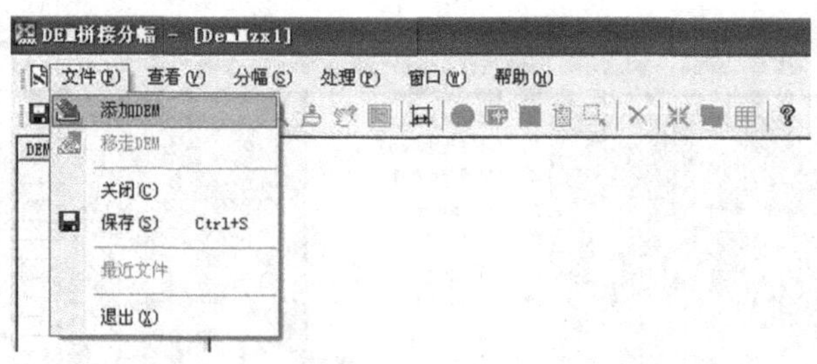

附图 31　添加 DEM

将需要拼接的 DEM 添加后，在 DEM 拼接分幅界面，点击处理菜单下的执行拼接，如附图 32 所示。

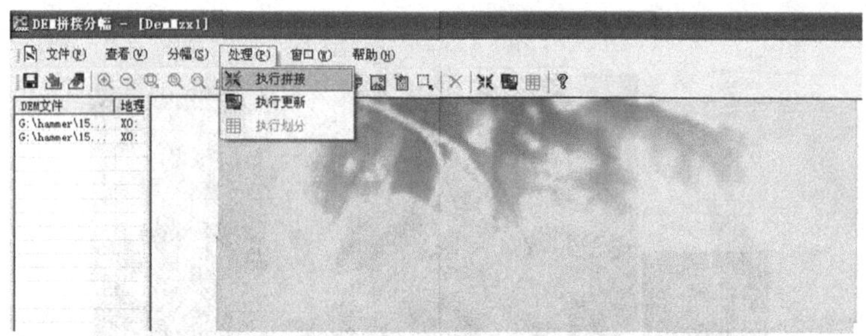

附图 32　执行拼接

DEM 拼接结果显示如附图 33 所示。

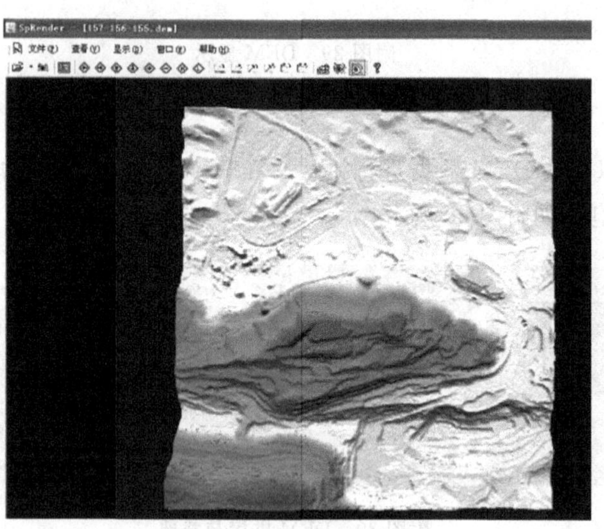

附图 33　DEM 拼接结果

二、基于 Virtuo-Zo 的 DOM 数据制作

利用 Virtuo-Zo 进行 1∶10000DOM 生产的工作流程主要包括:资料准备、色彩调整、DEM 采集、影像纠正、影像镶嵌、图幅裁切、质量检查、成果整理与提交等八个环节。DOM 生产的工作流程如附图 34 所示。

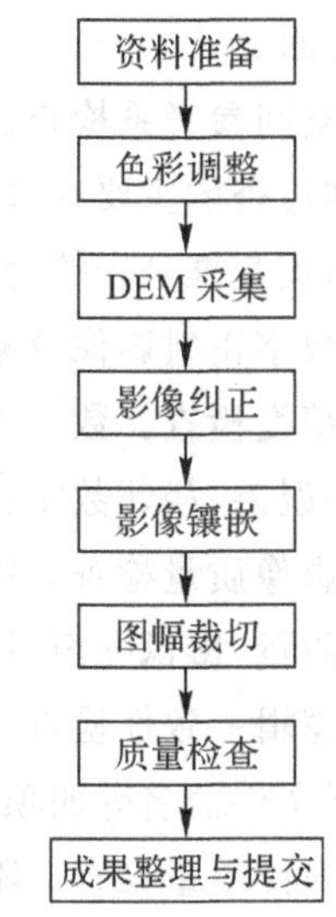

附图 34　DOM 生产的工作流程

(一)DOM 生产的具体工作流程

1. 资料准备

资料准备主要包括原始数字航空影像、解析空中三角测量成果、DEM 成果、技术设计书所需的其他技术资料。

2. 色彩调整

影像色彩调整就是通常所说的影像调色,主要包括影像匀光处理和影像匀色处理两项。

(1)影像匀光处理。影像匀光处理的目的就是要使每一张数字航空影像各自的光照均匀。影像匀光一般是采用编辑调整航空影像局部的亮度来实现的。

(2)影像匀色处理。影像匀色处理的目的就是要使整个测区内的所有航空影像色调一致、色彩均匀。影像匀色一般是采用编辑调整航空影像整体的亮度、反差和色彩均衡来实现的。

3. DEM 采集

用于数字影像几何纠正的 DEM 采集,从技术方法上与基础地理信息 DEM 的生产一致,但要特别强调的一点:为了满足地面上大型构筑物(如河流上的桥梁、高架路等)的纠正精度,需采集这些构筑物的高程特征线(或辅助特征点),与其他的特征线和特征点一起构 TIN 内插生成 DEM 格网高程。

4. 影像纠正

数字影像纠正可以在重建模型后对左、右航片同时进行正射纠正或左、右航片单独进行纠正,也可以利用航片的内、外方位元素,以及定向参数和 DEM 数据,对数字航空影像进行单片纠正;依次完成测区范围内所有航片的正射纠正,生成每张航片的正射影像数据。

5. 影像镶嵌

正射影像镶嵌的主要步骤如下:

(1)按图幅范围选取需要镶嵌的数字正射影像。

(2)在相邻正射影像之间,选绘、编辑镶嵌线;在选绘镶嵌线时,需保证所镶嵌的地物影像完整。

(3)按镶嵌线对所选的单片正射影像进行裁切,完成单片正射影像之间的镶嵌工作。

6. 图幅裁切

按照内图廓线(或内图廓线的最小外接矩形)对镶嵌好的正射影像数据进行裁切,也可根据设计的具体要求外扩一排或多排栅格点影像进行裁切,裁切后生成正射影像数据成果。特别注意的是,所生成的正射影像数据成果应附有相关的坐标、分辨率等基本信息文件。

7. 质量检查

数字正射影像图数据检查主要包括空间参考系、精度、影像质量、逻辑一致性和附件质量等五个方面。

(1)空间参考系检查。空间参考系主要涉及大地基准、高程基准和地图投影等三个方面。大地基准检查的主要内容是采用的平面坐标系统是否符合要求。高程基准检查的主要内容是采用的高程基准是否符合要求。地图投影检查的主要内容是所采用的地图投影各参数是否符合要求,数字正射影像分幅是否正确。

(2)精度检查。数字正射影像图精度检查主要包括数字正射影像像点坐标中误差、相邻航片的镶嵌误差、相邻数字正射影像图数据的同名地物影像接边差等三项内容。

(3)影像质量检查。影像质量检查主要包括正射影像地面分辨率、数字正射影像图裁切范围、色彩质量、影像噪声、影像信息丢失等五项内容。

(4)逻辑一致性检查。逻辑一致性检查主要包括数据的组织存储、数据格式、数据文件完整和数据文件命名等四项内容。

(5)附件质量检查。附件质量检查主要包括元数据、质量检查记录、质量检查(验收)报告和技术总结等。

8. 成果整理与提交

数字正射影像图数据生产需要提交的主要成果包括:

(1)数据正射影像图数据文件;

(2)正射影像镶嵌线数据文件;

(3)元数据文件;

(4)数字正射影像图数据文件接合表;

(5)质量检查记录;

(6)质量检查(验收)报告;

(7)技术总结报告。

(二)DOM 的基本要求

1. 对航摄比例尺的要求

数字正射影像生产对测绘航空摄影比例尺与地面采样距离的要求见附表 5。

附表 5　数字正射影像成图比例尺与航摄比例尺、地面采样距离的对应关系

成图比例尺	航摄比例尺	地面采样距离(GSD)/cm
1∶5000	1∶10000～1∶20000	20～40
1∶10000	1∶20000～1∶32000	40～80
1∶25000	1∶25000～1∶60000	50～120

2. 指标要求

数字正射影像图基本技术指标见附表 6。其中,正射影像的地面分辨率在一般情况下应不大于 $0.0001M_{图}$($M_{图}$ 为成图比例尺分母)。

附表 6　1：10000 数字正射影像图技术指标

项目	参数
影像地面分辨率/m	≤1.0
灰阶(辐射分辨率)	256 灰阶
波段	1 个或多个

3. 精度要求

数字正射影像图平面精度要求见附表 7。其中，地物影像相对邻近外业控制点中误差的 2 倍为地物点最大限差。

附表 7　1：10000 数字正射影像图平面精度

项目	参数
地物影像相对邻近外业控制点中误差/图上毫米	±0.5
镶嵌、切割线重叠、裂缝/图上毫米	≤0.2
相邻图幅接边限差/图上毫米	≤1.0

4. DEM 精度要求

用于数字正射影像几何纠正的 DEM 宜采用满足数字正射影像图生产规范中精度要求的 DEM 产品。无符合精度要求的 DEM 产品时，也可选用精度放宽 1 倍的 DEM 进行影像纠正。

5. 影像色彩基本要求

数字正射影像图应反差适中，符合地形、地貌的反差特征，色调与色彩均匀、无噪声，经过镶嵌的数字正射影像图，其镶嵌边处不应有明显的灰度(或色彩)改变。

6. 影像数据文件格式的基本要求

数字正射影像文件的一项基本要求是应具有坐标信息，所以，要求存储数字正射影像文件应选用带有坐标信息的影像格式存储，如 GeoTIFF、TIFF＋TFW 等影像数据格式。

(三)基于 Virtuo-Zo 的 DOM 数据制作的具体过程

利用上述制作的 DEM 数据可进行 DOM 的数据制作。

1. 正射影像的生成

系统自动生成正射影像前，需设置正射影像参数。点击 Virtuo-Zo 主界面设置菜单下的正射影像参数，如附图 35 所示。

附图 35　正射影像参数

点击正射影像参数后，系统弹出设置正射影像对话框，进行正射影像参数设置，如附图 36 所示。

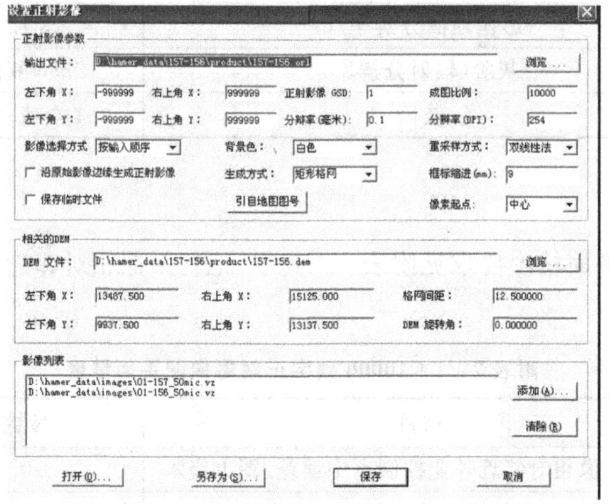

附图 36　正射影像参数设置对话框

设置完正射影像参数后，在 Virtuo-Zo 主界面中，用鼠标左键单击高级菜单下的正射影像制作，程序会自动生成当前模型的正射影像，如附图 37 所示。

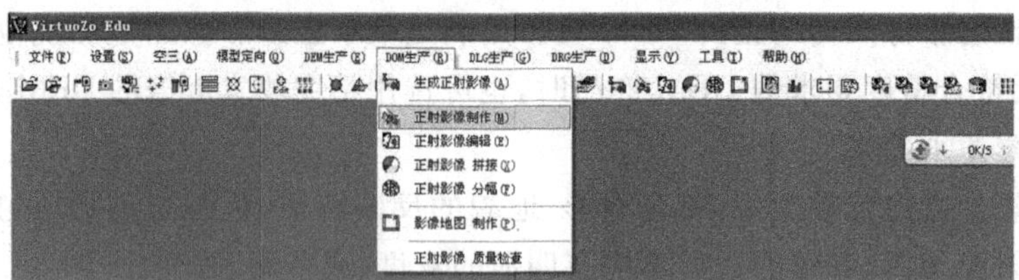

附图 37　正射影像制作

单击正射影像制作后，显示 DOM 制作设置参数对话框，设置 DEM 文件、相机参数、添加原始影像等，进行正射影像的自动生成，如附图 38 所示。

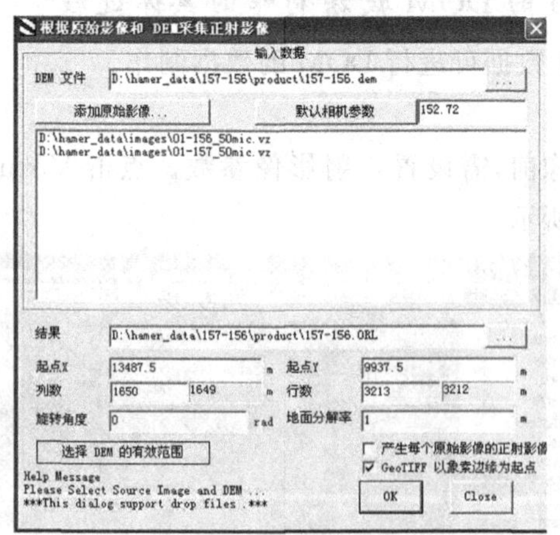

附图 38　DOM 制作设置参数对话框

制作的 DOM 可在 Virtuo-Zo 主界面的显示菜单下，点击正射影像，即可显示制作的正射影像，如附图 39 所示。

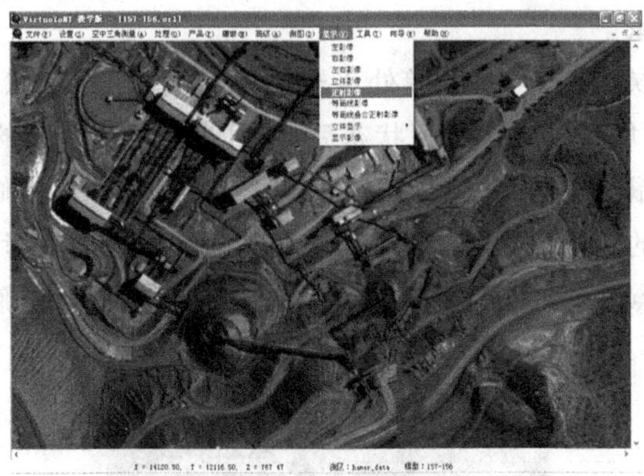

附图 39　正射影像显示

2. 正射影像的修补

自动生成的正射影像，对于高大的建筑物、高悬于河流之上的大桥及高差较大的地物，很可能会产生严重的变形。对于用左、右片（或多片）同时生成的正射影像，有时还会在影像接边处出现重影等情况。这些变形对实际生产会造成不利的影响，可采用正射影像修补的方法对其进行校正。

(1)启动修补模块。正射影像修补需要用到相机文件，在正式修补前，将测区文件夹下的相机文件复制到影像文件夹中。点击在 Virtuo-Zo 主界面高级菜单下的正射影像修补，系统将会启动正射影像修补模块 SpOrthoFix，如附图 40 所示。

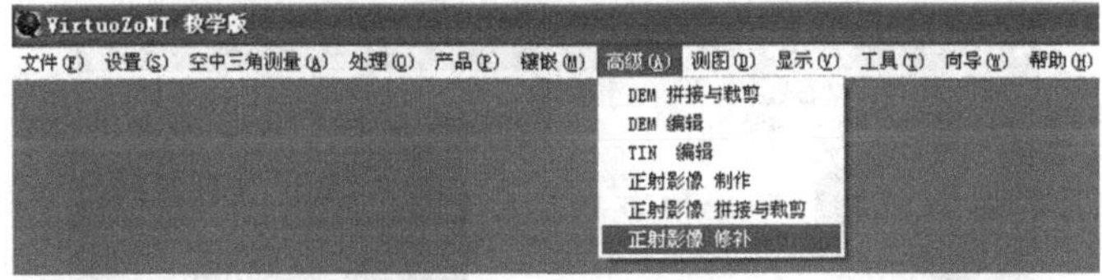

附图 40　正射影像修补

在 SpOrthoFix 模块中，首先要选择需要修补的正射影像，还要设置参考影像路径和参考 DEM 文件，如附图 41 所示。

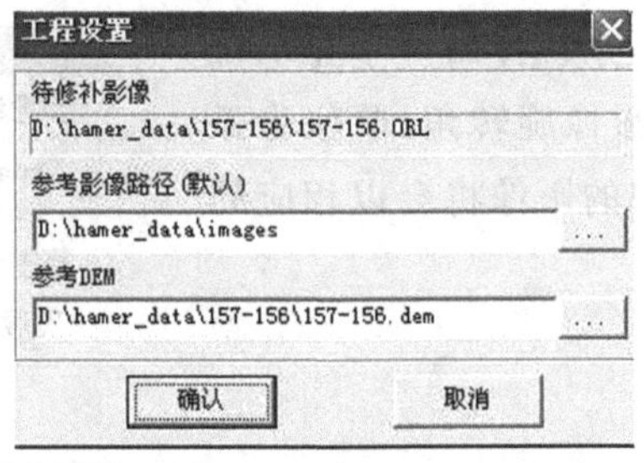

附图 41　工程设置对话框

(2)选择修补区域。在正射影像上用鼠标左键点击选择一个多边形作为待修补区域,选点的同时确定该点在原始影像上的对应点。这样,确定正射影像待修补区域的同时,也知道了它在原始影像上的对应区域。

选择修补区域的时候,要求当前影像处于非浏览状态,即编辑状态。确保工具条上只有“选择要修补的多边形区域(S)”处于按下状态后,才可进行修补区域的选择。

在正射影像上点击鼠标左键,系统会记录下这个点的坐标,作为修补区域的一个点,同时会预测它在原始影像上的对应点,并在参考影像窗口显示出来。参考影像窗口上的工具条提供了对原始影像上对应点坐标的精确对准功能,最后,点击鼠标右键确定要修补的区域。修补区域选择如附图 42 所示。

附图 42　修补区域选择

(3)调整原始影像显示。若原始影像与正射影像存在一定的夹角,用户可手工设定参考影像的旋转角,使原始影像的方向与正射影像的方向基本保持一致,便于观测。点击处理菜单下的选项,如附图 43 所示。

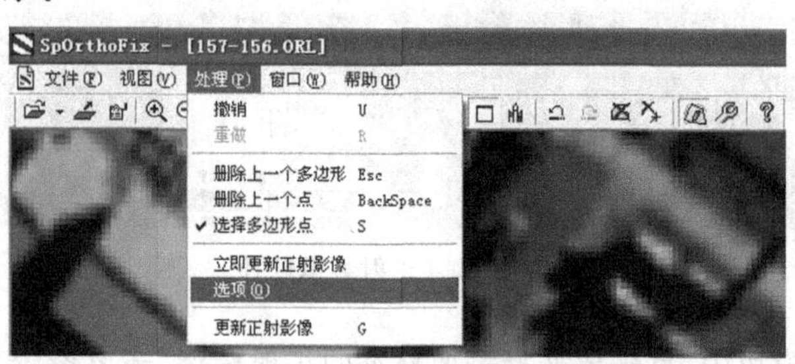

附图 43　选择

点击处理菜单下的选项后,系统弹出一个显示设置对话框,这时需要设置参考影像旋转角,单位为弧度。设置好后,参考影像窗口中的影像将会以相应的角度做旋转,如附图 44 所示。

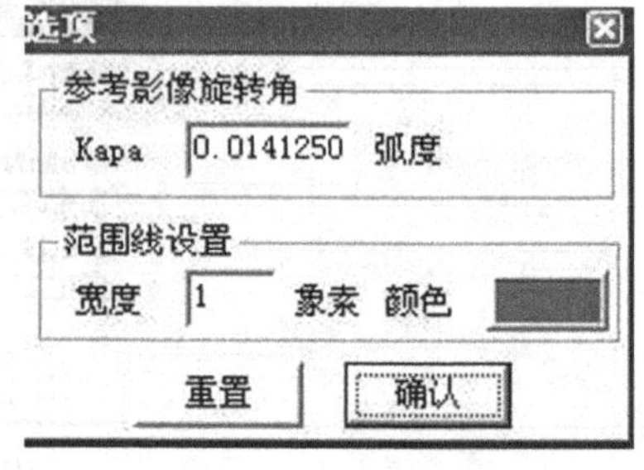

附图 44　选项对话框

(4)正射影像的修补。选择好要修补的区域,并调整好参考影像的角度后,点击处理菜单下的更新正射影像,程序将自动对所选的区域进行修补,如附图 45 所示。

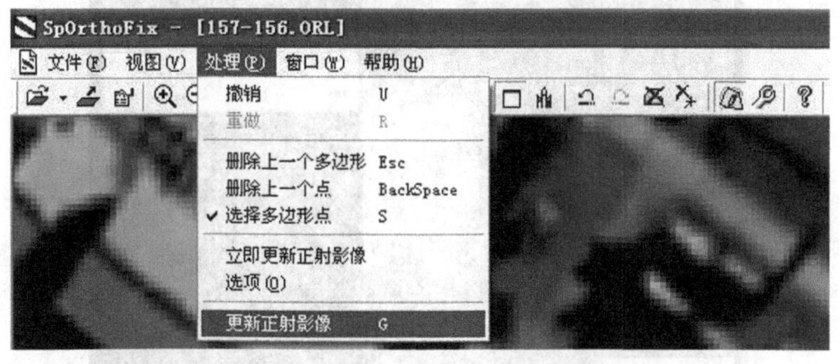

附图 45 更新正射影像

正射影像修补后,可查看修补前后对比的结果,如附图 46 所示。

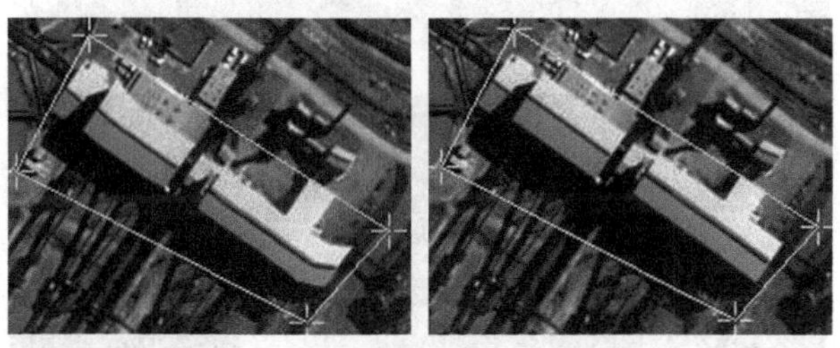

附图 46 正射影像修补前后对比

3. 正射影像的拼接与裁切

在 Virtuo-Zo 主界面中,点击高级菜单下的正射影像拼接与裁切,即可进行正射影像的拼接与裁切,如附图 47 所示。

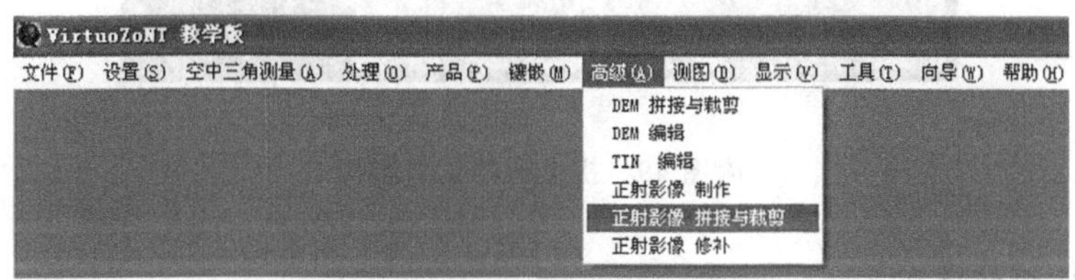

附图 47 正射影像拼接与裁切

点击高级菜单下的正射影像拼接与裁切后,进入 SpOrthoMosaic 模块。首先,点击文件菜单下的新建,然后,在文件菜单下追加影像(需要拼接的 DOM 影像),在处理菜单下采用鼠标或坐标输入方式,进行正射影像拼接范围的设定,如附图 48 所示。

拼接范围设定后,点击处理菜单下的拼接预览,并可修改拼接线。当拼接线确定后,点击处理菜单下的拼接,程序自动进行正射影像的拼接,拼接后的正射影像结果如附图 49 所示。

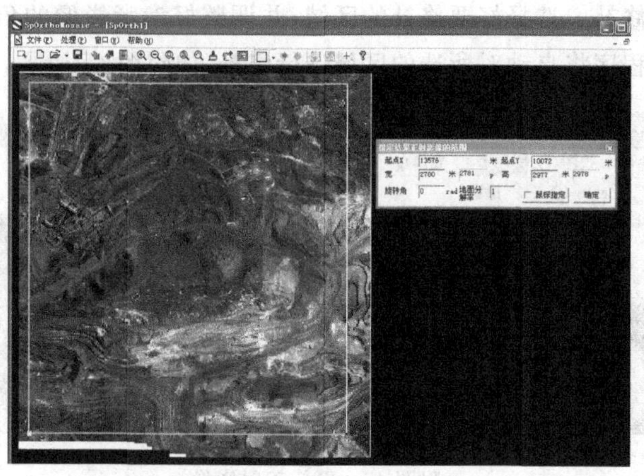

附图 48　设定正射影像拼接范围

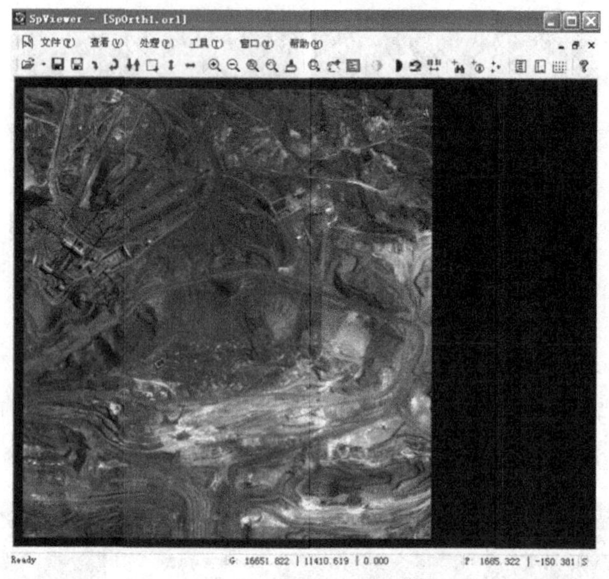

附图 49　拼接后的正射影像

4. 正射影像的精度检查

制作完成的 DOM 必须进行精度检查，一般可采用外业点、DLG 叠加等进行平面精度的检查。同时，还要进行影像检查，比如影像的色彩，不能有重影、拉花等现象。

5. 正射影像的精度报告

点击 Virtuo-Zo 主界面工具菜单下的质量报告，即可显示出正射影像的精度报告。

6. 正射影像的格式转换

点击 Virtuo-Zo 主界面工具菜单下的国标格式转换，即可将 Virtuo-Zo 格式的 DOM 转换为 TIF 格式。

三、基于 Virtuo-Zo 的 DLG 数据制作

利用 Virtuo-Zo 进行 1∶10000DLG 生产的工作流程主要包括:资料准备、像对定向、像片外业调绘、立体测图、外业调绘与补测、图幅编辑与接边、质量检查、成果整理与提交等八个环节。

(一)DLG 生产的具体工作流程

航测 DLG 立体测图分为全野外调绘后立体测图法和先测图后外业调绘立体测图法。全野外调绘后立体测图法工作流程如附图 50 所示,先测图后外业调绘立体测图法工作流程如附图 51 所示。

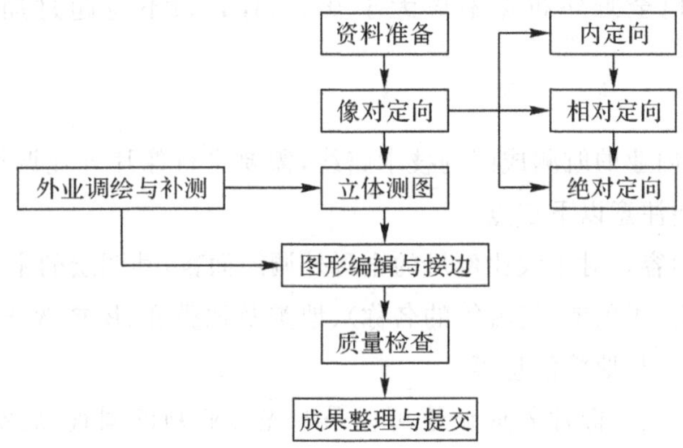

附图 50　全野外调绘后立体测图法工作流程

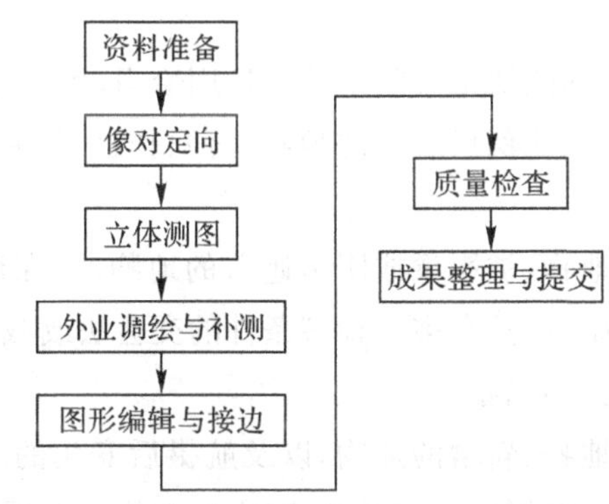

附图 51　先测图后外业调绘立体测图法工作流程

1. 资料准备

航空摄影测量立体测图的资料准备主要包括技术设计或技术要求、解析空中三角测量成果准备、量测用相关原始航片扫描数据、测区较小比例尺地形图、像片外业调绘片(如采用全野外调绘后测图的方式的立体测图)、上工序检查验收报告。其中,全野外调绘片的比例尺不宜小于成图比例尺的 1.5 倍。

2. 像对定向

像对定向包括像片内定向、相对定向和绝对定向三个步骤(精度以1∶2000DLG为例)。

像片内定向以框标坐标量测误差来衡量其精度是否满足要求，一般像片框标坐标量测误差不应大于0.02 mm。

相对定向以各定向点的残余上下视差来衡量其精度是否满足要求，一般相对定向完成后，定向点的残余上下视差不应大于0.008 mm。

绝对定向以定向点平面、高程坐标的定向误差来衡量其精度是否满足要求。对于绝对定向的定向点平面坐标误差，平地和丘陵地一般不大于0.0002M m(M为成图比例尺分母)；山地和高山地一般不大于0.0003M m(M为成图比例尺分母)。对于绝对定向的定向点高程坐标误差，平地和丘陵地全野外布点不应大于0.2 m，其余不应超过加密点高程中误差的0.75倍。

3. 像片外业调绘

若采用先外业后内业的航测成图的技术路线，需要进行像片外业调绘工作。在进行全野外调绘工作中，应主要注意以下三点。

(1)调绘的主要内容。对于大比例尺的全野外调绘而言，其调绘的主要内容包括地理名称(包括地名、单位、街道、居民地、河流等的名称)、地类及地类界、屋檐改正信息、工业与农业设施、地上管线设施、地形与地貌信息等。

(2)调绘的一般方法。像片外业调绘可以采取先外业判读调查，后室内清绘(整理)的方法；也可采取先室内判读、清绘，后外业检核、调查，再室内修改和补充清绘(整理)的方法。调绘片宜分色清绘(整理)。

(3)调绘的一般要求。

①像片调绘应判读准确，描绘清晰，图式、符号运用恰当，各种注记准确无误。

②对像片上各种明显的、依比例尺表示的地物，可只作性质、数量说明，其位置、形状应以航测内业立体测图为准。

③对于个别影像模糊的地物、被影像或阴影遮盖的地物，可在调绘片上进行补调；补调方法可采用以明显地物点为起始点，具有多余检核条件的交会法或截距法；补调的地物应在调绘片上标明与明显地物点的相关准确距离。

④对需补调面积较大的地物、新增的地物，以及航摄后变化的地形地貌，宜采用全野外数字测图的技术方法进行补测。航摄后拆除的建筑物，应在像片上用红“×”划去，范围较大的应加注说明。

⑤对调绘的其他技术性指标应按相应的规范标准执行。

4. 立体测图

如果采用先全野外调绘后测图的方法，则参照全野外调绘片在立体测图仪上认真仔细地辨认、测绘。当确认外业调绘有错误时，内业可根据立体模型影像改正，但要求在外业调绘片上做好标记和记录，同时将错误情况反馈给外业部门及时确认。在测绘地物、地貌时，应做到无错漏、不变形和不移位。

(二)基于 Virtuo-Zo 的 DLG 数据制作的具体工作流程

当制作出测区的 DEM、DOM 数据后，就可进行 DLG 的数据采集。其中，DLG 中的等高线可利用 DEM 数据生成的等高线数据。点击 Virtuo-Zo 主界面 DLG 生产菜单下的 IGS 立体测图，进入 DLG 数据采集界面，如附图 52 所示。

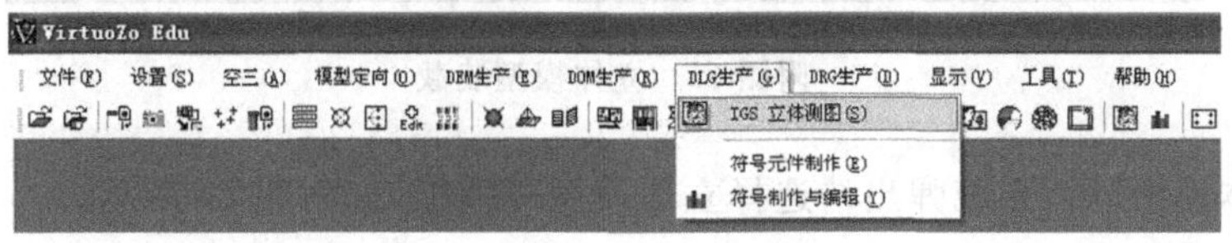

附图 52　IGS 立体测图

1. 新建矢量文件

进入数字化测图界面后，首先要新建一个矢量文件(＊.xyz)。点击文件菜单下的新建 IGS 文件，如附图 53 所示。

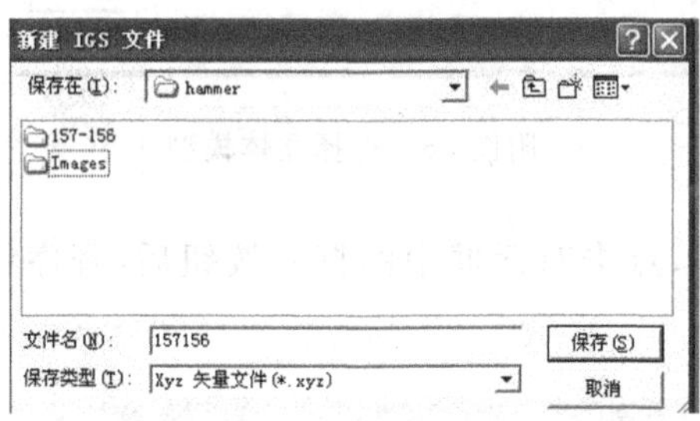

附图 53　新建 IGS 文件

2. 设置地图参数

新建好矢量文件后(一般按照像对号建立矢量文件)，需要按照像对位置设置地图参数，如附图 54 所示。

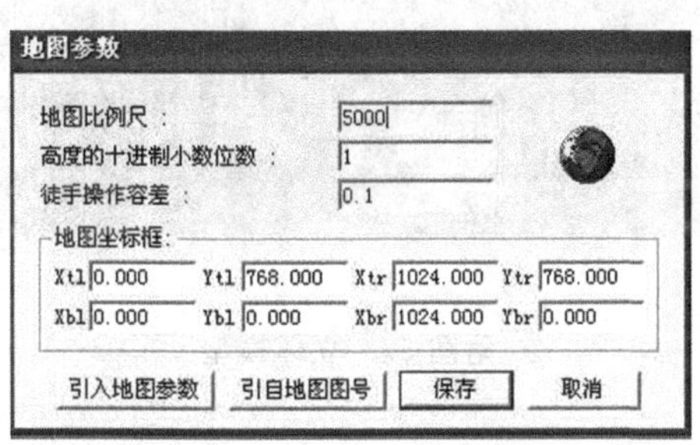

附图 54　地图参数对话框

3. 装载立体模型

点击数字测图界面的装载菜单下的立体模型，如附图 55 所示。

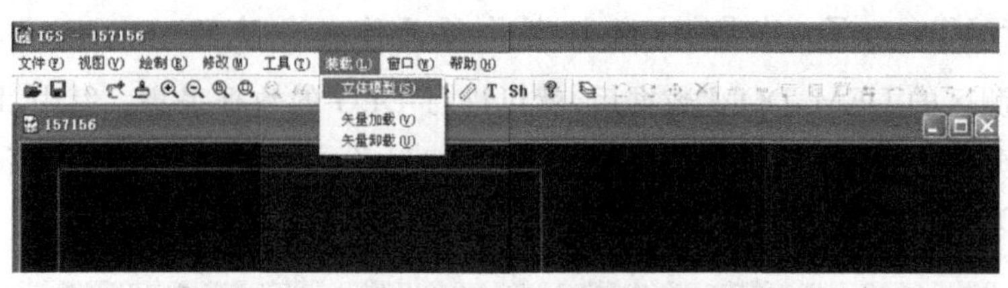

附图 55　立体模型装载

点击“立体模型”后，系统弹出请选择立体模型对话框，如附图 56 所示。

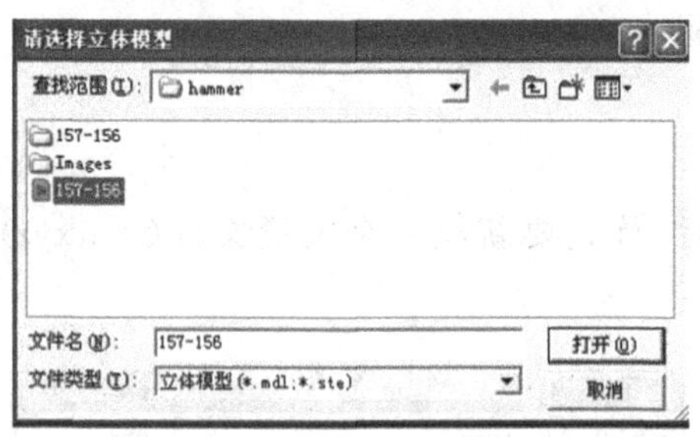

附图 56　选择立体模型

选择要打开的立体模型，点击对话框中的打开按钮后，程序将立体模型打开，如附图 57 所示。

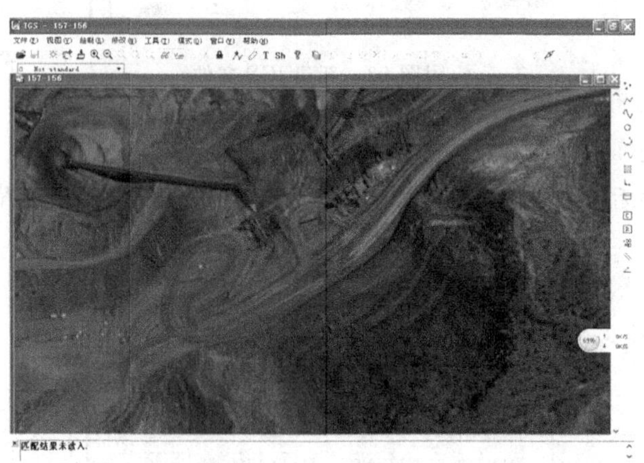

附图 57　立体模型

若立体模型窗口中影像不是红色和绿色，单击工具菜单项的选项，弹出测图选项，在影像设置对话框中，选择红绿立体，重新装载立体模型。此时，机内扬声器不断发声，其处理方法为：选中立体模型窗口，单击文件菜单的设置模型边界，系统弹出设置作业区对话框，系统自动读入模型坐标，设置地图坐标框，将矢量窗口的坐标与立体影像窗口的坐标对应起来，单击保存按钮，机内扬声器不再发声。

4. 立体测图

在立体模型上进行 DLG 数据采集时,影像应放大 2 倍。测图时,还要进行模式设置。其中,在模式菜单下,应设置鼠标滚轮方式,并注意鼠标测图时三键的功能。鼠标左键在量测过程中,用于确认点位。单击鼠标左键,即记录了某点的坐标数据。鼠标中键在量测过程中,用于调整测标(或称测标的左右视差)的高程。鼠标右键在量测操作过程中,用于结束当前操作。立体测图设置如附图 58 所示。

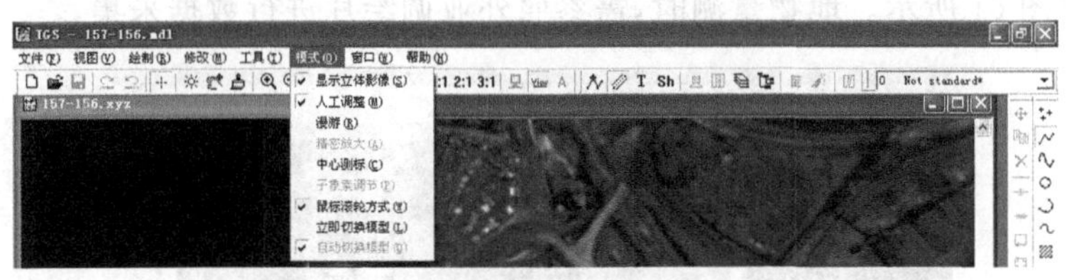

附图 58 立体测图设置

立体测图工作主要包括地物量测、地物编辑和文字注记等。在数字测图系统中,地物量测就是对目标进行数据采集,获得目标的三维坐标 X、Y、Z 的过程。在 IGS 立体测图中,系统将实时记录测图的结果,并将其保存在测图文件 *.xyz 中。

量测地物的基本步骤为:输入或选择地物特征码;进入量测状态;根据需要选择线型或辅助测图功能;根据需要启动或关闭地物咬合功能;对地物进行量测。

(1)输入或选择地物特征码。每种地物都有各自的标准测图符号,且每种测图符号都对应一个地物特征码。数字化量测地物时,首先要输入待测地物的特征码。居民地符号界面如附图 59 所示。

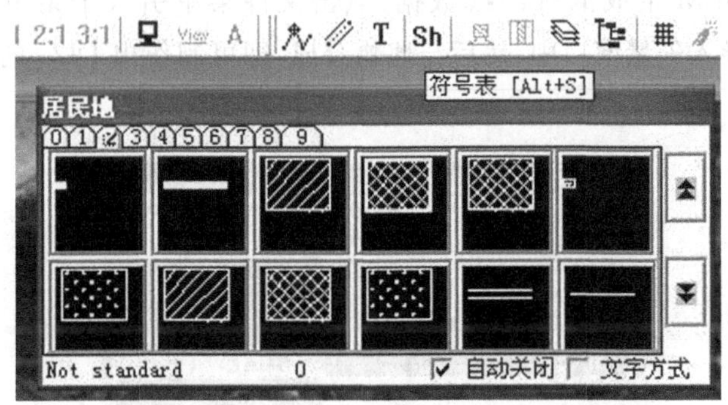

附图 59 居民地符号界面

方法一:直接输入其数字号码。若用户已熟记了特征码,可在状态栏的特征码显示框中输入待测地物的特征码。

方法二:单击图标 Sh(符号表),在弹出的对话框中选择地物符号。

(2)进入量测状态。有两种方式可进入量测状态。

方式一:按下符号化地物绘制图标,进入量测状态,如附图 60 所示。

方式二:单击鼠标右键,在编辑状态和量测状态之间切换。

附图 60　量测状态

(3)地物量测。利用鼠标的三键进行地物的采集，立体影像和矢量窗口上均有采集的地物矢量图形，如附图 61 所示。地物量测时，需参照外业调绘片进行数据采集。

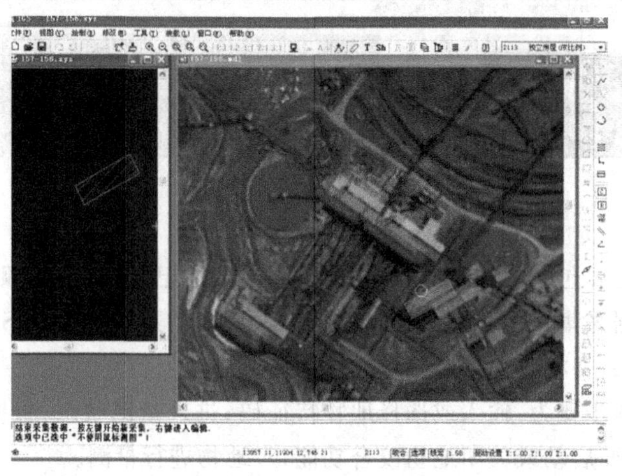

附图 61　地物量测

5. 等高线的导入

等高线可采用 DEM 生成的等高线数据，点击文件菜单引入子菜单下的等高线，即可将 DEM 生成的等高线导入矢量窗口中，然后与地物合成，即可制作出 DLG 的采集数据，如附图 62 所示。

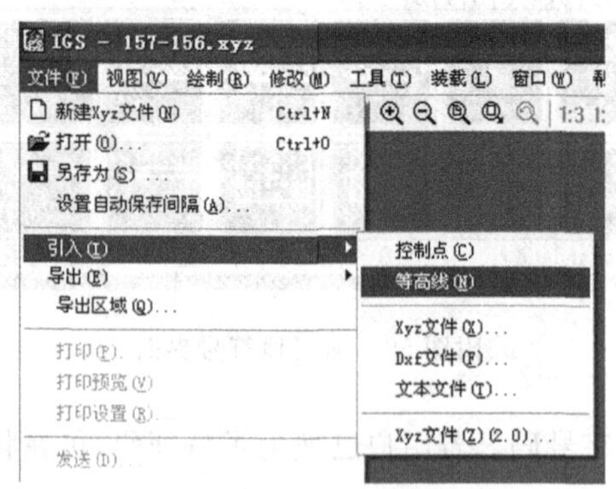

附图 62　导入等高线

等高线导入后的结果如附图 63 所示。

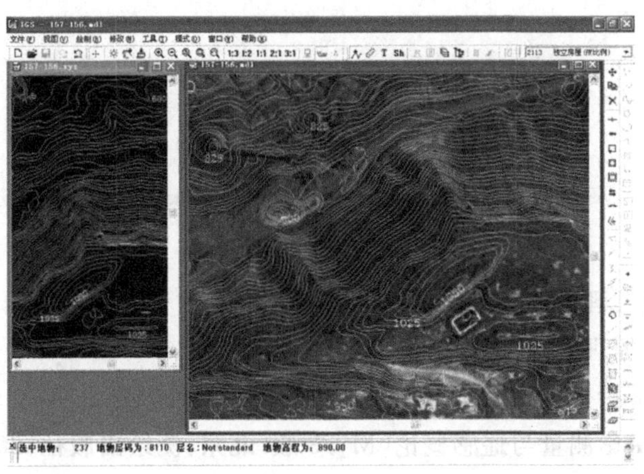

附图 63 等高线导入后的结果

6. 矢量测图文件的导出

在数字测图模块，打开测好的矢量图形文件，点击文件菜单下的导出，即可输出 Dxf 等多种格式的 DLG 采集数据，如附图 64 所示。

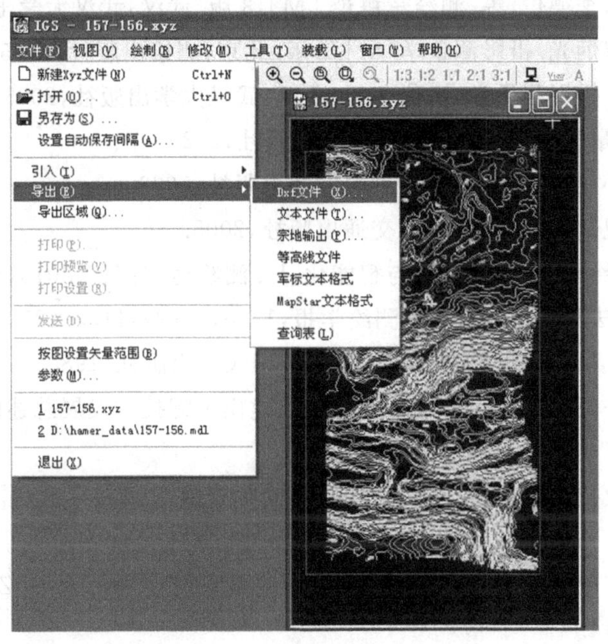

附图 64 矢量测图文件导出

7. DLG 数据的编辑

在 GIS 软件(如 MapGIS、ArcGIS 软件)中，打开 DLG 采集数据，利用 GIS 软件的功能进行 DLG 的图形编辑、拓扑构建、属性添加等各项编辑工作，最终制作完成 DLG 数据。

参考文献

[1]王之卓.摄影测量原理[M].北京:测绘出版社,1979.
[2]王之卓.摄影测量原理续编[M].北京:测绘出版社,1986.
[3]李德仁,郑肇葆.解析摄影测量学[M].北京:测绘出版社,1992.
[4]李德仁,王树根.摄影测量与遥感概论[M].3版.北京:测绘出版社,2021.
[5]张祖勋,张剑清.数字摄影测量学[M].2版.武汉:武汉大学出版社,2012.
[6]陈鹰.遥感影像的数字摄影测量[M].上海:同济大学出版社,2007.
[7]张祖勋.数字摄影测量30年[M].武汉:武汉大学出版社,2007.
[8]林君建,苍桂华.摄影测量学[M].北京:国防工业出版社,2006.
[9]张剑清,潘励,王树根.摄影测量学[M].2版.武汉:武汉大学出版社,2009.
[10]宁津生,陈俊勇,李德仁,等.测绘学概论[M].3版.武汉:武汉大学出版社,2016.
[11]朱肇光,孙护,崔炳光.摄影测量学[M].2版.北京:测绘出版社,1995.
[12]王佩军,徐亚明.摄影测量学[M].3版.武汉:武汉大学出版社,2005.
[13]张彦丽.摄影测量学[M].北京:清华大学出版社,2020.
[14]航空摄影测量外业规范[S].北京:中国标准出版社,1993.
[15]公路摄影测量规范[S].北京:人民交通出版社,2005.
[16]张祖勋,吴媛.摄影测量的信息化与智能化[J].测绘地理信息,2015,40(4):7-11.
[17]林宗坚.相关算法的矢量分析[J].测绘学报,1985,14(2):111-121.
[18]孙家广,许隆文.计算机图形学[M].北京:清华大学出版社,1986.
[19]孙钰珊,张力,许彪,等.倾斜影像匹配与三维建模关键技术发展总述[J].遥感信息,2018,33(2):1-8.
[20]国家测绘局职业技能鉴定指导中心.注册测绘师资格考试辅导教材[M].北京:测绘出版社,2010.
[21]武汉适普软件有限公司.VirtuoZo数字摄影测量系统使用说明书[Z].武汉:武汉适普软件有限公司,2014.
[22]赵国梁.无人机倾斜摄影测量技术[M].西安:西安地图出版社,2021.
[23]刘仁钊,马啸.无人机倾斜摄影测绘技术[M].武汉:武汉大学出版社,2016.
[24]杨战辉,张力.用VirtuoZo数字摄影测量工作站生产DEM、DOM的实验[J].测绘通报,1998(11):10-11.
[25]胡文元.基于ADS40的数字摄影测量生产体系研究与应用[J].测绘通报,2009(1):37-39.